智慧城市

规划体系研究与国际案例

张晓东 陈 猛 何莲娜 等 著

中国建筑工业出版社

图书在版编目（CIP）数据

智慧城市规划体系研究与国际案例 / 张晓东等著
. —北京：中国建筑工业出版社，2023.7
ISBN 978-7-112-28598-3

Ⅰ.①智… Ⅱ.①张… Ⅲ.①现代化城市—城市规划
—研究 Ⅳ.①TU984

中国国家版本馆CIP数据核字（2023）第058680号

责任编辑：陈夕涛
书籍设计：锋尚设计
责任校对：王　烨

智慧城市规划体系研究与国际案例
张晓东　陈　猛　何莲娜 等　　著

*

中国建筑工业出版社出版、发行（北京海淀三里河路9号）
各地新华书店、建筑书店经销
北京锋尚制版有限公司制版
北京富诚彩色印刷有限公司印刷

*

开本：787毫米×1092毫米　1/16　印张：19½　字数：379千字
2024年5月第一版　　2024年5月第一次印刷
定价：**168.00**元
ISBN 978-7-112-28598-3
（41077）

序一

　　智慧城市是城市数智化的结果，更可能只是过程结果。中国工程院从工程科学角度，将智慧城市直接定义为数字智能化的新型城市发展理念及其技术体系和社会运营整体。各国政府高度重视智慧城市建设，并列为各国、各城市的发展战略。城市的信息化、数字化、智能化发展，不仅决定了城市的能级，也直接影响甚至决定了一个国家和地区的能级。2007年以来，我国智慧城市呈现出蓬勃发展的态势，成为城市数智化全球探索的前沿与主要集群，取得了显著成果。然而，如何打开视野，借鉴各国经验与教训，做到世界各国今天状态与明日趋势了然于心，对于智慧城市的可持续发展，仍是我们重要的且是必要的前行状态。

　　我荣幸地为《智慧城市规划体系研究与国际案例》一书作序。本书涵盖了智慧城市的规划建设与发展，旨在为我国智慧城市建设提供有益的借鉴和启示。本书首先对智慧城市的发展历程进行了梳理，回顾了智慧城市概念的提出、演变与发展，让读者对智慧城市有了更为清晰的认识。其次从理论与实践两个层面，分析了智慧城市规划建设的基本原则、关键技术、发展趋势等，为我国智慧城市的建设提供了理论支撑。

　　在国际案例部分，本书精选了世界各地具有代表性的智慧城市建设案例，包括北美、欧洲、亚洲等地区的成功经验。通过对比分析，揭示了各国智慧城市建设的基本特点、优势与不足，为我国智慧城市建设提供了有益的借鉴。

　　"智慧城市"（Smart City）2006年由上海世博会总规划师团队与IBM联合提出，并由后者作为商业概念向全球发布以来，在全球范围内得到大量实践。我作为2010年上海世博会的总规划师，曾提出了以"城市是一个生命体"为出发点架构的智慧城市原型，将智慧城市的核心特征概括为"可感知、可判断、可反应、可学习"，并构建了以"感知层、数据层、平台层、应用层"4个层次为主要特征的技术体系。尽管后来的智慧城市建设在不同时期、不同地区的实践存在差异，但其架构与运行的理论模式迄今为止仍遵循着上述设想。这些年来，在参加各国，尤其是欧洲各地在智慧城市、智能城市等领域的学术讨论和探索交流后，有如下三点深切体会，我写下作为本书序的内容，贡献给学友探索和领导决策。

第一，智慧城市应回归以人为本。智慧城市的发展应以为人民的美好生活提供便利为目标。在智慧城市建设过程中，需要避免以硬件为导向的建设模式，而是要积极响应人民关切，通过智慧城市建设切实满足市民所需，并为市民提供便捷、高效、安全的公共服务。

第二，以关键技术创新驱动产品和服务提升。以大数据、人工智能、移动互联网、元宇宙等为代表的新一代智能技术正在深刻影响城市发展。技术创新需要政府、企业和社会各界共同努力，加大研发投入，推动关键技术突破，以智慧城市建设提升城市经济的原创科技动力，培育强大的科创企业与数智技术产业。智慧城市不是买来的，而是各城市参与研发和特制生产出来的。

第三，智慧城市应是多主体协同的持续发展过程。智慧城市是一个生命系统，涉及众多子系统、子领域和各行业，主体多元并且异质。智慧城市建设应当加强主体间的协作，打破信息孤岛，实现数据共享与资源整合，推动全社会、多层次、跨领域的融合发展。智慧城市，是一种数智化生态，比在一个展厅做秀重要得多。

本书内容丰富，既有理论高度，又有实践深度，可作为相关政策制定者、城市规划与管理者、科研工作者及大专院校师生的参考用书。我相信，本书的出版发行，将对我国智慧城市的规划建设发展打开视野，理性思考，看到经验与教训，产生积极作用。

在此，我要感谢本书的作者们，他们具有深刻的洞察力和丰富的实践经验，为本书的撰写付出了辛勤的努力。同时，也感谢所有关心和支持我国智慧城市建设的各界朋友，让我们携手共进，为推动我国智慧城市发展贡献力量，共同创造美好的城市未来！

谨以书序，祝贺《智慧城市规划体系研究与国际案例》出版，期待未来我国智慧城市建设，能够在全球舞台上了然全局，为人类城市永续发展贡献一份中国的当代智慧。

中国工程院院士
德国国家工程科学院院士
瑞典皇家工程科学院院士
美国建筑师协会荣誉院士

2024年春分于天安花园

序二

数字化转型日益成为我国经济、社会发展适应新一轮科技革命和产业变革的重要抓手，也是推动城市治理理念和方式创新、构建数字治理新格局的重要举措。党的十八大以来，党中央、国务院从推进国家治理体系和治理能力现代化的全局出发，把握全球数字化、网络化、智能化发展趋势和特点作出了系列重大部署，并将智慧城市建设纳入国家战略之中。2023年初，中共中央、国务院发布《数字中国建设整体布局规划》，进一步明确提出推进数字技术与经济、政治、文化、社会、生态文明建设"五位一体"深度融合，分级分类推进新型智慧城市建设等要求，积极以数字化驱动生产生活和治理方式变革。

当前，数字技术应用开拓了城市智慧化治理的新局面，为城市发展提供了新的动力和契机，也推动了国土空间规划行业和规划专业快速蜕变和提升。当前空间增长的驱动力已经不仅仅是空间本身的物质化增量，不是汽车取代马车、高铁替换普通铁路的物质化驱动，而更多的是多元价值的升维，更多的是专业知识和技术的驱动，这需要我们构建全新的知识体系，以重要的科学发现和科技革命为基础，以治理为核心，探索基础理论、思维方式、价值体系和技术方法。

从城市发展的角度来看，持续城镇化加速了人口的聚集和城市的创新发展，但由于人口、功能等过度聚集，我们不得不面临交通拥堵、环境污染、资源短缺等城市问题；同时，新技术日益发展，新需求日益多元，城市空间日趋呈现出多样化、复合化、网络化等特征，实体空间与虚拟空间逐步融合，城市功能与用途管制、空间结构与城市运行、居民生活与社区治理等诸多方面将面临重大改变。面向外部环境的加速变化、内部发展逻辑的转变，面向各种机遇和挑战，我们需要以底线思维、饱和思维、冗余思维做出及时应对，直面动态变化、直指前沿挑战，不断探索城市治理的新范式。

就首都北京而言，《北京城市总体规划（2016年—2035年）》获得党中央、国务院批复以来，北京深入贯彻落实习近平总书记"城市是生命体、有机体"的有关指示精神，明确提出"到2025年，将北京建设成为全球新型智慧城市标杆城市"的发展目标。在党中央、国务院批复的《首都功能核心区控制性详细规划（街区层面）（2018年—2035年）》《北京城市副中心控制性详细规划（街区层面）（2016年—2035年）》中同样也提出了智慧城市规划建设的相关要求。在此背景下，如何构建"可感知、能学习、善治理、自适应"的新时代国土空间规划，促进智慧城市整体协同发展，全面支撑首都治理体系和治理能力现代化建设将成为重要的时代议题。

对于智慧城市，不同的领域会有不同的认识和理解，本书更多的是面向国土空间规划治理的角度，尝试提出了智慧城市的规划体系、关键技术和实施路径，应该说是一种积极探索，也希望能够在应对城市新变化、推动城市可持续发展方面发挥积极的作用，推动实现城市治理由人力密集型向人机交互型转变、由经验判断型向数据分析型转变，以治理数字化带动城市治理现代化，有效推动城市综合效益提升和经济、社会的全面高质量发展。

北京市规划和自然资源委员会党组成员、总规划师

北京市城市规划设计研究院院长

2024年3月

前　言

　　全球城市化快速推进引发的一系列城市问题与大数据、云计算、区块链、人工智能等创新技术的不断进步使智慧城市建设日益受到广泛关注。近年来，很多国家、地区陆续出台相关政策积极推动智慧城市发展，并开展了种类繁多的智慧城市建设。我国从推进国家治理体系和治理能力现代化全局出发，也提出分级分类推进新型智慧城市建设等要求。与此同时，国家层面也在持续推进国土空间规划的改革重构，并构建了"五级三类四体系"的国土空间规划体系。在此背景下，积极适应数字中国建设整体布局要求，面向国土空间规划体系改革下的智慧城市规划探索与实践，对于推动国土空间规划智慧化实施和转型重构，以及国土空间规划工作者和城市管理者思考如何规划、建设和管理智慧城市具有重要意义。

　　本书立足持续开展的智慧城市空间规划、平台建设、数据融合等智慧城市相关工作，结合智慧城市规划课题研究和项目实践等，讨论了智慧城市产生的背景和概念、对城市空间的影响，以及为城镇化带来的机遇和挑战，总结归纳了融合物理空间、数字空间和社会空间的智慧城市规划体系和方法，整理了涵盖多个国家和地区的智慧城市规划案例，旨在为读者提供较为全面的智慧城市解读。

　　在编排与体例方面，本书分为上、下两篇，共计7章。上篇内容共3章，包括智慧城市起源与演进、规划与体系、机遇与挑战。第1章从技术与城市发展的角度探讨了智慧城市的起源与演进，概述了智慧城市的概念与产生背景，并阐述了国际、国内智慧城市总体发展现状。第2章从城市规划的视角，基于著者团队多年相关工作实践，提出了面向国土空间规划的智慧城市专项规划框架体系、理论方法和标准规范，介绍了该体系下的智慧城市建设相关技术及其应用场景，以期为规划工作者开展智慧城市规划提供思路。第3章讨论了当前智慧城市建设面临的机遇和挑战。下篇共4章，分别从国家、城市、街区（小镇）、项目四个层面介绍了若干具有代表性的智慧城市规划国际案例，涵盖美国、英国、加拿大、日本、韩国、新加坡等国家和地区，供读者了解国际上各级各类智慧城市规划的思路、方法和特色。

本书主要基于国家重点研发计划项目"智慧城市交通系统若干关键技术的数学理论与算法"（2021YFA1000300）、"城市复杂系统模型和平行城市计算理论"（2020YFB210400）和北京市城市规划设计研究院的重点研究课题"国土空间规划智慧城市专项规划体系建设与应用研究"等内容，并补充了国际案例及相关阐述分析。总体架构和技术统筹由张晓东负责，智慧城市规划体系、实践等关键内容由陈猛、何莲娜负责，具体章节中第1章由绳彤、翁亚妮负责，第2章由赵赫、叶雅飞、孙媛负责，第3章由赵赫、孙媛、绳彤、翁亚妮、郭冬雪撰写，第4～7章案例，由绳彤、翁亚妮、荣毅龙、叶雅飞、孙媛、鞠秋雯、赵培松撰写，孙道胜、郭冬雪参与了部分案例资料、国际国内政策收集和全书校对。

本书的编写要感谢北京市规划和自然资源委海淀分局、朝阳分局、经济技术开发区分局、昌平分局，北京商务中心区管理委员会、北京京投城市管廊投资有限公司、北京未来科学城发展集团、中关村科技园区房山园管理委员会等单位以面向未来的敏锐视角，超前谋划智慧城市相关工作，为课题的研究提供了真实场景、需求和实践落地的机会；还要感谢北京市市政工程设计研究总院有限公司、华为技术有限公司、北京百度网讯科技有限公司、北规院弘都规划建筑设计研究院有限公司、国网北京海淀供电公司、中国铁塔股份有限公司北京市分公司等单位，相关单位的创新能力和技术合作对我们课题的系统性研究、关键技术研发等提供了重要的支持和帮助。

本书主要是面向城市规划从业人员和城市管理者，也欢迎相关专业的研究人员以及其他对智慧城市感兴趣的读者阅读。本书的编写和相关研究得到了业界前辈和同行指导并参阅了许多重要的著述，对书中引用的观点和资料我们尽可能在注脚和参考文献中一一列出，但在浩瀚的文献论著中，有些观点出处确实难以准确标明，更有些可能被遗漏，在此我们表示歉意。

城市是复杂的巨系统，智慧城市的建设需要多专业人员的共同参与，本书内容主要为课题研究成果，重点从国土空间规划的视角阐释了对智慧城市规划和相关案例的理解，难免存在疏漏和不当之处，我们期待得到读者的批评指正和交流探讨，以持续推动优化智慧城市的建设和发展。

著者
2024年3月

目 录

上篇

智慧城市规划体系研究

第 1 章

起源与演进

1.1 城市的起源

1.1.1 认知城市

目前，全世界逾半数人口居住在城市（联合国，2023）。城市之于文明，是容器，也是坐标，城市发展变迁的历史在一定程度上反映了人类文明的发展。每一次文明的繁荣，都会留下一座座繁华的城市，而这些城市穿越时间的长河，连成历史的光辉节点。

国际上并没有关于"城市"的通用定义。在日常使用过程中，"城市"的含义也是混淆不清且不断变化的。被一个人描述成小"城市"的地方，在另一个人看来可能是一个"镇"或"村"；一个人所认为的"特大城市"，在其他人看来可能是一个城市群。我们可以分辨城市的市区与郊区，但两类地区之间往往还存在人口密度稀疏的城乡接合部，人们很难划定明确的城市边界。官方划定的行政边界通常具有历史或政治含义，但很少与城市的自然或经济因素相吻合[①]（Chandan Deuskar，2015）。

美国城市学者爱德华·格莱泽给城市下了一个定义[②]：城市是人、公司之间空间距离的消失，具有接近性（proximity）、密度（density）和亲近性（closeness）。这个定义的要点是描述城市的特性，也就是距离缩短、密度增加、交流增加。

对于密度的强调，也见诸经典作家的笔端。马克思、恩格斯就曾这样写道：城市本身表明了人口、生产、工具、资本、享乐和需求的集中；而在乡村里所看到的却是完全相反的情况：孤立和分散[③]（马克思，1867）。马克思和恩格斯讲述的城市

---

① CHANDAN DEUSKAR. What does "urban" mean?［N/OL］.（2015-07-02）. https://blogs.worldbank. org/sustainablecities/what-does-urban-mean.

② 爱德华·格莱泽. 城市的胜利［M］. 上海：上海社会科学院出版社，2012.

③ 马克思. 资本论［M］. 北京：人民出版社，2015：152.

与乡村的区别，其实也是集中与分散。他们指出农村"孤立和分散"的特点，与老子所说的"邻国相望，鸡犬之声相闻，民至老死，不相往来"[1]颇有相似之处。费孝通先生描述的乡村是"千年不变，各家各自为政，不相往来"[2]，与老子的描述也是一脉相承。

由此引申，倘若乡村的特点是"孤立和分散"，城市作为乡村的对立面，其特点就是"连接与集中"。这一点，在英国城市经济学家K. J. 巴顿的定义中表述得更加直接：城市是一个在有限空间地区内的各种经济市场——住房、劳动力、土地、运输等相互交织在一起的网状系统[3]（Button，1976）。

巴顿的定义虽也是一个描述，但将城市描述成一张网，更加突出了城市的网络属性，这是进步。城市之所以能够集中，是因为形成了一个网络，在大大小小的网络节点上，人们找到了自己的位置。

不过，作为一个经济学家，巴顿眼中的网络是各种市场的网络，包括住房、劳动力、土地、运输等。我们稍微想一下就会知道，城市是个多维的复合体，经济属性之外还有很多其他属性。比如，卢梭就曾经说过：房屋只构成镇，市民才构成城[4]。卢梭这句话，强调的是城市的人文和治理属性[5]（徐远，2020）。

毋庸置疑，城市的内涵超越了其自然形态，既是历史和文化的产物，也是政治、经济、社会的网络节点，与农村的孤立和分散相比，连接和集中成为城市的典型特征。

1.1.2　城市溯源

城市的起源可以追溯到人类文明的萌发时期，人类文明的发展与城市的发展协同演进。世界上最早的城市是于公元前7000年前出现的杰里科古城（Jericho，在今巴勒斯坦境内），但有关杰里科古城的起源仍存在争议，之后世界其他古城的起源也众说纷纭。事实上，一方面城市的起源很难追本溯源到同一个起因，另一方面城市起源与农业起源一样，更多的是一种波动的渐变而非阶梯状的飞跃。各个地方自身初始条件不同，在乡村往城市渐变的过程中，各种政治、经济、社会、文化的动力也混合在一起，影响和推进着城市的产生。

---

[1] 老子. 道德经［M］. 第八十章.

[2] 费孝通. 乡土中国［M］. 北京：人民出版社，1948：152.

[3] K. J. 巴顿. 城市经济学：理论与政策［M］. 上海社会科学院部门研究所，城市经济研究室，译. 北京：商务印书馆，1984.

[4] 卢梭. 社会契约论［M］. 北京：人民出版社，2012：23.

[5] 徐远. 城市的本质——有机生命体［EB/OL］.［2020-03-09］. http://finance.sina.com.cn/zl/china/2020-03-09/zl-iimxxstf7501748.shtml.

目前学术界对城市起源主要有以下几种观点："防御说"认为城市是"城"与"市"的结合[1]（刘铭伟，2010），其中"城"起源于原始社会部落首领为了维护和巩固统治、加强权力、保障部落成员和部落财产的安全、抵御侵略而建造的早期的城郭；"宗教说"认为，人类永久性聚落的三个起源形式中至少有两个（墓地、圣祠）是宗教的产物，人类对死亡、未来世界等的迷惑导致了聚落的产生，并进一步发展成为城市[2]（王国平，2013）；"生产力说"认为，城市的产生是生产力发展及不同生产部类社会分工的产物；"商业起源说"认为城市的产生是源于商品交易的发展，城市最初是作为商品交易的聚集地而出现的；"人文主义说"认为，人类社会中的经济建设、发展生产力都只是手段，人才是最终的目的，因此，城市产生于人性的驱动，目的是满足人类不断增长的物质和精神需要[3]（曲凌雁，2001）；"地利说"用自然地理条件解释城市的产生和发展。

在城市"极化"效应的影响下，人口、经济等要素向城市集中的趋势不断加剧。时至今日，全球已有超过40亿人口居住于城市，欧洲、美国及日本等发达国家和地区的城市由于技术的高速发展已近饱和状态；在拉丁美洲、非洲、中国大陆及印度等发展中国家的城市，人口增长仍然相当迅速[4]（联合国，2020）。而在这一过程中，我们不难发现，建造、交通、通信等既是城市化的核心推动力，也是成为城乡二元结构中的关键壁垒性要素和差异特征。可以说，整个城市化的进程是与技术演进深度绑定、协同互动的。

1.2 技术与城市的发展

城市处于不断变化的状态，其变化是由许多因素推动的，包括新的挑战和需求、人口变化以及创新技术的引入。技术创新是将知识、技术、信息不断融入生产过程的能力，技术的发展推动工业化进程[5]（范建，2015），工业化进一步带动城市化推进，技术与城市的发展密不可分。随着科技的飞速发展和城市化进程的不断推进，技术与城市的关系日益密不可分。无论是从经济发展、生产力转型还是社会变

---

① 刘铭纬，赖光邦. 中国古代城郭都市型态简论：坊市革命以前华夏都城型态的聚合、分化与其制度化程序［J］. 台湾大学建筑与城乡研究学报，2010.

② 王国平. 城市学总论［M］. 北京：人民出版社，2013.

③ 曲凌雁. 城市人文主义的兴起、发展、衰落与复兴再生［J］. 上海城市规划，2001（3）：20—22.

④ 联合国. 不断变化的人口统计［EB/OL］. https://www.un.org/zh/un75/shifting-demographics.

⑤ 范建. 对科技风险认识的三个误区［EB/OL］. （2015-03-13）. https://news.sciencenet.cn/htmlnews/2015/3/314955.shtm.

革的角度来看，技术的应用都对城市的发展起到了至关重要的作用。可以说，城市化不仅是一种社会、经济和文化现象，而且也是一种技术发展的现象。

尽管从城市发展的起源和发展历程来看，从原始社会、封建社会时期就已经有了广义的"城市"思想，但在现代意义上普遍认知的"城市"概念有着较为显著的内在机制，如城市行政与社会结构、城市生活方式、城市产业与经济体系等。城市的布局、结构与形式等也有显著的空间特征。可以说，技术的时间性和城市的空间性是相互关联和相互统一的。技术不是一蹴而就的，而是经过时间的累积、研究和创新不断发展的过程。新的技术不断取代和改进旧的技术，形成了技术发展的时间轴。技术的应用和发展直接影响到城市的空间性。城市的基础设施、交通网络、建筑设计等都直接受益于技术的进步。技术的发展改变了城市空间的布局和结构，为城市的空间发展和改善提供了条件和支持。技术的时间性推动了城市的空间发展和创新，而城市的空间性又为技术的应用和发展提供了场所和需求。二者相互支持和影响，共同推动着城市与技术的不断进步。

1.2.1　城市的阶段性演进

技术与城市的演进之间存在紧密的关系。随着时间的推移，技术的不断进步不仅改变了城市的形态和功能，也对城市发展起到了重要影响。在城市的早期阶段，技术的发展还处于萌芽期。封建时期技术的发展主要集中在农业、手工业和建筑方面。

技术在第一次工业革命期间飞速发展并产生历史性的变革，城市进入"现代"时期，基础技术的发展主要集中在城市建设、交通和基础设施方面。例如，工业革命时期的机械化生产促进了城市工业的发展，而轨道交通的出现促进了城市规模的扩张。这些技术改变了城市的物质基础和空间布局。自蒸汽时代之后，随着技术自初级阶段向高级阶段的不断演进，城市的发展也呈现出鲜明的阶段化特征。

随着城市人口的迅速增长和城市化进程的加速，现代化技术成为城市发展的关键驱动力。信息技术的迅猛发展促成了数字化城市的出现，城市管理、交通、通信、服务等方面实现了智能化和高效化。同时，清洁能源技术、水资源管理技术等的应用推动了城市向可持续发展的方向转变。

当前，人工智能、大数据分析、物联网等新兴技术正在推动城市进入智慧城市阶段。通过智能化监测、资源优化和数据驱动的城市规划，城市能够提供更高效的基础设施，改善公共服务，提升居民生活质量。这些新兴技术的应用使城市更加智能、便捷，更具有可持续性。

城市的阶段性演进如图1-1所示：

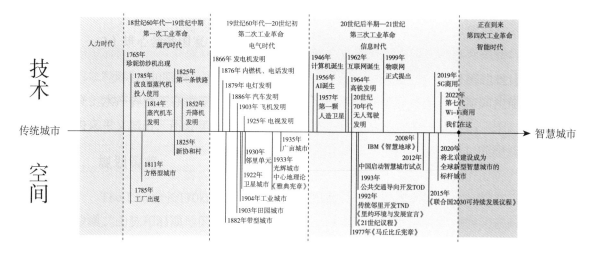

图1-1　城市的阶段性演进
图片来源：自绘

1．前工业时代的技术与城市

农业是早期封建社会的主要经济活动，农业技术的发展对社会的稳定和农产品的产量具有重要意义。在中国古代农耕时期，农业技术主要包括开垦耕地、灌溉、肥料的使用以及种植和养殖的技巧。同时，土地耕作技术的改进，如轮作制度和农业工具的使用，也对农业生产的效率和产量起到了积极的作用。我国精耕细作农业在战国、秦、汉、南北朝开始走向成熟，远远领先于当时世界其他国家。农耕技术的进步不仅带来了丰富的生产力，也提高了人们的生活水平。随着农业生产力的提高，农民能够富余更多的粮食，这推动了农村与城市之间的商品交换和人口流动。农民可以将多余的农产品运往城市进行销售，从而获得更多的经济收入，促进了城市的商业发展。隋唐时期，城市建设注重规划和细致的布局，城市内外有明确的分工和功能划分，内城是政治和宫廷区域，包括皇宫、官署和贸易市场等。外城则是居住区和商业区，包括居民、商业街区和手工业作坊等。

欧洲在古希腊罗马时代出现一批新型城市，这些城市都是当地的政治、文化和宗教活动的中心，在城市里商业和手工业处于从属地位，城市的生活消费超过城市的生产能力，城市的物质生活主要依靠农村供给。5世纪时，随着西罗马帝国的衰败，蛮族的入侵，古希腊罗马时代城市的功能都被摧毁了，许多城市也不复存在，在各地代之而起的则是贵族的城堡和一座座基督教教堂，整个社会逐渐进入了封建时代。

在中世纪，城市成为商业和手工业中心，技术的进步也推动了城市的繁荣。在农耕技术方面，中世纪的城市通过改进农具、农田灌溉系统以及农作物的引种等方式，提高了农产品的产量。农民能够生产出更多的农产品，为城市提供了稳定的粮食供应，支撑了城市的发展。在手工业方面，中世纪的城市发展了纺织、工艺品制作、金属加工等行业，技术的进步推动了手工业生产力的提高。但中世纪欧洲城市的演进与东方相比相对迟缓。因为周围的农村提供的余粮不多，再加上实施封建制度的缘故，每个城市和它控制的农村构成一个小单位[①]（吴本祥，1997），形成相对封闭、自给自足的庄园经济。

不论东方还是西方，封建时代的城市由于交通不便还处于分散状态，城市之间联系很少，且与农业、羊毛业和农村家庭纺织业相比，城市领域在国民经济生活中占据次要地位。技术发展与应用在封建阶段也处于起步阶段，并相对停滞了很长一段时间，城市的功能也并不完备，人们的生产生活还主要依靠人力手工。

2. 蒸汽时代的技术与城市

16—18世纪，西欧的资本主义商品经济得到了迅速发展，英国的变化更为典型。这时期英国农村的土地得到改良，家畜供应量大幅提高，乡村制造业非常活跃，工业革命前夕英国农村掀起了经济变革的热潮，为工业革命的到来奠定了基础。商品经济越发展，越需要扩大生产与革新技术[②]（Richard Lachmann，1989）。18世纪后期，蒸汽机的发明引发第一次工业革命，对城市产生巨大影响。以英国为例，蒸汽动力开始被广泛用于运输、工业和能源生产等领域，催生了大规模工业化和城市化的浪潮。近现代的城市化就是在蒸汽时代工业革命的基础上发展起来的。工业革命开始后，城市发展迅速，英国10万以上人口的城市由1个增加到9个，5万～10万人口的城市增长至18个[③]（The Industrial Revolution in Great Britain，2014）。

城市在19世纪工业革命之后获得了前所未有的发展。工业革命促成了科技快速的进步及许多发明的问世，进而建立了许多工厂。工厂大多设置在交通方便的大都市附近，工作岗位吸引着农民不断涌入都市。随着工业革命浪潮在国际蔓延，城市化的现象也开始由工业革命起源的英国向世界各国扩张。

到第一次世界大战前夕，英、美、德、法等工业强国，城市化的程度都相当

---

① 吴本祥. 试比较中古时期西欧与中国城市的不同特点［J］. 信阳师范学院学报：哲学社会科学版，1997（3）：36-40.

② RICHARDL. Origins of Capitalism in Western Europe: Economic and Political Aspects［J］. Annual Review of Sociology, 1989（15）：47-72.

③ The Industrial Revolution in Great Britain. The Industrial Revolution and Its Impact on European Society, 2014.

高。这不仅是富足的标志，还是文明的象征。这时期由于科学技术的发展，城市的特点是机器大工业代替了工场手工业；铁质机械代替了木质机械；蒸汽机代替了水力机；出现了以蒸汽机为动力的崭新的交通工具蒸汽机车和轮船。

到19世纪上半叶，欧洲各国出现了大量城市，大批农业人口涌入城市。大量厂房、住宅和各种辅助建筑物拔地而起，城市的发展也使市政建设和各种服务性产业得以发展，城市居民所需要的一切开始仰仗市场和各种服务性机构。"从工业化开始，服务业的发展便紧紧跟随工业化的发展，有时还要超过。"[①]

随着城市化的不断发展，城市人口日益增多，城市的规模与面貌也在不断变化。城市居民都是非农业生产的人口，他们的生活方式与农村迥然不同。"当英国从农业的文明过渡到工业的文明、从乡村生活过渡到城市生活，'城市化'使人们开始脱离乡村生活和农业劳动，集中在城市内受工厂工作和办公时间纪律的约束"。从家庭手工业到手工工场的出现，从手工工场的兴起到工厂制的形成，每一次技术的重大变革都给城市带来了翻天覆天的变化，商品交易也促进城市交通发展。交通业的发展反过来给城市带来生机，商品交换、贸易往来、文化交流使城市的生活内容日益丰富，人们的文化素质不断提高。蒸汽时代工厂的出现与工业城市的兴起促使城市形成以就业为核心的功能布局，多层建筑由于建造技术的进步而大量涌现，城市人口密度得以提升。这种转变对城市规划和建设提出了新的要求。城市人口迅速增长，需要更多的住房、交通设施和公共服务设施。城市规划师开始注意到交通流动、环境卫生和城市美观等方面的问题，提出了一系列改善城市环境和居住条件的方案。

3. 电力时代的技术与城市

19世纪50年代以后，欧美国家发生了第二次工业革命。从19世纪50年代到第二次世界大战结束是工业化时代的电力时期，电力代替了蒸汽动力，发电机和内燃机代替了外燃的蒸汽机，钢质机械代替了铁质机械，工厂完全机械化[②]（芮明杰，2013）。这一时期城市从近代化走向现代化，在工业、居住、交通、市民交流等方面都发生了巨大变化。

在工业和居住方面，1856年英国的冶金学家贝塞麦发明了转炉炼钢法，法国工程师马丁和英国工程师托马斯又于1865年和1875年先后发明了平炉炼钢法和碱性转炉炼钢法，使世界钢产量增加了70%。从19世纪60年代起，铁路改用钢轨，机械行

---

① 吴老二，曹骥赟. 欧盟城市化对我国的启示 [J]. 延边大学学报：社会科学版，2005（3）：71-76.
② 芮明杰. 第三次工业革命与中国选择 [M]. 上海：上海辞书出版社，2013.

业也得到迅速发展，先后出现了刨床、铣床、立式车床、磨床以及铆接机等机床，现代工厂已经初具规模。钢铁的发展不仅促进了工业进步，同时也为建筑高楼大厦提供了轻便、坚固、耐久的材料。钢材、水泥等材料的出现，使城市的高楼大厦平地而起，改善了人们的居住条件，也改变了城市面貌。

在交通方面，19世纪末出现了新的交通工具。1879年，西门子将电动机应用到交通方面，发明了电车。1903年，美国莱特兄弟把内燃机装到飞机上飞行成功。1909年法国人布列利奥驾驶飞机飞渡英吉利海峡。此外，内燃机还先后被应用于轮船和机车上。这些交通工具的发明使交通运输业得到极大的改善。19世纪末到20世纪初的城市交通工具不仅有马车，还有汽车和电车，这种转变加快了城市的生活节奏[①]（陈奕平，2015）。

除了交通方面的发展，电力输送与分配、电灯和信息通信技术等也改变了城市的面貌。1894—1896年，意大利的马可尼和俄国的波波夫发明了无线电通信，1904年英国工程师弗莱明发明了用于整流的真空二极管，1906年美国人德福雷斯特发明了三极管。三极管的发明对无线电技术的推进有决定性的意义。在此以后，又有了四极管、五极管和多极电子管。电子管的发明推动了无线电技术的广泛应用，进一步促进了城市之间和城市内部的联系和交流，也拉开了信息时代的帷幕。

总之，生产技术的革新对城市化和城市建设有决定性意义，城市化对科学技术与工业的纵深发展也有促进作用。这种相互作用在工业化时代的第二次技术革命时期显得尤为突出。

4. 信息时代的技术与城市

信息革命是指信息加工和传输成本急剧下降的计算机、通信和软件等信息技术的迅速进步[②]（Keohane，2001），以及由此带来的社会、经济与技术的变化（Graham，1996）。从19世纪40年代第一台笨重的电子数字积分计算机（简称ENIAC）到IBM个人电脑（简称IBM PM），再到便携式电脑和当前正在流行的平板电脑、智能手机，从固定信息技术到当前的移动信息网络，信息技术的进步促使人类活动模式发生重要的变化，并带动人们的日常生活、社交联系和人类的空间组织经历一场深刻的变革。

网络技术的发展增强了远程工作和远程服务的便利性，进而导致距离消失（the

---

① 陈奕平. 农业人口外迁与美国的城市化［EB/OL］. http://www.mgyj.com/american_studies/1990/third/third07.htm.

② KEOHANE R.O., Nye J.S.Power and Inter dependence［M］. NewYork: Longman，2001.

Death of Distance）论调的产生①（Caurbcriss，2001）。吉尔斯韦（Gilswe）认为网络将把图书馆、音乐厅、商业聚会等带进家庭和办公室，使汽车带来的离心化趋势得到加强，城市将趋向于更加分散，最终造成城市的消亡（the Death of Cities）②（Gilswe，1995）。另一种观点认为，一方面由于远程工作和远程服务目前只占很小的部分，未来仍将有大部分的到岗工作存在；另一方面由于特殊的专业信息化服务的需求和供给之间的相互作用以及面对面交流的效果更佳，人们仍然需要有集中的场所，也就是城市。新的集聚因子将会出现，城市将会在新的层次上实现重新集聚。

卡斯泰尔（Castellsm）预测未来将以巨大的城市簇成为全球经济的节点③（Castellsm，1996）。随着理论和实践经验的发展，Kolko提出远程通信使得距离消失，但并不会让城市消亡，并且还得出城市的规模与网络地址的密度呈正相关的结论④（Kolko，2000）。在集聚和分散两种因子的作用下，信息时代城市空间结构由圈层式向网络化方向发展，打破了汽车时代的空间结构。信息网络会渗透到城市的交通、居住、工作、游憩等各个领域，传统的城市功能正在进行深刻的转型。

5. 智能时代的技术与城市

第四次工业革命已经开始。其特点是将信息和通信技术引入企业，也称为"工业4.0"。已经形成的计算基础设施的生产网络正在扩展为网络连接，这种连接促进设施之间的联系，形成"网络物理生产系统"，迈出制造自动化的第一步。

工业4.0时代，工业环境产生一些奇妙的变化⑤（Fathy Elsayed，2022），某些行业发生了自组织特性的生产响应式变革。例如在纺织行业中，之前缝纫机的断针率很高，并且多种原因都会造成缝纫机断针，需要很久的排查时间才能找到故障零件。而使用自组织维护系统，就能有效避免冗杂的排查过程，快速识别问题并在短时间内找到可靠的问题来源。工业4.0令人们进入更具创新性的网络时代，生产环境的数字化提供了更具创造性的方式，让人们可以在任何时间便捷地获取大量正确的信息。

智能时代的技术，特别是物联网、人工智能、大数据和智能交通等，推动了城市的智能化和可持续发展。智能技术的应用使得城市管理更加高效、便捷和环保，

---

① CAURBCRISS F.The Death of Distance 2.0: How the Communications Revolution Will Change Our life [M]. Cheshire: Texere, 2001.
② GILSWE G. Forbes [J]. ASAP, 1995（1）: 27-56.
③ CASTELLSM. The Rise of Network Society [M]. Blackwell Publishers, 1996.
④ KOLKO J. The death Of cities? The death Of distance? Evidence from the geography of commercial Internet usage [A]. The Internet Upheaval [C]. IngoVogelsang and Benjamin Compaine, MIT Press, 2000. 67-95.
⑤ Abdelmajied, FEY. Industry 4.0 and Its Implications: Concept, Opportunities, and Future Directions. 2022.

图1-2　未来数字城市的发展方向
图片来源：自绘

提升了居民的生活质量和城市的竞争力。然而，也需要面对数据隐私、人机关系等方面的挑战，以确保智能技术的合理和安全应用（图1-2）。

1.2.2　科技发展与城市理想模型

在城市化的演进过程中，人们不乏对于城市理想模型的设想，即基于特定的时代和技术背景，结合城市发展的价值指向，所提出的城市空间发展模式。城市模型不仅是对城市发展的经验式概括和抽象，其主要的意图更多是在面向未来一段时间，对于城市的规划和建设进行预想式的理论或实践引导。不少的城市模型已经融入了当前的规划实操理念之中，然而也有一些城市模型仅仅成为昙花一现的理论探索。但无论怎样，各城市模型对于在追求城市"终极方案"的过程中，都起到了积极的推动作用，并且都体现了当时的最前沿技术在宏观空间尺度的应用愿景（图1-3）。

1.　前工业时代城市原型

在城市文明出现以前，人类就已经会使用工具，掌握了大量的生存技术和技

图1-3 工业革命与城市原型的发展
图片来源：清华大学建筑学院，北京城市实验室，腾讯研究院. WeSpace·未来城市空间2.0

能。新石器时代，人类开始了定居的农业生活。到公元前3000年左右，在底格里斯河和幼发拉底河流域以及尼罗河流域出现了最早的城市文明。这时期城市的主要功能是组织人们日常活动和为农业生产服务，所以可称为古代的农业城市。可见，在城市文明出现以前，城市化就开始了。

早期农人结束穴居生活而开始修筑房子，是一个了不起的革命，最终发展为地球上最重要的景观元素。已知完全成熟的最早农耕村落景观发现于中东，约在9000年前，是用泥建的，每间带有贮物窖穴和陶灶。以西安半坡遗址为代表的仰韶文化农耕村落景观，距今已有5000~7000年，屋顶由许多木柱支架起来，上覆草泥，墙壁由草泥内加藤条木筋筑成，村落规模达200座小舍，占地约3万m²。村落周围有一道壕沟，村落之外，东面是窑区，北面是氏族墓地，这便是中国城市最原始的模型。从此，这一景观元素便开始以加速度方式在自然景观基相中发展起来，并成为后来人类景观设计的主要对象。同时，村落的出现使人类的景观认识发生一次飞跃。《尔雅·释地》有："邑外谓之郊，郊外谓之牧，牧外谓之野，野外谓之林，林外谓之坰。"这种同心圆式景观类型划分方式反映了人为活动强度在自然景观基相中的递减关系，与现代景观生态景观类型划分模式相合[①]（俞孔坚，1991）。

春秋战国时期，中国社会性质的改变导致营国思想的转变，加上当时诸侯争霸，战争的毁坏、旧城的改造和新城的建设同时进行。由此带来我国古代的城市建

---

① 俞孔坚. 从选择满意景观到设计整体人类生态系统［M］. 北京：中国林业出版社，1991.

设高潮。这一阶段出现了"城"与"郭"分工的新的规划概念（"筑城以卫君，造郭以守民"——《吴越春秋》）。城市改造与新建过程中主要表现为扩大城市规模，增加经济活动场所，调整城市土地使用，压缩城内宫殿用地，增加商业及居住用地。

在封建时代，西方一些城市以教会的权威和文化为中心，成为重要的宗教和学术中心。这些城市一般拥有大教堂、修道院和学院等重要的宗教和文化建筑，如坎特伯雷、萨拉曼卡（图1-4）和博洛尼亚。

除城市的建造规制以外，西方还将数学应用在美学领域，例如西方古典主义的城市理论，就运用了大量的比例和尺度概念。但整体而言，在前工业时期，城市规划中的技术运用是偏向于朴素的。

2. 蒸汽机时代城市原型

工业化时代的近代城市时期是从18世纪60年代到19世纪40年代。第一次工业革命后，英国各地的城市如雨后春笋般地出现了，城市的类型也不断增多，例如

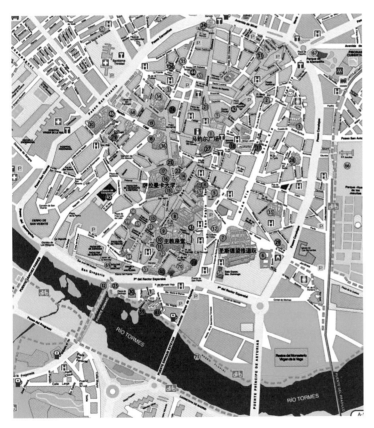

图1-4 萨拉曼卡的城市形态①

---

① 资料来源：https://ontheworldmap.com/spain/city/salamanca/salamanca-hotels-and-sightseeings-map.html

工业城市就有棉纺织工业中心、毛纺织工业中心、麻纺与丝纺织业中心、冶金工业中心等。与此同时，还出现了许多商业城市、港口城市、旅游城市等。由于交通发达，使城市之间的独立状态也发生了改变。城市间的联系日益密切，进而走上互相联合、共同发展的道路，出现了像伦敦与其周围城市连成一起的"集合城市"（Conurbation），又称为大伦敦（the Great London）[①]（王铭，2018）。随着教育和科学技术的发展，城市的文明不断提高，人们生活的内容也在不断改变和丰富。可见，城市的兴起是文明的象征，城市的发展是生产力的提高和文明进步的标志。

蒸汽机时代只是轻工业得到了迅速发展，重工业还是很落后的。因此城市化还处在低级阶段，方格形城市成为第一次工业革命的理想城市模型，也是在马车时代交通不发达的情况下资本主义大城市应对工业与人口集中的方法[②]。方格形城市规划思路在北美得到了充分实践。18世纪、19世纪欧洲殖民者在北美这块印第安人的土地上建造了各种工业和城市，地产商和律师委托测量工程师对全美各类不同性质不同地形的城市做机械的方格形道路划分，其中最有代表性的城市是纽约。

此外，19世纪英国空想社会主义者罗伯特·欧文还设想了一种名为"新协和村"的城市模式，该空间集生产、生活、教育等于一体，有自己的工厂和公共设施，实行财产共有和民主管理以及生产和分配社会化的制度。

3. 电气时代城市原型

电力作为新的动力推动通信革命，与电相关的家用电器及大众娱乐催生出新的交通运输方式。汽车的出现进一步拉近了空间的距离。人口高密度的大城市出现，更多新功能的城市空间出现，如大众娱乐产业的空间。电梯的出现推动了建筑向更高的空中延伸。城市逐渐形成功能分区，道路以车行为主导在平面空间拓展，人车分流。在这一时期，诞生了带型城市、工业城市、光辉城市、广亩城市等具有影响力的城市原型。

由于第二次工业革命涌现出了大量的新型技术，城市的形态也出现更多的可能性。以交通干线作为城市的布局骨骼，生活用地和生产用地平行沿着交通干线布置，形成**带状城市**。交通干线一般为汽车道路或铁路，也可以辅以河道。城市继续发展，可以沿着交通干线（纵向）不断延伸出去。带状城市由于横向宽度有一定限度，因此居民同乡村自然非常接近。纵向延绵地发展，也有利于市政设施的建设。带状城市也较易于防止由于城市规模扩大而过分集中，导致城市环境恶化。最理想

---

① 王铭. 科学技术与城市化进程［J］. 社会科学辑刊，2007（6）：202-208.
② 清华大学建筑学院，北京城市实验室，腾讯研究院.《Wespace：未来城市空间2.0》，2022.

的方案是沿着道路两边进行建设，城市宽度500m，城市长度无限制。较有系统的带状城市构想，最早是西班牙工程师A. 索里亚·伊·马塔在1882年提出的。他认为有轨运输系统最为经济、便利和迅速，因此城市应沿着交通线绵延建设。这样的带状城市可将原有的城镇联系起来，组成城市的网络，不仅使城市居民便于接触自然，也能把文明设施带到乡村。

工业城市的原型可以适应城市的大工业发展，把"工业城市"的要素进行明确的功能划分。中央为市中心，有集会厅、博物馆、展览馆、图书馆、剧院等。城市生活居住区是长条形的，疗养及医疗中心位于北边上坡向阳面。工业区位于居住区东南。各区间均有绿带隔离。火车站设于工业区附近。铁路干线通过一段地下铁道深入城市内部。城市交通是先进的，设快速干道和供飞机起飞的实验性场地。加尼埃重视规划的灵活性，给城市各功能要素留有发展余地。

光辉城市是勒·柯布西耶在1930年提出的理想城市原型，描绘了城市连续的绿地，成片的高层建筑，连续的现代交通网，灵活划分的空间的愿景。在这一模型中，所有住宅楼底层全部架空，办公和商业区域与住宅区相分离，通过高速公路相连。60层高的办公楼每隔400m布置一座，各个方向都与高速公路相连，每座楼可容纳12000个工作岗位。办公楼的底层同样是架空的，把地面和屋顶全部留给绿地和沙滩。所有这些都严格按照功能区分，全部都通过高架的高速公路、地面铁路和地下铁路联系在一起。

田园城市理论是英国社会活动家霍华德在19世纪末针对工业革命以来城市发展中所产生的一系列环境和社会问题提出的关于城市规划的设想。田园城市的原型中，城市的地理分布呈现行星体系特征。城市之间以快速交通和即时迅捷的通信相连。田园城市的理想愿景包含了一些乌托邦元素，比如以同心模式规划的小型社区来容纳住房、工业和农业用地，周围环绕的绿地将限制社区的扩张。许多图表和地图描绘多个田园城市的集群，这种集群是确保田园城市有效性的一个重要因素。

随着汽车和电力工业的发展，广亩城市认为没有把一切活动集中的必要，分散将成为未来城市规划的原则。美国建筑师赖特[①]提出了一种城市功能布局思想，解体传统集聚发展的城市形态，倡导高度分散的布局模式（Frank Lloyd Wright，1932）。城市中每个独户家庭拥有一英亩（约4046.86m²）土地，生产供自己消费的食物，以汽车作为交通工具，公共设施沿着公路布置。

4. 信息时代城市原型

第二次世界大战后，以计算机、核能和航天技术为先导的科学技术革命蓬勃发

---

① Wright，Frank Lloyd，The Disappearing City [M]. New York: W.F. Payson，1932.

展、日新月异，拉开了第三次科学技术革命的序幕。第三次科学技术革命虽是近代科学技术的继续和发展，但是两者又有质的区别。人类文明经历了200年的工业社会以后，已经开始从工业文明进入科学技术文明的新时代。在这个时代里，科学、技术、知识、信息起着主导作用，因此又称为信息时代。

在信息时代交叉学科和边缘科学大量兴起，各门科学之间的空隙逐渐缩小，任何重大新技术的出现不再来源于单纯经验性的创造和发明，而来源于系统、综合的科学研究。这个时代也密切了科学、技术、生产三者的关系，使社会结构和劳动力结构发生了重大改变。信息时代科学与技术的发展，开辟了许多新的技术领域，建立了许多新型工业，使传统产业向信息化产业转化，信息产业的辅助设施以及相应的服务机构也应运而生。在信息时代人们的生产方式、生活方式发生了巨大的变化，由于大力发展智力集中的产业，大批传统产业的劳动力向第三产业转移；储存大量信息的计算机和便捷的通信工具已经成为当代人生活的必需品，信息时代城市的原型强调数字化、智能化和可持续发展，注重数据驱动的城市管理和智慧公共服务。它们通过信息技术的发展，提供更高质量的生活和工作环境，促进城市的可持续发展和增进人民的福祉。城市的规划和建设都要适应信息化时代的需要。当代人更加重视经济、社会和环境的信息化综合治理，教育方式和内容的改革更注重现实与未来。在城市的改造和发展中不仅涌现出各种新型城市，还将要出现一些超大都市和卫星城市，它们优劣互补、共同发展，使地区的发展走向一体化。

1.2.3　第四次工业革命的浪潮

几百年来，工业化进程使制造过程变得越来越复杂化、自动化和智能化。2011年，达沃斯世界经济论坛主席克劳斯·施瓦布提出了工业4.0的概念；2013年，在汉诺威工业博览会上，德国政府提出"工业4.0战略"。作为基于高科技战略发展的德国，结合物联网（IoT）、信息物理系统（CPS）和服务互联网系统形成了人机协作的新范式，引发了第四次工业革命的新浪潮（图1-5）。

第四次工业革命正在进行中，预计将在各个方面显著影响个人生活方式和改变社会。它以数字化、自动化和智能化为核心，推动产业的深度融合和创新的快速发展，带来数十亿人通过移动设备连接的可能性、强大的处理能力、大存储容量以及获取知识的机会。随着多领域技术的进步，如自动驾驶汽车、3D打印、纳米技术、生物技术、材料科学、能量存储和量子计算等，人们生活的变化将日益剧烈（图1-6）。

第四次工业革命可以看作是第三次工业革命的延伸，因为它和第三次工业革命以信息化为技术底板的发展阶段几乎是不可分割的。然而，第四次工业革命的内在

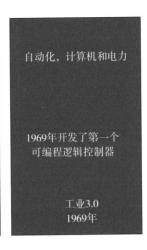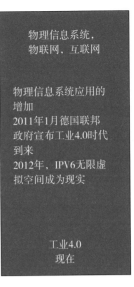

机械化、蒸汽、电力、织布机

动力织机出现在1784年

工业1.0
1784年

批量生产、流水线、电力能源

1870年在屠宰场引入装配线

工业2.0
1870年

自动化，计算机和电力

1969年开发了第一个可编程逻辑控制器

工业3.0
1969年

物理信息系统，物联网，互联网

物理信息系统应用的增加
2011年1月德国联邦政府宣布工业4.0时代到来
2012年，IPV6无限虚拟空间成为现实

工业4.0
现在

图1-5　工业化历程①

图1-6　第四次工业革命技术云图
图片来源：GABRIELLI L G，WALTER LF，SAMARA SN，et al. The Impacts of the Fourth Industrial Revolution on Smart and Sustainable Cities［J］. Sustainability，2021，13（13）：1-21.

动力具有显著的新特征。2019年的世界经济论坛提出，推动第四次工业革命范式发生转变的主要动力为三大科技趋势：互联化、智能化和灵活的自动化②（世界经济论坛，2019）。

---

① 资料来源：https://apparelscience.com/nine-pillars-of-the-fourth-industrial-revolution-in-apparel-industry/
② 世界经济论坛. 第四次工业革命：制造业技术创新之光［R］. 2019年世界经济论坛，2019.

1. 互联化

第四次工业革命正在从互联网时代向物联网时代发展。如果说互联网是把人作为连接和服务对象，那么物联网就是将信息网络连接和服务的对象从人扩展到物，以实现"万物互联"。二者在需求满足上也有所区别：互联网时代，信息网络的任务是满足公共信息传输需求；物联网时代，信息网络的任务是满足特定智能服务需求，二者相互支撑，不可或缺[1]（朱洪波，2020）。

互联化使得人与人之间、人与物之间、物与物之间实现了数字化的连接。通过互联网、物联网、传感器等技术，各种设备和物体可以相互通信和交换数据，形成一个庞大的数字生态系统。

互联化还深刻地改变了各个产业的生产方式和商业模式。通过互联网和电子商务，传统的商业活动被重新定义，新兴的数字化产业蓬勃发展，包括电子商务、在线教育、共享经济等。互联化推动了产业的升级和转型。

2. 智能化

随着新一代信息技术日趋成熟，智能化浪潮正加速席卷而来[2]（李静，2021）。智能化反映信息产品的质量属性。我们说一个信息产品是智能的，通常是指这个产品能完成有智慧的人才能完成的事情，或者已经达到人类才能达到的水平。智能一般包括感知能力、记忆与思维能力、学习与自适应能力、行为决策能力等。所以，智能化通常也可定义为使对象具备灵敏准确的感知功能、正确的思维与判断功能、自适应的学习功能、行之有效的执行功能等。

深度学习是新一代人工智能技术的卓越代表。由于在人脸识别、机器翻译、棋类竞赛等众多领域超越人类的表现，深度学习在今天几乎已成为人工智能的代名词。然而，深度学习拓扑设计难、效果预期难、机理解释难是要面对的重大挑战，目前还没有一套坚实的数学理论作为支撑来解决这三大难题。解决这些难题是深度学习未来研究的主要关注点。此外，深度学习是典型的大数据智能，目前它的可应用性是以存在大量训练样本为基础，小样本学习将是深度学习的发展趋势。

① 朱洪波. 物联网，开启万物互联时代［J/OL］. 人民日报，2020（20）.［2020-03-17］. https://it.people.com.cn/n1/2020/0317/c1009-31635058.html.

② 李静. 智能化浪潮奔涌多条主线迎变革机遇［J/OL］. 经济参考报，2021.［2021-12-27］. https://m.gmw.cn/baijia/2021-12-27/1302737867.html.

3. 自动化

第四次工业革命的自动化技术发展呈现出前所未有的速度和深度。自动化技术已经不再局限于简单的机械化操作，而是向智能化、自主化方向迈进。在这一阶段，人类与机器的关系发生了根本性改变，不再是简单的工具使用者，而是共同合作的伙伴。此外，第四次工业革命下的自动化技术还更加注重数据驱动和实时性。通过大数据分析和实时监控，自动化系统能够根据不断变化的情况做出及时的反应和调整，从而实现更精准、更高效的生产。

世界经济论坛主席施瓦布说，第四次工业革命变革如此深刻，从人类历史的角度来看，其蕴含的希望和潜在危险超过以往任何时候。未来3年内，机器的工作性质将发生巨变，它们所执行任务的百分比以及复杂度会不断提高。据牛津大学发布的一项调研结果显示，未来20年内，美国47%的就业机会可能被机器人和自动化技术所替代。未来智能制造是迈向未来的必经之路，越来越多的企业和政府机构已经意识到了这一点，开始积极地推进智能制造的发展。

1.3 智慧城市的提出与发展

1.3.1 智慧城市的产生背景

当前，世界范围的持续城市化加速了人口的聚集，全球资源与环境问题日益突出，人类社会可持续发展的相关议题始终是我们需要关注的重点。2016年联合国第三次住房和城市可持续发展大会（简称"人居三"）重申了全球永续城市发展承诺，成为推动世界各国城市可持续发展的新起点。国内外普遍认为智慧城市是通过新技术促进城市规划、建设、管理智慧化的新理念和新模式，是提高人民生活质量、实现城市可持续发展的新手段。

1. 信息技术进步

城市及城市规划演变的历史本身即是技术、社会、空间相互作用的过程。技术发展推动工作生活方式变革，并进一步促进城市空间的演化。

以大数据、云计算、5G、人工智能、物联网等新兴技术驱动的第四次工业革命，为智慧城市规划建设提供了可能性。在信息技术的驱动下，城市将逐渐形成大规模连接的生态系统，拥有广泛的物联网、数字解决方案和应用程序。未来，依托区块链、云计算等技术，以数据洞察为驱动，智慧城市将提供城市的整体景观，实现预测分析和事件管理，并提供运营建议。

目前较多的智慧城市建设提出的愿景具有渐进式特征。可以说，如果不作明确界定，随着技术发展，所有城市都可能变成某种意义上的智慧城市，这是因为每个城市都有机会在一个或几个领域进行智慧化建设。只要在城市规划建设的部分领域应用某些智慧技术，就可以被认作是某种类型的智慧城市。如凯利所说，人工智能的每一次成就都把自己的以往归类为"非人工智能"[①]。因此，此类智慧城市目标愿景只能描述逐步发生的阶段性变化，但却很难说清楚其本质特征。

2. 生产生活方式改变

新技术正在产生新的商业模式、工作形式、生产模式、生活方式等，给城市规划建设管理带来了新的挑战和发展机遇。由于信息和通信技术及传感器技术的广泛应用，对城市中各类环境情况进行监控检测的能力大幅提升，人工智能与城市规划的交互成为趋势，功能混合的规划设想变得更加可行。

城市或社区规划在吸引创意阶层的时候，逐渐开始选择以混合功能作为主要的功能组织方式。针对城市的创新发展需求，工作回归社区，学习、生活、娱乐等主要功能也得以在社区内融合。如日本"社会5.0"强调"生活—工作—学习—娱乐"四类功能的融合发展；邓智团在进行创新街区的研究中提出，创新街区正在成为"生活—工作—学习—娱乐"四位一体的社区；在澳大利亚20分钟社区（20-Minute Neighbor-hoods）概念中，提出了商业、工作、交通、居住、娱乐和学习六个主要功能；在卡洛斯·莫雷诺15分钟城市（the 15-Minute City）概念中则包括了居住、工作、商业、医护、教育和娱乐六个主要功能。

3. 高城镇化率

城镇化的过程包括从农村到城市的迁移。在世界各地，不论是生活还是工作，人们都在向城市群迁移。2008年，城市人口首次超过农村人口，且在最近35年中，这种从农村到城市的流动显著加速。目前，世界上已有50%的人口居住在城市，到2050年，这一比例预计将上升到70%。

城镇化已成为智慧城市发展的动力，智慧城市规划建设往往开始于城镇化水平

---

① PARVNAK H. VD. The Inevitable: Understanding the 12 Technological Forces That Will Shape Our Future [J]. Computing reviews, 2016 (11): 670.

较高的国家。智慧城市可以在提供全新规模的基础设施和城市服务的同时，保护有限的自然资源。美国城镇化率在1974年达到73.6%时，洛杉矶开始了第一个城市大数据项目；荷兰在1994年城镇化率达到72%时，首都阿姆斯特丹提出了"数字城市"计划。2021年末，我国常住人口城镇化率已达到64.72%，应利用自身的后发优势，提前进行智慧规划，避免未来不可逆转的城市问题。

4. 资源短缺和环境恶化

全球资源与环境问题日益突出。20世纪70年代以来，全球平均气温上升了0.85℃，地球正迅速接近全球变暖临界点，一旦到达，可能导致北极冰盖的完全融化、西伯利亚永久冻土的融化或赤道附近雨林的消失，热浪和暴雨等极端天气事件也将急剧增加。

工业生产和日常生活中的碳排放作为全球变暖的主要诱因之一，全球碳排放量仍在增加，可用的"碳预算"——避免气候灾难所需的温室气体排放上限，正在迅速减少。二氧化碳排放的全球控制变量，以及土地系统变化和氮磷循环的全球控制变量出现失控趋势。运用数字化、智慧化技术开展"城市修缮"工作，制定预防措施成为当今各领域专业人士面临的难题（图1-7）。

5. 可持续发展目标的提出

人类社会可持续发展的相关议题始终是我们需要关注的重点。20世纪六七十年代以后，随着公害问题的加剧和能源危机的出现，人们逐渐认识到把经济、社会和环境割裂开来谋求发展，只能给地球和人类社会带来毁灭性的灾难。源于这种危机感，可持续发展思想在20世纪80年代逐步形成。1983年11月，联合国成立了世界环境与发展委员会（WECD），正式提出了"可持续发展"的概念和模式。报告中，"可持续发展"被定义为"既满足当代人的需求又不危害后代人满足其需求的发展"，是一个涉及经济、社会、文化、技术和自然环境的综合和动态概念，从理论上明确了

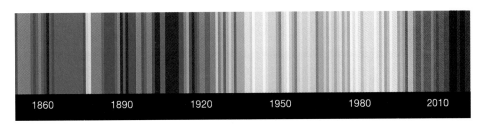

图1-7 蓝条表示1860—2010年长期平均气温以下，红条表示平均温度以上[①]

① 资料来源：［2023-08-17］https://showyourstripes.info/l/globe.

图1-8 联合国可持续发展目标[①]

经济同保护环境和资源是相互联系、互为因果的观点。2016年联合国第三次住房和城市可持续发展大会重申了全球永续城市发展承诺，成为推动世界各国城市可持续发展的新起点（图1-8）。

为解决世界范围内持续的城市化导致的人口聚集，全球资源与环境问题日益突出的城市问题，响应人民对美好生活的需求，实现世界各国城市的可持续发展，智慧的手段开始与可持续的发展命题相结合，学界开始探讨如何运用智慧技术积极响应城市发展和解决快速的城镇化所产生的效应，以期在保证全球经济稳定增长、满足社会日益增长的物质需求的同时，降低环境资源与能源成本。

1.3.2 智慧城市与可持续规划响应

1. 集约与弹性适应

智慧城市可以将城市地区变成紧密互联、可互操作、具有弹性和可持续发展的系统，它可以通过将城市变成永远在线、高度机动的地方，提高城市的时间和空间弹性，重塑城市生活和工作的意义。

1）时间集约与弹性适应。技术先驱英特尔发布了一份报告，研究了20个城市，涵盖下一代互联网应用的四个要点：移动性、医疗保健、公共安全和生产力。报告得出的结论是，改善公共卫生和街道安全等措施每年可为城市居民平均节约125h的生活时间成本。这些报告证明，在物联网技术上的巨额支出是合理的，尤其是对城市基础设施进行改造，比如街道照明、道路、学校、医疗设施和办公室。例如，自动驾驶汽车上搭载的导航系统和电子地图可对行驶路况进行监控、预测，根据拥堵模式改变车道的大小和方向，缓解交通拥堵情况，从而减少移动所需要的能源和时间。

---

① 资料来源：https://www.un.org/sustainabledevelopment/zh/.

此外，随着大城市公共资源的紧缺，不同城市群体对于城市公共服务的错时使用等议题开始兴起，以实现弹性的城市运行时间管理。其中，较为简单的模式如错峰出行等已经纳入很多城市的地方公共政策。而类似对于静态交通设施的共享利用等，则需要以设施供给运行与社会面需求间的匹配性分析为基础，同时也依赖于信息技术实现面向需求个体的共享引导。

2）空间集约与弹性适应。随着城市经济的快速发展，城市的空间价值日益攀升，人口的持续增多加剧了城市空间的承载压力，因此提高城市空间利用率具有十分重要的意义。尽管城市空间具有排他性和不可移动性，我们可通过智慧城市的智能化手段，改变城市空间的利用现状，最大限度地提高城市空间的利用效率。

• **缩减现有空间**

在智慧城市里，远程办公、远程教育以及远程医疗等项目的实现都可以有效地缩减现有公共空间的面积。例如，现代化的政府部门网络办事服务平台，可大大减少政务服务中心等机构的占地空间，仅留存少量办理窗口，将原有剩余空间进行重新规划及合理利用；远程会议不仅可以减少办公的时间成本，还可以降低公司因租用礼堂而产生的资金成本，因此，礼堂、会议室等公共空间也可以进行合理削减。

• **高效利用原有空间**

城市大量公共空间无法进行大规模调整与改变，因此高效利用原有空间也是集约利用城市空间的方法之一。韩国釜山提出的"智慧停车"项目，机器人将代替人引导车辆停放，可以大幅缩小每辆车的停放面积，从而扩大停车场内所能容纳的停车数量，为集约利用城市空间和提高市民生活品质创造了条件（图1-9）。

• **移动空间**

BIG与丰田公司合作开展"编织城市"项目，其中设计了一款名为丰田e-Palette的清洁、多功能的无人驾驶汽车，可用于共享交通、货运、移动零售、移动餐饮、移动医疗、移动酒店、移动办公等用途。移动空间与生活空间的集成，未来可能将打破空间的不可移动性，实现空间重组，打造城市空间的最优布局。

• **弹性空间**

近年来，随着城市建设的不断发展，提升城市的宜居度已成为公众关注的一个重点，宜居度的提升需要依靠更多的"弹性空间"来保障，智慧城市中的一些应用手段可为"弹性空间"的建设提供基础技术支撑。例如人行道（Sidewalk）六边形模块化道路铺装，能够对天气和交通情况进行实时响应，并通过LED灯等不同颜色的变化对路权进行重新分配。相比于传统的道路铺装，这种铺装系统能够满足道路交通不断变化的需求，使街道空间富有弹性和韧性（图1-10）。

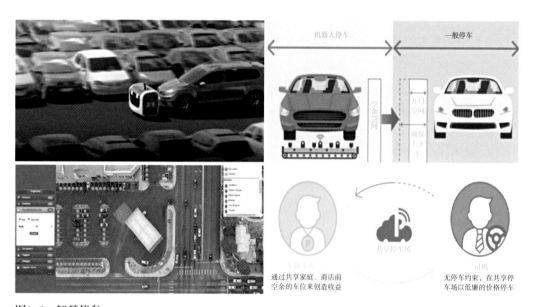

图1-9　智慧停车
资料来源：翻译自《釜山Eco Delta Smart City实施规划案》

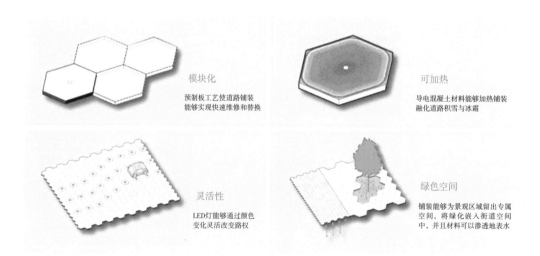

图1-10　六边形模块化道路铺装[①]

---

① 资料来源：https://www.sidewalk toronto.ca/.

同时，智慧城市也可以用时间征服空间，从而促进经济发展、积累资本并提高公共服务供给效率。

2. 万物互联与可追溯

智慧城市的到来使人类历史上第一次实现了几乎任何东西都可以数字化和万物互联，通过越来越多低成本的新技术和网络服务，未来所有的物品都有可能安装并应用智能技术，进而向整个社会提供更加智能化的服务，从而为社会发展和经济进步提出一条全新的发展思路。人们将会了解到摆在餐桌上的食物来自哪块土地、运输过程中经过了哪些环节；试衣间里的数字购物助手会自动通知导购人员送来合适尺码和颜色的衣物；去医院看病时，再也不用排长队、一个个窗口来回跑；厨房里的自来水也可以放心饮用，因为水在整个输送过程都在被严密监控着……这一切像极了科幻电影，而实际上，强大的科技和社会发展动力正在将这一切带入现实。

3. 资源监管与能源节约

智慧城市可实现高效的资源生产和分配。和交通一样，持续的监控带来了很多好处。例如，在家居环境中，可结合智能终端实现家庭智能场景搭建和能源管理，每月向消费者提供其所在城市、社区和街道的能源使用预警，以鼓励他们更节俭地使用暖气、制冷和照明设备；在户外环境中，智能路灯可以根据环境变化进行调整，并监控街道活动；在办公室、工厂等环境中，同样遵循"24×7"全天候监控、数据收集的原则，并通过定期调整算法以适应不断变化的环境来进行管理。

根据美国应用生物系统公司（Applied Biosystems Incorporated，简称ABI）的一份报告，美国典型的智慧城市政府每年可以节省多达49.5亿美元，升级的智能建筑和街道照明起到了带头作用。维修和保养费用预计也将下降30%。智慧城市里的企业还能够节省额外的140亿美元，其中包括智能制造工厂，以及使用无人机、半自动和全自动货车进行更节能的货运运输。通过部署智能电表和微电网，城市居民每年可以再节省270亿美元，甚至可以通过广泛使用在线技术的混合系统节省学校开支。总的来说，当时有智库预计，到2022年，全球75个最大的智慧城市每年将节省5万亿美元。此外，从2018年到2026年这段时间来看，这份报告预计智慧城市将实现超过5%增量经济效益。

4. 市民参与与决策优化

智慧城市可以为市民提供获得信息和参与公众事务的机会。随着互联网技术的发展，通过部署5G电信服务，越来越多的市民已通过手机、电脑等终端设备接入高速通信。信息流动越多，城市就越能更好地了解居民的需求，并建立一个以人为本的智慧城市。

智慧城市时代的市民参与按照参与程度的不同主要分为两类。一种是主动式参与，即通过互联网技术构建政府和市民之间的信息渠道，让市民被授予部分权利，可以进行咨询并提出自己的观点，使之获得真正的伙伴关系，从而营造满足各方需求的城市设计；另一种是被动式参与，即"行为大数据"等，利用手机、摄像头等感知终端设施设备自主收集大量行动数据，并根据所收集到的行为数据进行动态分析和预测，让市民"用脚投票"，间接地参与到城市规划建设之中。

1.3.3　智慧城市概念的讨论

"智慧城市"作为实现城市可持续发展的手段之一，其定义多种多样。不同的国家、部门和不同的学术领域因其所面临的城市问题不一样，他们对"智慧"方式的理解也不尽相同。

2008年11月，国际商用机器公司（International Business Machines Corporation，简称IBM）总裁兼首席执行官彭明盛（Samuel J. Palmisano）在一次美国工商业领袖圆桌会议上首次提出了"智慧地球"这一概念。将其定义为把新一代的IT、互联网技术充分运用到各行各业，把感应器嵌入、装备到全球的医院、电网、铁路、桥梁、隧道、公路、建筑、供水系统、大坝、油气管道，通过互联网形成"物联网"；而后通过超级计算机和云计算，使得人类以更加精细、动态的方式工作和生活，从而在世界范围内提升"智慧水平"，最终就是"互联网+物联网=智慧地球"。与以往提出的商业和技术层面的理念不同，"智慧地球"是IBM通过长期跟踪世界经济的发展趋势、分析全球市场变化而制定出来的。彭明盛提出，在社会发展中，一些意义深远的事情正在发生：每个人、公司、组织、城市、国家、自然系统和社会系统正在实现更透彻的感应和度量、更全面的互联互通，在此基础上我们获得更智能的洞察。这将会带来新的节省和效率——但可能同样重要的是，提供了新的进步机会。由于这些技术的进步，世界变得更小了，变得更加"扁平"，也变得更加"智慧"了。

日本工业社会5.0解释智慧城市为通过结合电力、轨道交通系统等多样化的服务、活动、物品和信息技术，实现城市生活的便利、舒适和安全。

后来的学者分别从城市运行模式、城市发展角度、城市制度层面等角度重点对智慧城市进行了定义，包括以信息通信技术与城市基础设施融合为手段，提高政治、经济和城市运行效率；转变政府管理方式，为市民提供优质公共服务，实现智慧治理、智慧服务；鼓励科技进步，扶持智慧产业，将创新视为智慧城市建设的重要推动力量；从政策及制度层面高度重视人力资本和社会资本在城市发展中的作用。

国内关于"智慧城市"的最早探讨为2010年杨再高教授的观点。他认为智慧城市的核心是以更加科学的方法，利用物联网、云计算等为核心的新一代信息技术来改变政、企、民相互交流的方式，对包括社会安全、环境保护、公共服务等在内的各种需求作出快速、智能的响应，提高城市的运行效率，提高居民的生活满意度。

2012年，住房和城乡建设部《关于开展国家智慧城市试点工作的通知》中提到，智慧城市是通过综合运用现代科学技术，整合信息资源，统筹业务应用系统，加强城市规划，建设和管理的新模式[①]。

综上所述，国际与国内普遍认为，智慧城市是通过新技术促进城市规划、建设、管理智慧化的新理念和新模式，是提高人民生活质量、实现城市可持续发展的新手段。智慧城市的作用包括改善交通和可达性，改善社会服务，促进可持续发展，并促进公众参与和社会监督。国外优先发展智慧城市的一些国家在初期以数字化、科技化定义智慧城市，但在后期普遍将智慧城市定位为城市可持续发展的阶段，围绕以人为中心的城市发展道路。国内对智慧城市的认识与定义相对较晚，起初智慧城市的定位也是以信息化为主要方式手段解决政、企、民之间的相互交流。近年来，除了信息部门提出智慧城市的早期定义外，住房城乡建设、发展改革委、自然资源等主管部门都结合城市的发展阶段，逐步从多种学科视角延展和丰富智慧城市的内涵。

由于不同的人站在不同的角度看待智慧城市，从而造成对智慧城市内涵的认识和理解不同，以下总结了不同人从不同视角对智慧城市的理解。

从城市管理者的角度来看，智慧城市意味着一种发展城市的新思维、新策略，是城市发展的新角度，是一种在新一代信息技术支撑下实现城市全面数字化后可视、可测量的智能化城市管理和运营模式，可以推动城市服务能力和管理水平实现跨越式提升。

从信息化专家的角度来看，智慧城市是城市信息化发展到高级阶段的一种形态，是城市的信息化经历数字化、智能化后的必然结果。

从市民的角度来看，智慧城市意味着生活品质、民生服务、居住环境等得到极大提升，新一代信息技术深入渗透市民的衣、食、住、行等各个方面，智能、便捷与舒适成为城市生活的典型特征。

[①] 中华人民共和国住房和城乡建设部办公厅. 关于开展国家智慧城市试点工作的通知[A/OL]. [2012-11-22]. https://www.mohurd.gov.cn/gongkai/fdzdgknr/tzgg/201212/20121204_212182.html

1.3.4 智慧城市的几个阶段

"智慧地球"的概念直接面对的是当今世界面临的重大问题，如资本和信用危机、经济低迷和未来的不确定性、不稳定的石油价格和能源短缺、因为信息爆炸而激增的风险与机会、全球化和新兴经济、新的客户需求和商业模式等。这些问题是各个国家、各个阶层的人们共同要面对的，而如何通过更加"智慧"的方式让我们的生活更美好，是全人类共同关注的发展之道。英国、美国等欧美发达国家率先部署智慧城市的规划建设，近年来日本、韩国、新加坡等亚洲国家也开展了大量的实践。

笔者从1974年洛杉矶创建了第一个城市大数据项目开始梳理智慧城市的发展历程，查阅了国内外百余项智慧城市相关政策、160项智慧城市相关标准、千余项智慧城市相关论文、书籍、报告，并深度研究了美国、英国、日本等近20个国家层面，纽约、伦敦、东京等近50个城市层面，谷歌多伦多人行道、丰田编织城市、太空探索技术空间（SpaceX）未来火星城市等30余个项目层面的智慧城市案例，总结并吸取了近50年来国内外智慧城市规划建设经验，并将智慧城市发展历程分为以大型技术公司主导的技术驱动、以政府主导部署的政府主导和积极引入企业、民众等共同参与的社会共建三个阶段（图1-11）。

第一阶段：技术驱动阶段

这一阶段的特征是以大型技术公司为主导，鼓励和引导城市管理者利用技术解

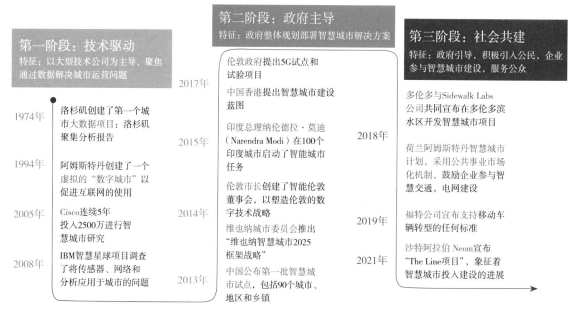

图1-11 智慧城市发展阶段
图片来源：自绘

决城市运营问题。技术拥有将城市变得高效的巨大潜力，以技术为中心的智慧城市愿景无疑创造了一种吸引城市技术创新者的环境，而这些创新者又能增加就业机会、促进经济发展。然而，这一阶段的智慧城市常常受到如IBM和思科（CISCO）这些超级技术公司的操控，政府和城市管理者本身却无法积极主动地去理解这些技术对人们生活质量的提高和城市发展进步的影响。

第二阶段：政府主导阶段

这一阶段的特征是由具有瞻前思维的城市管理者率先确定城市的未来以及智能技术和其他创新的部署角色。这个阶段的城市管理者越来越能发现城市问题，关注科技解决方案，并加以应用，提高城市质量。但由政府主导的智慧城市规划缺乏广泛的公众参与，政府无法全面了解城市诉求，对城市建设的作用也将非常有限。因此，自2014年起，越来越多的城市开始采用公众共同创造模式，以帮助推动下一代智慧城市的发展。

第三阶段：社会共建阶段

该阶段的特征是政府引导，积极引入公众、企业参与智慧城市建设，服务公众。这一阶段着眼于更广泛的主题，如社会包容、民主、企业创造和建立社会资本。社会共建不仅适用于发达国家的城市，作为2015年城市土地学会年度创新城市奖的获得者——位于拉丁美洲的哥伦比亚麦德林市，鼓励贫民窟的居民参与到如修建缆车、图书馆、电动楼梯以及新技术学校等社区项目中来，自上而下地进行城市复兴。

1.3.5 全球智慧城市发展

截至目前，全球已启动的智慧城市项目超过1000个。依据德勤2020年3月发布的《5G赋能智慧城市白皮书》可以发现，中国已有500多个与智慧城市相关的项目，印度（100多个）、欧洲（90多个）、美国（80多个）、澳大利亚（80多个）、南美（80多个）等国家和地区也建设有较多智慧城市项目。但由于国家体制、发展阶段、技术能力以及人们需求等多方原因，各个国家在政策制定、主导部门、实施主体和发展目标等方面均存在不同。

从政策层面上，智慧城市规划建设突出国家层面的战略引领，呈现出智慧设施、智慧平台、智慧服务推动场景实践的整体态势。以英国、欧盟为代表的欧洲国家和组织突出以数字化战略构建引领智慧城市建设，以新加坡、日本、韩国为代表的亚洲国家更关注各类新技术在城市建设不同层面的应用，在北美则积极推动智能城市、社区创新和基础设施的改进。2006年6月，**新加坡**资讯通信发展管理局（IDA）推出为期10年的"智慧国2015"资讯通信发展蓝图，希望将新加坡建设成一个以资讯通信驱动的智能化国度和全球化都市。此后，多个国家相继出台基于城市总体规划下的智慧城市相关政策法规，将建造智慧城市作为提升城市竞争力的重要手段。2009年，美国将"智慧地球"上升成为国家战略，同年日本制定《智慧日本2015战略》，韩国发布了《第一次U形城市综合规划（2009—2013）》。2012年，欧盟发布《智慧城市与社区欧洲创新伙伴行动》，以期实现城市生产和生活方式的智能化转型。2017年英国发布《数字英国战略》，在基础设施、个人技能、数字经济、宏观经济、安全网络空间、数字政府、数据管理7个方面提出了战略规划。2018年俄罗斯政府启动智慧城市项目计划，开始着手建设智慧城市示范项目。

从主导部门上看，智慧城市规划建设在不同国家和地区呈现国家总体统筹或分部门主管的不同模式。美国、日本、韩国等国家成立了专门的智慧城市相关部门，并由总统、内阁等国家高层决策领导，新加坡则成立了智慧国家和数字政府办公室专门主导智慧城市建设，英国、韩国则分别由信息化部门、国土交通部门等专业部门分别主管。

从实施主体上看，智慧城市规划建设一般由政府主导、企业配合，呈现合作共赢的局面，也有以头部企业主导的智慧城市。例如在日本，柏叶新城由柏市政府、三井不动产、东京大学等"公、民、学"三方成立的柏叶城市设计中心来指导该市智慧城市的规划设计，而位于日本静冈县裾野市的东富士工厂就由丰田汽车公司联手B.I.G建筑事务所打造编制城市（Woven City）。

从发展目标上看，各个国家和地区由于信息技术、城镇化率、资源环境等因素的不同而存在差异性。亚洲以增强国家竞争力为目的，建设以新技术为基础的产业基础设施和以生态系统为中心的智慧城市。例如马来西亚、中国香港、新加坡等国家及地区专注于发展高科技为城市节约能源，保护环境；迪拜等中东城市主要建设有竞争力的信息商务城市；日本、韩国引入居住型再生能源，建设可持续的低碳城市；在中国，如杭州发展以尖端新技术为重点的智慧城市基础设施。欧洲通过与市民一起解决人口增长和城市化带来的问题，以提高市民生活质量为方向推进智慧城市建设。丹麦、荷兰等发达国家将重点放在城市和整个社会的可持续发展，政府、民众和高校一起应对气候变化，减少碳排放，不断改善环境和技术开发；意大利米兰打造智能城众筹平台筹措资金，探索以市民、企业公共伙伴关系为基础的公共价值创新；荷兰、英国为市民提供开放数据和创新服务，扩大参与式城市设计的范围。北美众多国家更关心能源与交通领域在城市中的发展，探索借助新技术来减少二氧化碳排放和水的安全使用。加拿大、墨西哥致力于运用IT技术推进自动驾驶，打造无人车城市，提高道路安全与效率；美国主要针对公共交通系统建设完整的数据全覆盖的交通网络，将信息技术赋能交通基础设施，以提高便利性、促进流动性，从而提高效率，有效部署资源。

第 2 章

规划与体系

综合来看，我国智慧城市建设取得了积极成效，但在体系构建、标准设立以及与城市传统物理空间规划的融合方面，存在一些仍待解决的问题。当前智慧城市的建设缺乏在城市规划体系下全面的理论架构体系。现有的智慧城市多由互联网企业、经济和信息化局等信息技术部门牵头建设，多以数字技术为核心，忽略了智慧城市与空间和人的关系，造成与城市空间发展脱节。同时，智慧城市建设缺少相关规范。现有的智慧城市规划项目较为零散，缺乏相关的政策文件进行规范，没有提出各级各类规划编制的工作内容和深度，以及评价指标体系；在法律法规上，对目前数据资源的机制等没有明确规定，部门政务的权责利益边界模糊，亟待制定统一的规则框架和标准体系。智慧城市建设难以落实也是一个难题，现有的智慧城市落地实施以部门各自统筹为主，尚缺乏自上而下的整体顶层规划、行动纲要以及规划、建设、管理、运营全流程的统筹实施；智慧城市设施生产与实际城市建设无法相互匹配，从而无法落地。

针对上述问题，为了规范智慧城市规划、建设、管理、运营全流程，需要从理论、政策上发挥引领作用。2019年5月，《中共中央 国务院关于建立国土空间规划体系并监督实施的若干意见》正式印发，标志着国土空间规划体系构建工作正式全面展开。建立国土空间规划体系并监督实施，将主体功能区规划、土地利用规划、城乡规划等空间规划融合为统一的国土空间规划，实现"多规合一"，强化国土空间规划对各专项规划的指导约束作用，是党中央、国务院作出的重大决策部署，系统构建面向国土空间规划智慧化转型的规划体系框架和核心内容，明确国土空间规划中智慧城市专项规划的定位，形成可参照执行的技术规程，规范引导智慧城市规划实施，加强物理空间设计与物理空间、数字空间、社会空间与智慧化场景服务的集成发展，将有力推动国家治理能力现代化建设，构建"可感知、能学习、善治理、自适应"的城市生命体。

2.1 我国智慧城市规划与政策

截至2020年，我国已经成为全球智慧城市建设最为火热的国家，智慧城市相关项目在全球范围内占比55%，远超其他国家，智慧城市发展理念已成为城市规划领域的共识。

2.1.1 整体政策演进

我国智慧城市的发展与政治、经济、社会、技术等维度紧密联动。在政治层面，我国已经将智慧城市的建设纳入国家战略之中，成为"数字政府"建设和国家治理能力现代化建设中的重要一环。习近平总书记多次就智慧城市建设发表重要讲话，作出重要指示批示。国家层面陆续发布一系列相关政策文件，指导智慧城市建设。2019年新型智慧城市评价结果显示，超过88%的参评城市已建立智慧城市统筹机制，进一步推动了新型智慧城市建设落地实施。

在经济层面，当下中国经济发展的首要任务是经济结构优化升级，从要素驱动、投资驱动转向创新驱动。智慧城市建设涵盖生产生活各个方面，是新兴技术需求最大的领域之一，是新基建的首要服务对象，借助物联网和大数据分析为地区创业活动提供方向和信息技术支持，并通过显著提升产品价值附加效应，带动区域创业热情[①]，提供新的经济增长点。

在社会层面，新型智慧城市建设逐步从政府主导单一模式向社会共同参与、联合建设运营的多元化模式转变。自2014年以来，国家陆续出台了多项政府和社会资本合作（简称PPP）政策性文件，鼓励社会资本参与智慧城市领域投资。

在技术层面，新技术融合应用开拓社会治理新局。物联网、5G通信、大数据、人工智能、云计算、区块链、AR、VR等创新技术的快速发展，为中国城市智慧化提供了重要的技术推动力。例如，随着北斗导航卫星的持续部署和无人机技术的不断完善，部分城市探索利用无人机等新型移动终端用于城市治理，通过加装摄像头、传感器和无线通信模块，实现高空城市影像采集和环境监测，拓展了城市治理的想象空间。

我国自2012年起开始进行智慧城市试点建设，2014年将其纳入国家战略规划，此后数年陆续颁布多项相关政策指导智慧城市建设（表2-1）。

---

① 湛泳，李珊. 智慧城市建设，创业活力与经济高质量发展：基于绿色全要素生产率视角的分析［J］. 财经研究，2022，48（1）：15.

文件名称	发布时间	发布单位	内容要点
《国家智慧城市试点暂行管理办法》	2012年11月	住房和城乡建设部	智慧城市试点的具体管理办法
《国家智慧城市（区、镇）试点指标体系（试行）》	2012年11月	住房和城乡建设部	智慧城市试点的指标体系
《国家新型城镇化规划（2014—2020年）》	2014年3月	中共中央 国务院	推进智慧城市建设，统筹城市发展的物质资源、信息资源和智力资源利用，推动物联网、云计算、大数据等新一代信息技术创新应用
《关于促进智慧城市健康发展的指导意见》	2014年8月	国家发展改革委等部门	提出公共服务便捷化、城市管理精细化、生活环境宜居化、基础设施智能化、网络安全长效化的目标
《国家信息化发展战略纲要》	2016年7月	中共中央办公厅 国务院办公厅	改变关键核心技术受制于人的局面，形成安全可控的信息技术产业体系，电子政务应用和信息惠民水平大幅提高
《智慧城市时空大数据平台建设技术大纲（2019版）》	2019年1月	自然资源部	依托城市云支撑环境，实现向智慧城市时空大数据平台的提升，为推动全国数字城市地理空间框架建设向智慧城市时空大数据平台的升级转型奠定基础
《2020年新型城镇化建设和城乡融合发展重点任务》	2020年4月	国家发展改革委	完善城市数字化管理平台和感知系统，深化政务服务"一网通办"、城市运行"一网统管"
《关于加强城市地下市政基础设施建设的指导意见》	2020年12月	住房和城乡建设部	提升城市地下市政基础设施数字化、智能化水平，实现对地下市政基础设施的安全监测与预警
《中华人民共和国国民经济和社会发展第十四个五年规划和2035年远景目标纲要》	2021年3月	全国人大表决通过	构建网格化管理、精细化服务、信息化支撑、开放共享的基层管理服务平台
《2021年新型城镇化和城乡融合发展重点任务》	2021年4月	国家发展改革委	推进市政公用设施智能化升级，建设"城市数据大脑"等数字化智能化管理平台，全面推行城市运行"一网通管"，拓展丰富智慧城市应用场景
《关于加快发展数字家庭提高居住品质的指导意见》	2021年4月	住房和城乡建设部	推进数字家庭系统基础平台与新型智慧城市"一网通办""一网统管"、智慧物业管理、智慧社区信息系统以及社会化专业服务等平台的对接
《关于加强基层治理体系和治理能力现代化建设的意见》	2021年4月	中共中央 国务院	统筹推进智慧城市、智慧社区基础设施、系统平台和应用终端建设，强化系统集成、数据融合和网络安全保障
《"十四五"大数据产业发展规划》	2021年11月	工业和信息化部	建设城市安全风险监测预警系统，提升城市安全管理水平
《"十四五"推动高质量发展的国家标准体系建设规划》	2021年12月	国家标准化管理委员会等10部门	围绕智慧城市分级分类建设、基础设施智能化改造、城市数字资源利用、城市数据大脑、人工智能创新应用、城市数字孪生等方面完善标准体系建设
《"十四五"国家信息化规划》	2021年12月	中央网络安全和信息化委员会	推进新型智慧城市高质量发展。推行城市"一张图"数字化管理和"一网统管"模式
《"十四五"数字经济发展规划》	2022年1月	国务院	统筹推动新型智慧城市和数字乡村建设，协同优化城乡公共服务
《2022年新型城镇化和城乡融合发展重点任务》	2022年3月	国家发展改革委	加快推进新型城市建设。提升智慧化水平。完善国土空间基础信息平台，构建全国国土空间规划"一张图"

文件名称	发布时间	发布单位	内容要点
《关于深入推进智慧社区建设的意见》	2022年5月	民政部、中央政法委等9部门	基本构建起网格化管理、精细化服务、信息化支撑、开放共享的智慧社区服务平台，初步打造成智慧共享、和睦共治的新型数字社区
《数字中国建设整体布局规划》	2023年2月	中共中央 国务院	夯实数字基础设施和数据资源体系，引导通用数据中心、超算中心、智能计算中心、边缘数据中心等合理梯次布局，推动公共数据汇聚利用

2012年11月，住房和城乡建设部发布《关于开展国家智慧城市试点工作的通知》，确定103个城市（区、县、镇）为2013年度国家智慧城市试点，共包括83个市、区；20个县、镇。同时住房和城乡建设部发布《国家智慧城市试点暂行管理办法》，指导国家智慧城市（区、镇）试点申报和实施管理，并通过《国家智慧城市（区、镇）试点指标体系（试行）》构建了由三级指标构成的智慧城市规划指标框架，涵盖了基础设施建设、公共信息平台搭建以及交通、能源、环保、国土、应急、安全、物流、社区、家居、支付等多方面的智慧服务供给和智慧场景营造。

2014年，中共中央、国务院印发《国家新型城镇化规划（2014—2020年）》，把智慧城市列入国家战略规划。同年8月，国家发展改革委、工业和信息化部、住房和城乡建设部等八部委联合印发《促进智慧城市健康发展的指导意见》，提出了公共服务便捷化、城市管理精细化、生活环境宜居化、基础设施智能化、网络安全长效化的智慧城市规划目标。从智慧城市建设顶层设计、信息资源开发共享、新技术新业态运用、网络信息安全管理和能力建设、组织管理和制度建设五个方面提出了十六条智慧城市建设指导意见。

2015年8月，国务院印发《促进大数据发展行动纲要》，提出通过大数据提升政府治理能力的十项工程。2015年10月，国家标准委、中央网信办、国家发展改革委联合印发《关于开展智慧城市标准体系和评价指标体系建设及应用实施的指导意见》，构建了智慧城市标准体系框架和评价指标体系框架。2016年7月，中共中央办公厅、国务院办公厅印发《国家信息化发展战略纲要》，提出关于固定宽带等智慧基础设施建设的发展目标。同年12月，国务院印发《"十三五"国家信息化规划的通知》，确定了新型智慧城市建设的行动目标。为响应该通知的有关要求，2017年5月，国务院办公厅印发《政务信息系统整合共享实施方案》，提出建设全国性政务"大平台、大数据、大系统"的十项具体措施，推进政务信息系统整合共享。2017年3月，工信部印发《云计算发展三年行动计划（2017—2019年）》，提出落实云数据中心布局的指导意见。2019年1月，自然资源部印发《智慧城市时空大数据平台建设技术大纲（2019版）》，指导智慧城市时空大数据平台建设。

2020年后，我国进一步加快了智慧城市的建设，多个部门出台了推动智慧城市发展的相关政策文件，进一步丰富了智慧城市规划的内容体系。国家发展改革委从2020年开始连续3年在《新型城镇化建设和城乡融合发展重点任务》中提出关于建设智慧设施、智慧平台和智慧场景的要求，包括推进市政公用设施及建筑等物联网应用、智能化改造，完善城市数字化管理平台和感知系统，探索建设"城市数据大脑"，深化政务服务"一网通办"、城市运行"一网统管"，拓展丰富智慧城市应用场景。2020年9月，住房和城乡建设部印发《城市信息模型（CIM）基础平台技术导则》，指导各地开展城市信息模型基础平台建设。2021年4月，中共中央、国务院印发《关于加强基层治理体系和治理能力现代化建设的意见》，提出统筹推进智慧城市、智慧社区基础设施、系统平台和应用终端建设的建议。2021年11月，工信部发布《"十四五"大数据产业发展规划》，提出利用城市安全大数据建设城市安全风险监测预警系统。2021年12月，国家标准化管理委员会等10部门联合印发《"十四五"推动高质量发展的国家标准体系建设规划》，提出围绕基础设施智能化改造、城市数字资源利用、城市数据大脑、人工智能创新应用、城市数字孪生等方面完善标准体系建设的要求。同月，中央网络安全和信息化委员会印发《"十四五"国家信息化规划》，提出推进新型智慧城市高质量发展，推行城市"一张图"数字化管理和"一网统管"模式。2022年1月，国务院发布《"十四五"数字经济发展规划》，提出完善城市信息模型平台和运行管理服务平台，构建数字孪生城市的要求。

2023年2月，中共中央、国务院印发《数字中国建设整体布局规划》，将建设数字中国作为数字时代推进中国式现代化的重要引擎和推动高质量发展的有力支撑，并明确提出要推进数字技术与经济、政治、文化、社会、生态文明建设"五位一体"深度融合，以数字化驱动生产生活和治理方式变革等要求。2024年5月，国家发展改革委、国家数据局、财政部、自然资源部联合印发《关于深化智慧城市发展推进城市全域数字化转型的指导意见》，进一步指出到2027年要"形成一批横向打通、纵向贯通、各具特色的宜居、韧性、智慧城市，支撑数字中国建设"。在全面建设数字中国的背景下，城市成为推进数字中国建设的综合载体，推进城市数字化转型、智慧化发展，是面向未来构筑城市竞争新优势的关键之举，也是推动城市治理体系和治理能力现代化的必然要求。

整体来看，我国出台的与智慧城市相关的国家政策文件大致可分为三个层面。一是顶层规划，包括中共中央政治局集体学习和领导人讲话，是智慧城市建设的方针和指引。二是业务规划，涵盖指导意见、规划方案、建设方案、实施方案、行动计划等，如《关于促进智慧城市健康发展的指导意见》《促进大数据发展行动纲要》

《政务信息系统整合共享实施方案》等文件，是智慧城市建设的核心和细分政策。三是基础规划，如《云计算发展三年行动计划（2017—2019）》《关于开展城市信息模型（CIM）基础平台建设的指导意见》等文件，是智慧城市建设的基础和支撑政策。

从时间维度上看，我国智慧城市发展可分为探索实践期、规范调整期、战略攻坚期、全面发展期四个阶段。探索实践期于2008年底IBM提出"智慧地球"理念开始，该时期我国各部门、各地方按照自己的理解来推动智慧城市建设，相对分散和无序。2014年开始进入规范调整期，3月中共中央、国务院印发《国家新型城镇化规划（2014—2020年）》，把智慧城市建设纳入国家战略规划；8月国家发展改革委等八部委发布《关于促进智慧城市健康发展的指导意见》，全面指导我国智慧城市建设。国家层面成立了"促进智慧城市健康发展部际协调工作组"，各部门开始协同指导地方智慧城市建设。2015年12月开始进入战略攻坚期，主要标志是2015年中央城市工作会议召开，智慧城市成为国家新型城镇化的重要抓手，此后2016年3月发布的《国民经济和社会发展第十三个五年规划纲要》中，首次提出要"建设一批新型示范性智慧城市"，引入新型智慧城市理念，重点以推动政务信息系统整合共享打破信息孤岛和数据分割。2017年党的十九大召开后进入全面发展期，各地新型智慧城市建设加速落地，建设成果逐步向区县和农村延伸[1][2]。

从空间维度上看，目前我国智慧城市建设已进入全面建设阶段。在国家政策的推动下，各地方政府积极响应，直辖市北京、天津，省会级城市南京、杭州、广州、合肥等，以及县级城市昆山、江阴、余姚等相继提出各自的地方经济和产业优势在不同侧重的领域进行智慧城市的相关建设。截至2021年，从区域分布来看呈现出由东部大城市向中西部地区城市推广的趋势，由点到面的趋势日益明显，长三角的智慧城市项目数量突出，沿海地区智慧城市发展迅猛，但多数建设在城市中，村镇的智慧城市与基础设施的建设尚未普遍开展。

2.1.2　主导部门

从上述政策整体发展研判中可以看到，部门行政力对我国智慧城市的发展起到关键的推动作用。我国智慧城市规划实践通常以国家层面的政策文件为指导，由地

---

[1] 唐斯斯，张延强，单志广，等. 我国新型智慧城市发展现状、形势与政策建议[J/OL]. 电子政务，2020（4）.［2020-05-15］. https://www.ndrc.gov.cn/xxgk/jd/wsdwhfz/202005/t20200515_1228150.html?code=&state=123.

[2] 单志广. 智慧城市建设持续深化[J/OL]. 经济日报，2022.［2022-06-16］. http://www.sic.gov.cn/sic/82/567/0616/11547_pc.html

方政府对智慧城市项目进行主持设计，并积极调动市场力量，由相关企业提供技术支持。目前我国住房和城乡建设部门、发展和改革部门、经信部门、规划和自然资源部门等都从不同角度对智慧城市进行了设计，各部门规划侧重方向略有不同。

发展和改革部门智慧城市工作侧重点为从宏观政策层面指导智慧城市健康发展、人民生活质量提升。2014年，国家发展改革委等八部委联合印发《促进智慧城市健康发展的指导意见》，提出了公共服务便捷化、城市管理精细化、生活环境宜居化、基础设施智能化、网络安全长效化的智慧城市规划目标。在智慧城市建设顶层设计、信息资源开发共享、新技术新业态运用、网络信息安全管理和能力建设、组织管理和制度建设五个方面提出了十六条智慧城市建设指导意见。

经信部门智慧城市工作重点突出数字汇聚、网信支持、协议标准、共性平台、场景应用等，以打通数字共享和标准化等问题。2021年，北京市大数据工作推进小组印发《北京市智慧城市规划和顶层设计管理办法（试行）》，构建了智慧城市总规、控规、专项规划和顶层设计四级规划管控体系，以总规为统筹引领、以控规为刚性约束、以顶层设计为实施方案、以项目闭环为管理抓手，建立全市"一盘棋"的智慧城市建设蓝图。北京市大数据工作推进小组同年印发的《北京市"十四五"时期智慧城市建设控制性规划要求（试行）》构建了依托"三京"和"七通一平"的北京市智慧城市规划共性基础平台总体框架体系。

住房和城乡建设部门智慧城市工作侧重点为推动智慧城市试点、打造智慧城市场景。早在2012年我国智慧城市探索初期，住房城乡建设部就发布了《国家智慧城市试点暂行管理办法》，指导国家智慧城市（区、镇）试点申报和实施管理，同时出台《国家智慧城市（区、镇）试点指标体系（试行）》，构建了由三级指标构成的智慧城市规划指标框架，涵盖了基础设施建设、公共信息平台搭建，以及交通、能源、环保、国土、应急等多方面的智慧场景营造，随后共发布三批总计290个智慧城市试点名单，以及多项智慧社区、智慧工地等智慧应用场景相关政策文件。

规划和自然资源部门智慧城市工作侧重点为城市发展规划、建设和管理的目标制定，并探索城市治理新模式。《北京城市总体规划（2016年—2035年）》获得党中央、国务院批复后，《首都功能核心区控制性详细规划（街区层面）（2018—2035年）》《北京城市副中心控制性详细规划（街区层面）（2016—2035年）》也陆续获得党中央、国务院批复，规划明确提出了智慧化城市治理、建设世界智慧城市典范等目标。2020年12月，《北京市城市设计管理办法（试行）》鼓励利用高新技术建立城市设计管理辅助决策系统，为城市管理科学决策提供技术支撑。

总体上看，目前由各地发展和改革部门、经信部门发布的智慧城市相关政策更侧重于顶层设计与数据治理的标准和要求，住房和城乡建设部门的相关政策主要聚焦于社区和基础设施的微观尺度，规划和自然资源部门更加关注与空间治理相关的体系性、场景性规划建设。但是，一方面，各部门之间还缺乏立足城市本体上的整体性考虑，在整体统筹、项目落地等方面容易造成建设愿景与现实城市空间发展的脱节，而另一方面，传统的国土空间规划正在寻求面向数字化转型提升与赋能，进一步从国土空间规划的编制与实施层面，承接智慧城市规划理念的实施落地，面向国土空间的智慧城市规划体系有必要积极谋划和构建。

2.1.3　北京的地方探索

在国家整体治理的大脉络下，智慧城市的地方具体治理实践应结合其地方化、领域化、部门化特征，而具有不同的模式，并形成中央—地方的协同联动建设格局，整体推进。

以北京市为例，作为首都和我国超大城市的代表，智慧城市是北京市"四个中心"中"科技创新中心"建设的重要一环，并作为治理大城市病、迈进"国际一流的和谐宜居之都"的重要举措；同时，由于北京具有较好的经济社会发展基础，其智慧城市建设一直走在国家前列，具有重要的典型示范意义。

1．北京智慧城市规划的整体要求

2012年3月，北京市人民政府印发《智慧北京行动纲要》，提出城市智能运行行动、市民数字生活行动等计划，初步开始尝试城市智慧化建设。

2013年，我国公布《第一批国家智慧城市试点名单》，将北京市东城区、朝阳区、未来科技城、丽泽商务区纳入智慧城市试点。

2016年10月，北京市出台《"十三五"时期北京市信息化发展规划（2016—2020年）》，明确"智慧北京"建设的发展原则、发展目标、主要任务和保障措施。

2018年，北京市大兴区政府印发了《大兴区推进新型智慧城市建设行动计划（2018—2021年）》《大兴区新型智慧城市总体规划》，并于2021年对上述文件进行修订，在2022年进一步提出《大兴区新型智慧城市建设行动计划（2022—2025年）》，推动信息基础设施建设、民生服务、城市治理、产业经济、生态宜居等方面的智慧化进程。

2020年3月31日上午，北京市委、市政府领导在调研海淀城市大脑创新成果时提出，城市大脑要坚持政府主导，适应智能发展趋势，发挥企业力量，集成各种应用场景，为破解城市治理难题作出贡献。

2020年6月10日，北京市政府发布《北京市加快新型基础设施建设行动方案（2020—2022年）》，聚焦"新网络、新要素、新生态、新平台、新应用、新安全"

六大方向，推动建设北京市具有国际领先水平的新型基础设施，对提高城市科技创新活力、经济发展质量、公共服务水平、社会治理能力形成强有力支撑。

2021年3月，北京市政府发布《北京市"十四五"时期智慧城市发展行动纲要》，根据行动纲要，到2025年，北京将基本建成统筹规范的城市感知体系，整体数据治理能力大幅提升，全域场景应用智慧化水平大幅跃升，建设成为全球新型智慧城市的标杆城市。

2022年11月，北京市第十五届人民代表大会常务委员会第四十五次会议通过《北京市数字经济促进条例》，该条例自2023年1月1日起施行，针对数字经济发展的"三要素"，即数字基础设施、数据资源和信息技术，该条例规定了信息网络基础设施、算力基础设施、新技术基础设施等的建设要求，规定了数据汇聚、利用、开放、交易等规则。针对数字经济发展的"两条路"，即数字产业化和产业数字化，该条例规定了数字产业化的技术、产业方向和企业发展目标，列举了数字化转型提升的产业领域及推动措施，还专章规定了具有北京特色的智慧城市建设，并对强化数字安全、弥合"信息鸿沟"等进行了制度设计[①]。

2. 面向国土空间规划的智慧城市规划

2017年发布的《北京城市总体规划（2016年—2035年）》指出，要全面推进三网融合，推广云计算、大数据、物联网、移动互联网等新一代信息技术；建立以城市人口精准管理、交通智能管理服务、资源和生态环境智能监控、城市安全智能保障为重点的城市智能管理运行体系。依据北京市总体规划制定的若干分区规划、街区控制性详细规划中也都提到了智慧城市相关内容。

《首都功能核心区控制性详细规划（街区层面）（2018年—2035年）》提出了建立智慧城市管理体系：加强智慧城市基础建设，提升城市智能化水平，建设城市智慧感知系统，搭建城市大数据智慧管理平台，加强智慧城市制度保障。推动智慧化城市治理，提升城市服务品质和管理效率。

《北京城市副中心控制性详细规划（街区层面）（2016年—2035年）》提出了建设智能融合的智慧城市：坚持数字城市与现实城市同步规划建设，适度超前布局智能基础设施，建立城市智能运行模式和治理体系，搭建数字共享、人民共创、全局全时的智慧城市服务体系，建设世界智慧城市典范。

《亦庄新城分区规划（国土空间规划）（2017年—2035年）》提出，在2035年，将亦庄全面建设成世界一流的产业综合新城，具有国际范、科技范、活力范的生态绿

---

① 北京市数字经济促进条例［A/OL］.［2022-12-01］. https://www.ncsti.gov.cn/kjdt/lqjs/lqdt/202211/t2022 1126_103542.html

城、科技智城、活力乐城。并将提高建设与管理水平，推动智慧城区建设，建设便捷智慧的交通体系列为重要举措。

《海淀分区规划（国土空间规划）（2017年—2035年）》在海淀区战略定位的基础之上，进一步提出了海淀区2035年发展目标，即"人文、生态、科技融合发展的国际一流科学城，令人向往的科学智慧之城、创新引领之城、人文活力之城、生态优美之城、和谐宜居之城"。

2.2 面向国土空间治理的智慧城市规划理论与方法

2.2.1 国土空间规划体系的宏观架构

2019年5月9日，《中共中央 国务院关于建立国土空间规划体系并监督实施的若干意见》（中发〔2019〕18号，以下简称"18号文"）正式印发，标志着我国国土空间规划体系顶层设计和"四梁八柱"基本形成。国土空间规划是国家空间发展的指南、可持续发展的空间蓝图，是各类开发保护建设活动的基本依据。建立国土空间规划体系并监督实施，将主体功能区规划、土地利用规划、城乡规划等空间规划融合为统一的国土空间规划，实现"多规合一"。强化国土空间规划对各专项规划的指导约束作用，是党中央、国务院作出的重大部署。国土空间规划将在国家规划体系中发挥基础性作用，为国家发展规划落地实施提供空间保障。

"18号文"制定了国土空间规划的主要目标并基于国家治理现代化的要求，提出了包括规划编制审批体系、实施监督体系、法规政策体系、技术标准体系的运行支撑体系以及"五级三类"（五级是国家级、省级、市级、县级、乡镇，三类是总体规划、详细规划、相关专项规划）的国土空间规划体系的总体架构。国土空间规划的系统实施对空间发展作出的战略性、系统性安排，将对全面落实党中央、国务院重大决策部署，落实国家乡村振兴、区域协调发展、可持续发展等战略发挥重要作用（图2-1）。

为贯彻落实"18号文"精神，加快建立北京国土空间规划体系并监督实施，2020年4月12日，北京市委、市政府依据《北京市城乡规划条例》，结合北京市实际，发布了《中共北京市委 北京市人民政府关于建立国土空间规划体系并监督实施的实施意见》（以下简称《实施意见》）。《实施意见》提出完善国土空间基础信息平台和"多规合一"协同平台，全面实施国土空间规划监测预警和绩效考核机制，形成国土空间规划编制、实施、监督、保障的闭环管理体系。

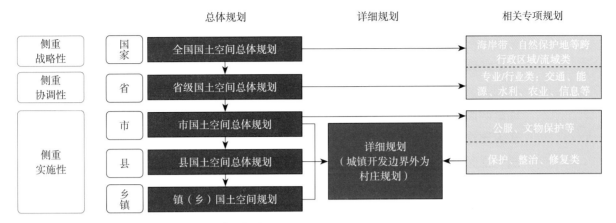

图2-1　国家分级分类的国土空间规划体系示意图

资料来源：陈猛，寇宗森. 国际观察114 | 京·城互鉴：关于建立国土空间规划体系并监督实施的意见——北京与上海之比较https://mp.weixin.qq.com/s/NUaWVRxYE4l66JLjorbYQQ

《实施意见》将北京市国土空间规划分为市、区、乡镇三级，总体规划、详细规划、相关专项规划三类。国土空间总体规划是详细规划的依据、相关专项规划的基础，包括城市总体规划、分区规划、乡镇域规划。详细规划是对具体地块用途和开发建设强度等作出的实施性安排，是开展国土空间开发保护活动、实施国土空间用途管制、核发城乡建设项目规划许可、进行各项建设等的法定依据，包括控制性详细规划、村庄规划和规划综合实施方案。相关专项规划是在特定地区、特定领域为实现特定功能对空间开发保护利用作出的专门安排，包括特定地区规划和特定领域专项规划。《实施意见》的出台，将更好发挥国土空间规划战略引领和刚性管控作用，是完善首都治理体系和提高治理能力的具体举措，对于实现国土空间开发保护更高质量、更高效率、更加公平、更可持续，推动一张蓝图干到底，具有重要意义（图2-2）。

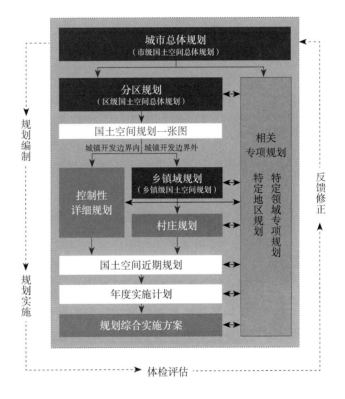

图2-2　北京市国土空间规划体系示意图

资料来源：北京市规划和自然资源委员会最重磅！多规合一，我市确立"三级三类 四体系"国土空间规划总体框架——北京市委、市政府正式印发《关于建立国土空间规划体系并监督实施的实施意见》https://www.ghzrzyw.beijing.gov.cn/zhengwuxinxi/zcfg/zcjd/202004/t20200420_1855673.html

2.2.2　智慧城市专项规划定位与体系

在最新一轮的国务院机构改革之后，由主体功能区规划、土地利用规划、城乡规划等空间规划融合之后的国土空间规划，成为国家空间发展的指南和可持续发展的空间蓝图，作为各类开发保护建设活动的基本依据。在这一背景下，规划体系的逻辑建构，成为整体规划目标有序传导、逐级落实、监督实施的重要前提。在建立国土空间规划体系并监督实施的背景之下，如何利用智慧化技术推进国土空间全域全要素的数字化和信息化，实现"可感知、能学习、善治理、自适应"的智慧化规划，成为重要命题。但除此之外，作为面向数字经济时代的重要发展方向，智慧城市往往作为贯穿不同层级的重要"专项规划"类别，或作为各级各类国土空间规划中的重要篇章。不论是作为独立的专项规划，还是与其他空间规划结合编制，智慧城市规划都应该建立自身逻辑。

现有的城市规划体系是以物质空间的管控为基础，随着数字技术之下的城市空间模式响应和规划路径响应，可以视作是传统空间规划转型的重要方向。以北京为例，明确智慧城市规划在北京市国土空间规划"三级三类四体系"中专项规划的法定地位和工作内容，与国土空间规划全域全要素管控治理相衔接，从而实现真实城市与数字城市同步规划、同步建设、同步管理，将具有重要意义。

按照国土空间规划分级分类的管控逻辑确定具体内容，将智慧城市专项规划体系分为总体规划和详细规划两个层面。**智慧城市总体规划**分为市级、区级、乡镇级智慧城市总体规划。市级智慧城市总体规划是从区域经济社会发展的角度研究智慧城市定位和发展战略，合理确定智慧城乡空间布局，促进区域经济社会全面、协调和可持续发展；区级、乡镇级智慧城市总体规划依据已经依法批准的上位智慧城市总体规划，对智慧设施、智慧平台、智慧服务、智慧场景的配置作出进一步的安排，对智慧城市控制性详细规划的编制提出指导性要求。

智慧城市详细规划分为智慧城市控制性详细规划、智慧村庄规划、智慧城市规划综合实施方案。智慧城市控制性详细规划是城市街区智慧城市规划统筹安排的基本要求，起到控制性约束和细化落实总体规划的作用；智慧村庄规划是村庄智慧设施、场景的具体安排，起到控制性约束和细化落实总体规划的作用；智慧城市规划综合实施方案是智慧城市规划建设时的具体方案，确定智慧设施、智慧平台的空间布局，推动智慧城市的落地。

在上述规划层级细分的同时，智慧城市专项规划还应与综合交通体系专项规划、生态绿地系统专项规划、历史文化保护类专项规划、公共服务设施专项规划、地下空间专项规划、市政基础设施专项规划、生态修复与国土空间整治等其他专项

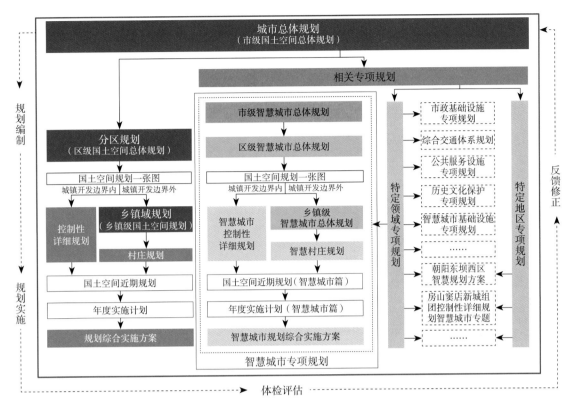

图2-3　北京市智慧城市专项规划体系框架

图片来源：自绘

规划之间彼此融合补充、相互依托衔接。例如综合交通体系专项规划与智慧城市专项规划中智慧出行、智慧能源等部分相交，二者可能都涉及智慧综合杆、交通感知网络，以及与电动汽车、无人驾驶车辆等配套的道路、充电桩、电网、能源感知网络等智慧基础设施的布设；生态绿地系统专项规划与智慧城市专项规划中智慧生态等部分相交，涉及生态感知网络、屋顶农场和垂直绿地系统等基础设施的布设和智慧公园等场景的构建。各级智慧城市专项规划涉及特定领域的部分，应与相关专项规划相协调；特定领域专项规划编制过程中，可以参考智慧城市专项规划内容，对传统规划业务工作进行数字化赋能（图2-3）。

2.2.3　智慧城市专项规划核心内容

在人工智能、云计算、物联网、数字孪生等"变化的新兴技术"与城市人口集聚、人口老龄化、城乡融合、公共服务均等化、绿色低碳化等"不变的城市化趋势"交互影响下，未来城市物理空间也在随着新兴技术与城市化不断协同演进而发生新的变革，呈现出由居民、企业、政府"三大主体"共同参与，并不断对生产、生活、生态"三生空间"产生影响。

新兴技术通过提高生产效率、拓展虚拟生产空间、办公空间的去中心化、生产模式的绿色低碳化等改变城市生产空间布局和形态，促使未来生产空间呈现高效可靠、移动共享、安全有序的趋势；使居民虚拟生活空间与实体生活空间逐步融合，并通过数字媒介传递进行交互与融合，促使未来生活空间呈现功能混合、多样便捷、虚实交互的态势；通过改变环境保护与治理方式，促使未来生态空间呈现低碳节能、立体全域、贴近自然的趋势。

为更好地应对上述未来空间变革趋势，在国土空间规划中智慧城市专项规划的框架体系应响应空间变革与新型技术的要求，促进生产、生活、生态空间的智慧化和可持续发展。

智慧城市是"空间"与"技术"二元要素融合的产物。尽管不同地区的智慧城市规划存在一定差异和地域特色，但在智慧城市规划的内容体系上存在共性，即空间基底与技术要素的互动性。而不同的空间范畴，在技术化之下，呈现不同的表征。

经历第一次与第二次工业革命后，在技术发展方面，火车、汽车、飞机等交通工具的发明，使得人活动的空间范围逐渐扩大，全球化进程加快。同一时期，在空间变革方面，1933年国际现代建筑协会（CIAM）第四次会议通过的关于城市规划理论和方法的纲领性文件——《雅典宪章》提出：城市规划应按居住、工作、游憩进行分区及平衡后，建立三者联系的交通网。在该阶段，不同功能的城市空间由交通网连接，通过汽车、火车、飞机等交通方式来满足人对社会生活的各类需求。至此，物理空间与社会空间之间的人地互联基本实现：人可以随时随地去任何地方（图2-4）。

第三次工业革命将我们引向信息时代。在技术发展方面，计算机、互联网等发明打破了人与人之间交流的空间障碍，数字空间应运而生。在空间变革方面，《马丘比丘宪章》、传统邻里开发TND、公共交通导向开发TOD等文件与理念也在这一阶段涌现。数字空间与社会空间的人人互联基本实现：人可以随时随地和他人交流。

第四次工业革命正在到来，将我们引入智能时代。在技术发展方面，1999年，正式提出物联网；2019年，5G商用；2022年，第七代Wi-Fi商用。上述技术的出现结合人工智能、大数据等也使物理空间与数字空间的连接成为可能。在此背景下，IBM在2008年提出"智慧地球"概念；2012年，中国启动智慧城市试点项目；2017年，谷歌旗下Sidewalk Labs计划在多伦多滨水区建造智慧社区；随后，日本丰田编织城市、沙特阿拉伯新未来城市、Space X未来火星城市等智慧城市方案层出不穷。至此，物理空间与数字空间之间的万物互联基本实现：人可以随时随地地监控事物（图2-5）。

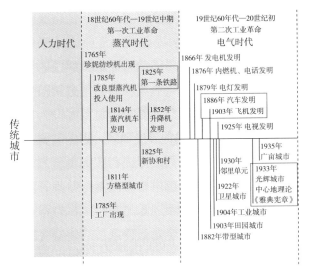

· 经历第一次与第二次工业革命,火车、汽车、飞机等交通工具的发明,使得人活动的空间范围逐渐扩大,全球化进程加快

· 不同功能的城市空间由交通网相连接,通过汽车、火车、飞机等交通方式来满足人对社会生活的各类需求,人地互联基本实现:人可以随时随地去任何地方

图2-4 第一次与第二次工业革命对城市的影响
图片来源:自绘

· 第三次工业革命将我们引向信息时代,互联网打破了人与人之间交流的空间障碍,数字空间应运而生

· 人人互联基本实现:人可以随时随地和他人交流

· 人工智能的日趋成熟,物联网、大数据等技术的出现,也使物理空间与数字空间的连接成为可能

· 万物互联基本实现:人可以随时随地监控事物

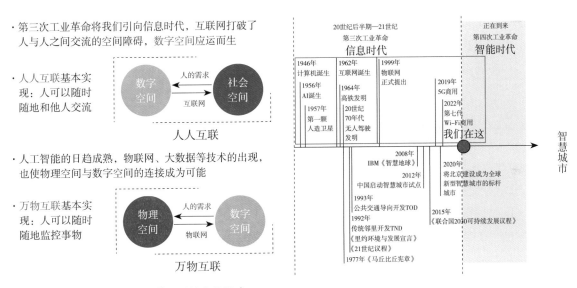

图2-5 第三次与第四次工业革命对城市的影响
图片来源:自绘

　　未来智慧城市将以人的需求为核心,通过"物理空间—数字空间—社会空间"构建三元结构,通过交通网、互联网、物联网实现人地互联、人人互联和万物互联。其中物理空间是人类赖以生存的自然环境和所含的物质系统;社会空间是人类行为与社会活动的总和;数字空间构建于物理空间和社会空间之上,即计算机、互联网及其数据信息。智慧城市是由物理空间、数字空间、社会空间构成的有机整体,基本工程逻辑是建立城市物理空间和社会空

间到数字空间的映射，再通过数字空间回馈物理空间和社会空间，进而优化城市系统，解决城市问题[①]（图2-6）。

而在不同的空间场域，采取相应的规划策略，则可以形成智慧城市规划的技术体系。在物理空间层面，侧重于布设可靠的电力保障网络、泛在的设施感知网络、立体的通信支撑网络、安全的数据节点网络等"三网多节点"等智慧基础设施，促进生产、生活、生态空间的智慧化；在数字空间层面，根据感知、认知、推演、决策的逻辑体系，构建包含城市数字孪生底座、城市计算推演系统、城市协同决策平台三部分的智慧平台；在社会空间层面，面向政府端和市场端，提供智慧服务，根据服务供给方的不同，将智慧服务分为政府端和市场端。最后，回到人的需求层面，基于上述智慧设施、智慧平台、智慧服务三部分内容营造智慧场景，将智慧场景细分为智慧生产、智慧生活、智慧生态三大类场景，指导以人为本的智慧场景建设（图2-7）。

上述智慧空间、智慧平台、智慧服务三要素通过数据流与智慧场景相串联：智慧基础设施作为感知入口，通过物联网将采集到的数据汇集至智慧平台；通过构建智慧平台，对汇集到的数据进行分析计算，并将包含处理结果的数据流，通过互联网，上达至智慧服务端；通过对接收到的数据流进行及时响应，提供智慧服务，并

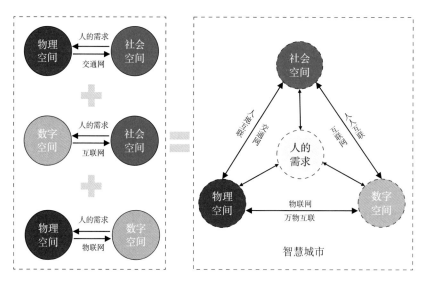

图2-6 智慧城市框架体系
图片来源：自绘

---

① 郭仁忠，林浩嘉，贺彪，等. 面向智慧城市的GIS框架［J］. 武汉大学学报（信息科学版），2020，45（12）：1829-1835.

通过交通网等物质要素，反馈至智慧空间，形成三要素之间的循环互动（图2-8）。

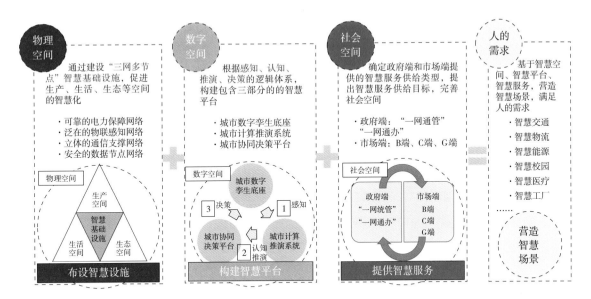

图2-7　面向国土空间规划的智慧城市专项规划核心内容
图片来源：自绘

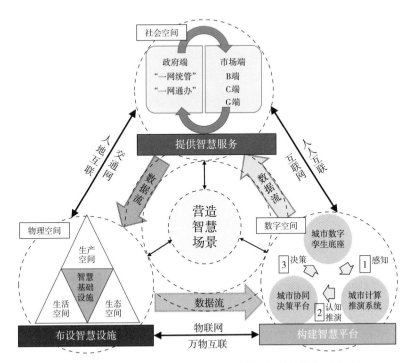

图2-8　智慧空间、智慧平台、智慧服务三要素与智慧场景交互关系
图片来源：自绘

2.2.4　智慧城市建设的管控逻辑与规划

同传统的国土空间规划的逐级落地管控传导路径类似，智慧城市专项规划同样也可以遵循逐级深化、刚弹结合的管控逻辑。例如，依据以人为本、务实推进、因地制宜、科学有序、创新协同、可管可控、确保安全的基本原则，对涉及城市发展长期保障的资源利用和环境保护、区域协调发展、公共安全、公众利益等方面的内容，应当确定为必须严格执行的强制性内容。而对于原则性、方向性规划内容，则可以建立更为灵活、弹性的管控路径。

在逐级深化方面，智慧城市专项规划的管控逻辑可以落实于空间传导。市级智慧城市总体规划是其他各级智慧城市专项规划编制的依据。区级智慧城市总体规划是对市级智慧城市总体规划要求的细化落实、对本区域智慧城市规划作出的具体安排。乡镇级智慧城市总体规划是对区级智慧城市总体规划要求的细化落实。智慧城市控制性详细规划及智慧村庄规划依据已经批准的区级、乡镇智慧城市总体规划编制，智慧城市规划综合实施方案可以由有关单位依据智慧城市控制性详细规划及智慧村庄规划提出的规划条件进行编制。

编制智慧城市总体规划，应当以全国智慧城市规划以及其他上层次法定规划为依据，对现行城市总体规划以及各专项规划的实施情况进行总结，对智慧设施、智慧平台、智慧服务、智慧场景的支撑能力和建设条件作出评价，从区域经济社会发展的角度研究智慧城市定位和发展战略，按照人口与产业、就业岗位的协调发展要求，控制人口规模、提高人口素质，按照有效配置公共资源、改善人居环境的要求，充分发挥中心城市的区域辐射和带动作用，对城市智慧方面的定位、发展目标、城市功能、空间布局等战略问题进行前瞻性研究，合理确定智慧城市空间统筹、智慧设施布局要求、重大平台服务与重要场景等，促进区域经济社会全面、协调和可持续发展。

编制智慧城市控制性详细规划、智慧村庄规划应当依据已经依法批准的智慧城市总体规划，考虑相关专项规划的要求，对具体地块的智慧设施和智慧场景的土地利用和建设提出控制要求、指标等，作为建设主管部门（城乡规划主管部门）作出建设项目规划许可的依据，并完善相关智慧平台的建设和智慧服务的供给。

编制智慧城市规划综合实施方案，应当依据已经依法批准的智慧城市控制性详细规划及智慧村庄规划，对所在地块的智慧建设提出具体的安排和设计。

在刚弹结合方面，智慧城市专项规划的管控传导可以落实于规划指标体系，通过建立上下位规划的验证关联关系，对于下位规划或实施落实上位规划的情况进行整体研判和方向把控。在指标制定方面，可参考国际标准 *Sustainable cities and communities — Indicators for smart cities* ISO 37122:2019（以下简称ISO 37122）以及国家标准《新型智慧城市评价指标》GB/T 33356-2022（以下简称GB/T 33356）等相关标准。其中ISO 37122涵盖了经济、社会、环境等19个大类的80余项指标。GB/T 33356按照"以人为本、成效引导、客观规范、成熟可测、注重时效"的原则，规定了面向地级及以上城市的新型智慧城市评价指标体系、指标说明和指标权重，共包含9项一级指标，29项二级指标，62项二级指标分项。同时，GB/T 33356首次针对县及县级市的新型智慧城市建设给出了可参考使用的评价指标。GB/T 33356适用于新型智慧城市评价工作，并可用于指导新型智慧城市的规划、设计、实施、运营与持续改进等活动。其中面向地级及以上城市的新型智慧城市评价指标体系框架描述如下：①新型智慧城市评价指标包括客观、主观两类指标；②客观指标包括惠民服务、精准治理、生态宜居、信息基础设施、信息资源、产业发展、信息安全、创新发展8个一级指标和28个二级指标；③主观指标设有1个一级指标"市民体验"和1个二级指标"市民体验调查"（图2-9~图2-11）。

同时，根据实地项目，有针对性地设置指标体系。例如，在编制北京市房山区窦店新城组团智慧城市控制性详细规划时，针对智慧城市基础设施与应用场景制定了相应的指标体系。在研究未来科学城小米地块智慧城市规划时，针对"三网多节点"、CIM平台以及智慧场景制定了相应的指标体系（表2-2、表2-3）。

窦店新城组团智慧城市控制性详细规划指标体系 表2-2

大类	中类	评价内容	评价指标		预计2025年达到水平	预计2035年达到水平
智慧城市基础设施	通信网	5G基站	5G信号覆盖率		50%	100%
	电力网	新能源使用	新能源利用占总体能源利用百分比		30%	70%
	感知网	人流/车流监测	人流/车流监控传感器覆盖百分比		40%/30%	90%
		能源监测	工业用地能源监测	能源传感覆盖用地占用地面积百分比	50%	100%
			其他用地能源监测	能源传感覆盖用地占用地面积百分比	40%	90%
		环境监测	公园绿地环境监测	单位用地面积环境传感器数量	5个/hm²	20个/hm²
			工业用地环境监测	单位用地面积环境传感器数量	2个/hm²	10个/hm²
			其他用地环境监测	单位用地面积环境传感器数量	1个/hm²	10个/hm²
	数据中心节点	数据中心规模	数据中心建筑面积		40m²	900m²
	融合智慧设施	智慧杆体	智慧杆体占市政杆体总数百分比		35%	75%
		智慧管网	智慧管网长度占市政管网总长度百分比		30%	90%
智慧城市应用场景	智慧生产	智慧研发	智慧技术企业数量百分比		40%	60%
		智慧试验	试验服务总体情况	智慧测试场地服务企业百分比	45%	80%
		智慧制造	利用智慧生产技术的企业数量百分比		45%	95%
		智慧会展	会展中心服务企业数量占总企业数量		50%	80%
		智慧物流	服务于生产的物流	无人智慧物流运送货物百分比	15%~40%	80%~100%

大类	中类	评价内容	评价指标	预计2025年达到水平	预计2035年达到水平
智慧城市应用场景	智慧生态	能源管理	应用智慧能源管理的用地百分比	60%~75%	100%
		环境调节	公共空间环境监测调节覆盖监测传感器覆盖公共空间面积百分比	25%	90%
		垃圾收集	智慧垃圾分类收集覆盖百分比	30%~60%	95%~100%
		智慧蓝心	水体监测 智慧水务监测覆盖水域面积百分比	50%	100%
			海绵城市监测 降水传感监测器覆盖面积百分比	60%	100%
	智慧生活	智慧交通	智慧出行 支持无人驾驶公共交通的道路长度百分比	20%	80%
		智慧商业	智慧无人商店数量占总无人商店数量	5%	10%
		智慧社区	智慧医疗 智慧医疗服务覆盖医院数量	50%	80%
			智慧教育 智慧教育覆盖教育机构数量占比	30%	95%
			智慧文体 智慧文体服务覆盖人口百分比	20%	80%
			智慧养老 智慧养老接入家庭数量	40%	80%
			智慧住宅 智慧住宅楼宇数量百分比	10%	50%
		智慧安防	智慧安防监控覆盖用地面积百分比	60%~100%	95%~100%

未来科学城小米地块智慧城市规划指标体系

表 2-3

评价内容	评价指标	预计2025年达到水平	预计2035年达到水平
通信网	万兆光纤接入率	50%	100%
	5G信号覆盖率	50%	100%
电力网	供电可靠性百分比	99.99%	99.99%
感知网	人车流监测范围占道路总长度百分比	50%	95%
	能源监测范围占总面积百分比	50%	100%
	环境监测范围占总面积百分比	50%	95%
分布式数据中心	本地能存储的数据占需要存储数据百分比	80%	120%
	本地能计算的数据占需要计算数据百分比	80%	120%
	故障的处理和恢复能力（RPO、RTO）	0.01/0.05	0/0.01
CIM平台	CIM平台接入范围占总面积百分比	50%	100%
智慧交通	智慧红绿灯覆盖路口百分比	75%	100%
	智慧网联道路占道路长度百分比	20%	80%
智慧物流	无人智慧物流运送生产货物百分比	40%	90%
	无人智慧物流运送生活货物百分比	15%	80%
智慧绿带	单位用地面积环境传感器数量	10个/km^2	20个/km^2
智慧能源	年均新能源发电量占总量的比值	8%	20%
	年均新能源储能量占总量的比值	5%	10%
智慧共享街道	智慧共享街道占道路总长度百分比	5%	10%
智慧安全防疫	智慧安防监控覆盖用地面积百分比	60%	100%

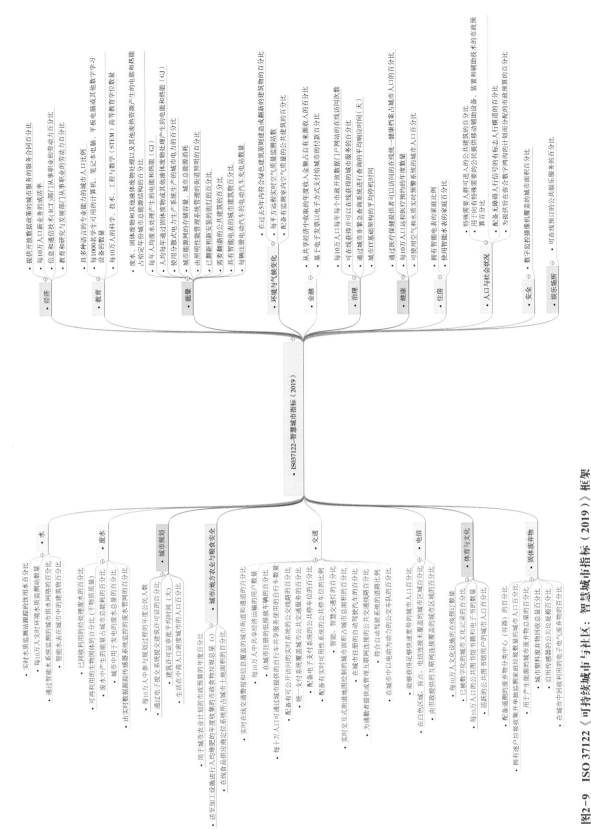

图2-9 ISO 37122《可持续城市与社区：智慧城市指标（2019）》框架

资料来源：根据《可持续城市与社区：智慧城市指标》ISO 37122—2019整理绘制

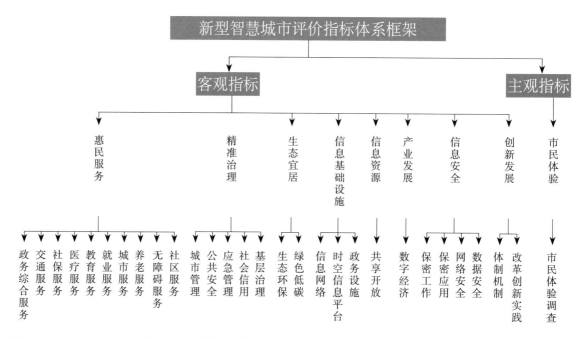

图2-10　GB/T 33356-2022地级及以上城市新型智慧城市评价指标体系框架
资料来源：国家信息中心http://www.sic.gov.cn/sic/82/567/1102/11695_pc.html

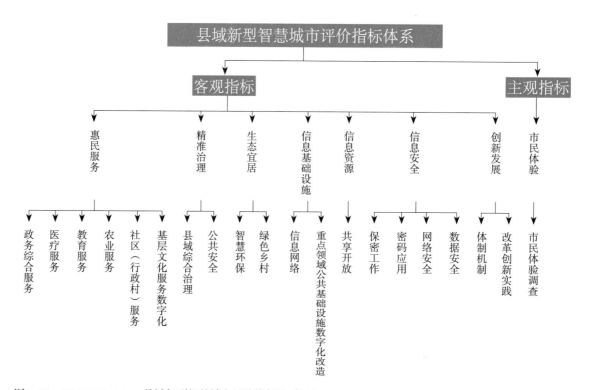

图2-11　GB/T 33356-2022县域新型智慧城市评价指标体系框架
资料来源：国家信息中心http://www.sic.gov.cn/sic/82/567/1102/11695_pc.html

1. 智慧基础设施建设

智慧设施是智慧城市建设的重要落脚点。与空间规划一样，智慧基础设施的规划也需要体现出空间性，并与城市实体空间相符。近年来，北京城市副中心地区、海淀区、未来科学城地区等纷纷开展智慧城市规划项目实践，并总结形成了智慧基础设施布局的基础空间模型——"三网多节点"模型。其中，"三网"是指电力保障网络、设施感知网络、通信支撑网络；"多节点"是指数据中心等空间节点。"三网多节点"等智慧设施应根据生产、生活、生态等不同城市空间按照不同强度进行布设，遵循"生产空间高密度、生活空间中密度、生态空间低密度"的原则（图2-12）。

1）高效动态、安全稳定的电力网

电力保障网络的布设应依据现状和规划电站与电网的布置，以及不同用地对于电力供应和存储的需求，布局骨干式电力网和分布式储能网，提高供电可靠性和质量。通过研究《城市电力规划规范》《北京市"十四五"时期电力发展规划》、已建成智慧城市案例中所节约的电量等，在北京市具体实践中确定了骨干式电力网和分布式微电网布设的具体原则：①结合重点用户及区域，布设变电站及主干电网，完善区域输配电设施建设，并可根据需求搭建"柔性双螺旋"[①]网架结构，大幅提升供

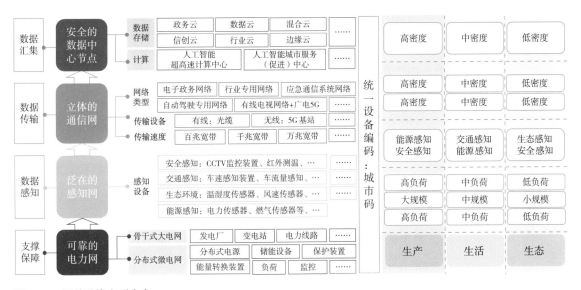

图2-12 智慧设施主要内容
图片来源：自绘

---

① 柔性输电是指对输电网按照设定的控制目标和策略，灵活和精准地调节电网潮流、电压等。双螺旋结构是指在单路供电出现问题时可通过另一路供电网进行供电。

电能力与可靠性，有效节约无功补偿及投资成本；②结合重点建筑，在顶部布设都市农场或光伏发电板，内部布设电力监控与管理系统，底部利用闲置空间放置储能电池，按需适时充放电，增加分布式微电网储能；③结合重要街道，布设太阳能充电桩、运动发电机等设备，满足电动汽车及非机动车的充电需求、路灯的用电需求等（图2-13）。

2）多维互联、高速互通的感知网

设施感知网络的布设应依据现状条件与规划需求，划分出不同类型的重点感知区，在路网、水网、地下管网等基础空间搭载摄像头、传感器、红外线等感知设备，遵循在生产空间多布置能源和安全感知设备、生活空间交通和能源感知设备、生态空间生态和安全感知设备的布设原则，并支撑形成重点感知区域。

感知网可细分为交通感知、环境感知、能源感知、安全感知等子网络，各网络可细分为具体传感设施类型。目前，部分传感器的技术要求和布设原则已有相关的技术标准文件可供参照（图2-14、表2-4）。

3）泛在立体、实时高效的通信网

通信支撑网络的布设应依据现状条件和规划需求，结合现有基站、灯杆、建筑物、地下管网等，分别布设地下有线设备和地上无线设备。在5G基站布设方面，可按照差

图2-13　电力网布设示意图
图片来源：自绘

图2-14　感知网布设示意图
图片来源：自绘

交通感知设备和环境感知设备布设技术规程表 表 2-4

类别	设施名称	标准名称	标准编号
交通感知	交通流量调查设备 交通违法监测设备 道路气象监测设备 交通信号控制设备	城市道路交通设施设计规范（2019年版）	GB 50688—2011
		视频交通事件检测器	GB/T 28789—2012
		智能交通管理系统建设技术规范	GB/T 39898—2021
		环形线圈车辆检测器	GB/T 26942—2011
		道路智能化交通管理设施设置要求（全套）	DB11/776—2011
环境感知	空气质量监测设备	环境空气质量监测点位布设技术规范（试行）	HJ 664—2013
		环境空气质量标准	GB 3095—2012
	噪声监测设备	环境噪声监测技术规范城市声环境常规监测	HJ 640—2012
		声环境功能区划分技术规范	GB/T 15190—2014
		声环境质量标准	GB 3096—2008
	水体质量监测设备	地表水环境质量监测技术规范	HJ 91.2—2022
	土壤质量监测设备	土壤环境监测技术规范	HJ/T166—2004
能源感知	供水传感器	城市给水工程规划规范	GB 50282—2016
		镇（乡）村给水工程规划规范	CJJ/T 246—2016
		城市排水工程规划规范	GB 50318—2017
		城市给水工程项目规范	GB 50788—2022
	供电传感器	城市电力规划规范	GB 50293—2014
		城市电力网规划设计导则	Q/GDW 156—2006
		城市配电网规划设计规范	GB 50613—2010
	供气传感器	城镇燃气规划规范	GB/T 51098—2015
		城镇燃气设计规范（2020版）	GB 50028—2006
		输气管道工程设计规范	GB 50251—2015
	供热传感器	城市供热规划规范	GB/T 51074—2015
安全感知	安防传感器	居家安防智能管理系统技术要求	GB/T 37845—2019
		安防监控视频实时智能分析设备技术要求	GB/T 30147—2013
		视频安防监控数字录像设备	GB 20815—2006
	消防传感器	城市消防规划规范	GB 51080—2015
		城市消防远程监控系统（全套）	GB/T 26875—2015
		消防安全工程（全套）	GB/T 31593—2015
		消防安全工程指南（全套）	GB/T 31540—2015
	其他防灾传感器	城市抗震防灾规划标准（附条文说明）	GB 50413—2007
		防洪标准	GB 50201—2014
		城市防洪规划规范	GB 51079—2016
		城镇内涝防治技术规范	GB 51222—2017
		城镇内涝防治系统数学模型构建和应用规程	T/CECS 647—2019

异化的应用高密度，制定相应的布设间距，并明确与已有技术设施、建筑物、构筑物及公共空间的结合方式。在光纤网布设方面，可分不同情况制定面向不同用户主体的带宽建设目标，如"用户体验过百兆，家庭接入超千兆，企业商用达万兆"的"百千万"目标网络能力，并在此基础上制定内容应用发展要求、控制建设要求（图2-15）。

4）功能混合、有序分布的数据中心

数据中心是全球协作的特定设备网络，用来在因特网络基础设施上传递、加速、展示、计算、存储数据信息。数据中心可分为大型数据中心、分布式数据中心和云计算数据中心。数据中心的布设方式在不同的城市有不同的要求，既可独立占地，也可结合其他用地布设。根据《北京市新增产业的禁止和限制目录》：北京市全市范围内禁止新建和扩建大型数据中心。可依托现有建筑或变电站部署分布式数据中心。

在具体的布置形式上，应根据数据量及所需计算数据种类、反应时长的不同，按照"云、边、端"数据中心的不同种类，进行集中式及分布式数据存储、计算中心的合理布局，并应明确分级、选址和规模要求，尤其是在选址方面要注重可靠的电信基础设施支撑，并尽量避免自然灾害（图2-16）。

5）智慧综合设施建设——以智慧灯杆为例

智慧灯杆是智慧基础设施的一种集成类型，可以提供智慧照明、智慧通信、智

图2-15　通信网布设示意图
图片来源：自绘

图2-16　数据中心节点布设示意图
图片来源：自绘

慧安防、智慧交通、智慧环保、智慧互联等多方面的智慧服务，实现照明、通信、信息采集、监测、交通管理等多种功能。对智慧杆体实行多杆合一、多箱并集以及手孔、管线等设施的集约共享建设，鼓励设施的集中化、小型化、隐蔽化设置，净化人行空间，提升街道景观品质，统筹地上地下空间使用，合理布局地下管线及设施，为街道公共空间和绿化景观提升提供保障，从而有序推进智慧城市基础设施统一规划、统一设计、统一施工和统一管理，实现"一杆一箱一线"（图2-17）。

在"一杆"方面，智慧多功能杆（Intelligent Multifunctional Pole）由杆体、综合箱和综合管道组成，与系统平台联网，挂载各类设施设备，提供城市管理与智慧化服务的系统装置。

在"一箱"方面，综合箱（Multifunctional Box）为智慧多功能杆杆体上各类挂载设施提供安装舱位，可用作供电、供网、接地、布线等。

在"一线"方面：综合管道（Multifunctional Conduit）为智慧多功能杆杆体和综合箱提供线缆敷设的管道。

智慧综合杆的布设应重点考虑以下原则（图2-18）：

（1）多功能的集成整合：将传统功能单一的灯杆和交通监控杆升级为集路灯照

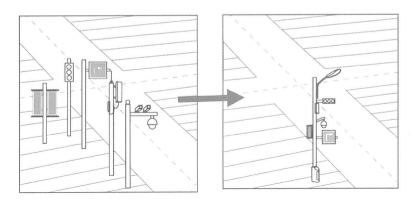

图2-17　多杆合一示意图
图片来源：自绘

　智慧综合杆滑槽　　　　　智慧综合杆机房　　　　智慧管理平台

图2-18　北京市海淀区小月河智慧综合杆实景
图片来源：自摄

明、交通信号灯、交通标识牌、5G基站和城市大脑智慧设备等多功能为一体的智慧综合杆。

（2）地上地下的同步建设：地面以上，将基础设施感知设备在多功能杆体上进行合并挂接，减少冗余构筑物；地面以下，进行电力、电信等管线的同沟同路由建设，实现缆线共建、整合利用。

（3）空间的集约美化：通过加强杆体外观和结构设计，将杆体各类设备的管线全部收纳于杆体内部，优化杆体形态。另外，注重杆体、机箱及搭载设备的外观、样式、风格与色彩设计，与周边环境有机融合。

（4）可拓展的城市接口：为考虑远期设备挂载的增加，项目在杆体上预留了滑槽，可根据需要调节感知设备的高度及角度，满足了未来智慧基础设施更新迭代的需求，保证智慧基础设施的动态适应性。

（5）技术的创新突破：打破技术壁垒，将城市交通、电力、通信、环境等多种感知数据汇聚到智能网关，形成数据的末端汇聚、集成处理和统一传输。

（6）规范导则的积极探索：与智慧城市和城市道路杆体相关的多种设施纳入指导范围，提出杆体整合内容清单。

2. 智慧平台构建

利用数字技术全方位、系统性重塑城市治理过程，是国土空间智慧治理和治理创新的重要途径。其中，平台化运行方案，可以基于"感知、认知、推演、决策"的逻辑链条，打通数字空间规划孪生底座、城市计算模拟推演系统、规划协同决策平台等业务场景，实现虚拟城市和现实城市的精准匹配，实现人地耦合的动态模拟和科学预测，实现共商共治和实时响应的规划大脑，推动城市治理由人力密集型向人机交互型转变，由经验判断型向数据分析型转变，以地理信息关键技术创新推动城市治理（图2-19）。

1）数字空间规划孪生底座

数字空间规划孪生底座利用智能感知、城市信息模型（CIM）、三维实景建模等数字技术，将现实城市精准建模为虚拟模型，实现了现实城市和虚拟城市的精准匹配。

数字空间规划孪生底座的构建首先应解决政府与商业数据的二维、三维一体化融合问题，搭建城市级二维、三维静态空间数据资源和动态时空行为数据资源框架，研究多源二维、三维数据管理关键技术。

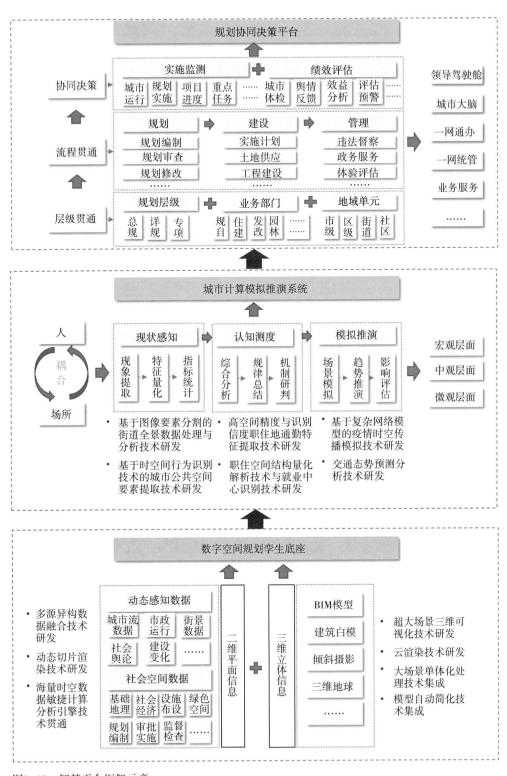

图2-19 智慧平台框架示意

图片来源：自绘

（1）城市级二维、三维静态数据底座

在数字经济与数据要素市场化背景下，基于基础测绘部门、规划编制部门、规划审批部门、行业主管部门等政府部门提供的多源数据，应遵从数据资产建设、管理、服务与核算的整体体系框架与基本规则，针对数据来源和数据公开度的差异，整合形成数据资源目录。在此之上，可以构建"数据—指标—应用"的数据建设和服务体系，进而制定数据生产、融合及指标计算方法，形成国土空间数据底座基本框架，从而打通从数据源到整合、加工、入库等环节的技术方法，并通过多维度领域、多时空尺度、多时间阶段的指标体系实现数据成果的知识输出（图2-20）。

（2）城市级动态时空行为数据资源框架

与上述部门数据相比，大数据具有动态性特征，对于城市分析具备更高的响应敏感度。然而，大数据具有多样性、非结构化、高频次等特征，与来自规划编制部门、规划审批部门、基础测绘部门等的传统结构化数据存在逻辑上的冲突，因此，还应开展大数据与传统规划数据的融合验证，并通过分门别类地建立大数据与传统规划数据的对应关系，将遥感影像数据、AOI或POI数据、LBS数据等原始大数据，按照一定的逻辑或对照当量，进行空间边界、规模数值、分类性质等转换，从而在宏观的行政边界、中观的村庄与地块、微观的小区与建筑等不同层级的空间单元上，将大数据转换后的结果与传统的人、地、房等数据进行相互印证。此外，在数据载体方面，针对大数据应用特点，分布式运算方式的大数据中台为数据在线运行和秒级响应提供了基础能力支撑（图2-21）。

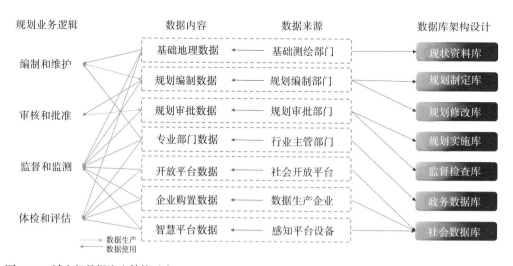

图2-20　城市级数据资产结构示意
图片来源：自绘

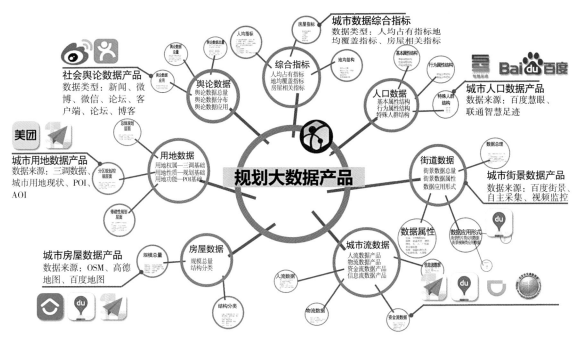

图2-21　城市级大数据产品架构示意（以北京市城市规划设计研究院大数据联合创新实验室为例）
图片来源：自绘

（3）城市级二维、三维一体化的数字空间规划孪生底座平台

目前，随着新型基础测绘与实景三维中国等工作的试点开展，"以地理要素为视角和对象"向"以地理实体为视角和对象"转变的趋势初见端倪。通过数字空间规划孪生底座平台建设，可以解决二维、三维数据融合挑战，以政务数据联动人流、车流、经济流等商业数据，实现三维实体挂接各类属性，并构建了集成CIM数据建设、专题图展示、在线计算和后台管理等功能。其中，CIM数据建设模块结合各级标准规范构建适用城市级CIM数据体系，依据体系开展规划、人口、建筑、交通等各类数据处理与整合，构建城市级CIM数据库；专题窗口可以以建筑素模为基底，实现城市级CIM数据二维、三维一体化的展示；对自定义范围内的写字楼、房产信息、人口画像和周边业态在线实时统计计算，可以满足不同规划范围对相关数据的需求（图2-22）。

2）城市计算模拟推演系统

基于对国土空间和城市复杂系统运行规律的理解和把握，以国土空间人地耦合的认知规律为理论基础，构建面向国土空间规划、实施和评估三位一体的完整、连续、动态的过程认知体系和技术支持体系，形成城市计算模拟推演系统。

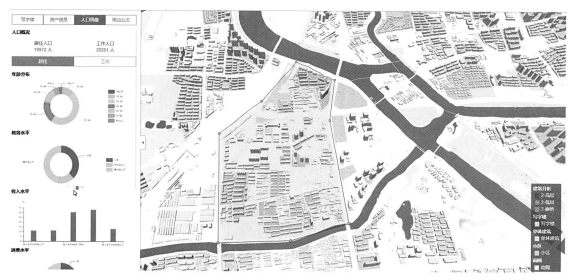

图2-22　数字空间规划孪生底座平台

图片来源：自绘

（1）国土空间规划的动态人地关系认知

生态文明时代的国土空间规划，是关注人与自然和谐共生、追求资源环境与经济社会协同发展的治理型、动态控制型规划，需要以人类经济社会系统与自然生态系统的耦合机理为指导，促进人地协同发展。

人地系统的耦合机理是科学认知和有效协调人地关系的关键，是科学认知和合理解决人与人、人与地、地与地三者之间关系的理论依据。在数字化时代背景下，社会与空间要素交互机理的变革需要对传统人地关系理论进行拓展（图2-23）。

（2）国土空间人地耦合的决策支持框架体系

基于对国土空间规划动态人地关系的认知逻辑，综合集成宏观、中观、微观的多种空间尺度，静态截面到动态时序的多时间维度，针对规划前、规划实施过程中和规划实施后的全过程中国土空间规划和实施的需求，梳理国土空间动态人地耦合系统在不同层级上的分析需求和分析内容，建立面向国土空间规划和实施的全时空、全过程、全链条应用场景的国土空间人地耦合决策支持框架体系。

在空间尺度方面，宏观层面主要针对区域空间，支撑确定国土空间规划的目标格局，支撑国家和城市群两个层次的空间格局和区域关系分析。中观层面主要针对城市空间，面向国土空间布局和用途管控，实现对生态、城镇、农业等不同空间类型的划分支撑，并在城市建设空间层面侧重于对国土空间规划编制与评估内容的响应，在城市非建设空间侧重于生态空间、生态资产、生态系统服务功能的评估和监测。微观层面主要针对生活空间，主要支撑生活空间的指标和成效，从时空行为、城市设计、微观生态三个研究角度强调社区生活、城市更新、城市意象塑造等方面的分析（图2-24）。

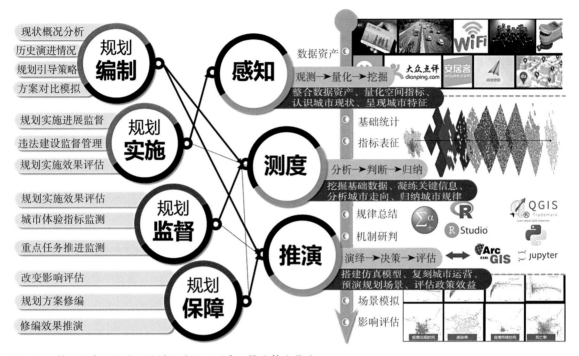

图2-23　基于动态人地感知的城市感知—测度—推演技术范式
图片来源：自绘

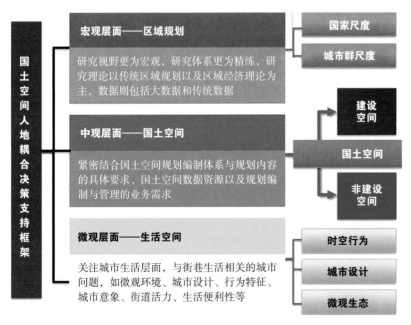

图2-24　宏观-中观-微观的国土空间人地耦合决策支持框架体系架构
图片来源：自绘

在时间尺度方面，一是静态截面体现对特定时间点国土空间评估需求的支撑，通过静态数据的综合分析，开展对资源本底条件、生态系统格局、城市建设格局风貌、社会经济水平等国土空间时间截面状态的综合评估；二是**动态时序体现对国土空间演化与动态的分析支撑**，通过不同时序下国土空间状态的变化监测与分析，发现国土空间人地耦合的变化规律和演化机理，模拟国土空间格局、经济社会发展的变化趋势，为国土空间规划政策制定和实施路线提供支撑。

决策支持框架体系与城市定量研究理论、地理信息技术方法、国土空间数据资源等相结合，探索解决城市发展不同时期、不同空间要素所带来的生态、经济和社会问题，为城市计算模拟推演系统的关键技术研发提供系统性、可操作的理论指导，以达到对国土空间和城市进行科学、有效的管控和设计，支持国土空间开发保护和城市发展新格局的建立（图2-25）。

3）规划协同决策平台

作为智慧平台整体架构的前置条件，数字空间规划孪生底座、城市计算模拟推演体系最终应基于系统平台方案实现产品化，从而真正形成具有面向用户服务能力的实体（图2-26）。

面向城市全生命周期的运行规律，采用数据、知识、机理驱动相结合的方式，实现城市要素和系统间交互耦合的分析与优化；集成对城市态势感知、认知评估、监测预警、推演模拟的数字化方法，构建面向规划编制、审查实施、体检评估、监

模型层次	研究内容	理论方法	数据	算法	模型	指标
生态保护						
生态系统功能评价	水源涵养功能评价	水量平衡原理、地统计学模型	降雨量、地表径流、蒸散发量	生态专业模型	生态系统功能重要性评价模型	生物多样性、水源涵养量、水土侵蚀量、风沙侵蚀量
	水土保持功能评价	土壤学原理、水文模型、地统计学	侵蚀性日降雨量、降雨侵蚀力	生态专业模型		
生态敏感性评价	水土流失敏感性	土壤学原理、频率统计、水文模型	土壤可蚀性、起伏度、植被覆盖	生态专业模型	生态敏感性评价模型	水土流失敏感指数、沙化敏感性指数、石漠化敏感性指数、生态敏感性等级
	……				……	
城镇建设适宜性						
土地资源评价	土地资源评价	地统计学原理、系统动力学	DEM（坡度、高程、地形起伏度）	地理空间计算	土地资源评价模型	城镇土地资源等级
水资源评价	水资源总量评价	流域分析法、水文模型、回归分析	地下水资源量、地表水资源量	水专业模型	城镇建设水资源评价模型	水资源规模、水资源可供水量、水资源评价等级
	水资源用水评价	流域分析法、水文模型、回归分析	用水总量控制指标模数	水专业模型		
灾害评价	地震危险性评价	自适应空间模型、概率模型	活动断层、地震动峰值加速度	地勘专业模型	城镇建设灾害评价模型	地震危险指数、地面塌陷易发指数、地质灾害评价等级
	崩塌滑坡危险评价	地质力学原理、模糊综合评价法	崩塌、滑坡、泥石流	地勘专业模型		
环境评价	大气环境容易评价	大气污染预测模型	污染因子、允许排放量、静风日数	气象专业模型	城镇建设大气及水环境容量评价模型	大气环境容易等级、水环境容量等级
	水环境容量评价	水质模型、污染模型、径流模型	污染因子、允许排放量、水质浓度	水专业模型		
区位优势度评价	市县层区位评价	区位论原理、地统计学原理	道路网、交通干线、交通枢纽	交通专业模型	市县级区位优势度评价模型基于交通流	中心城市可达性、交通枢纽可达性、区位优势度等级
	……		市中心、周边城市中心、交通流量			

图2-25 国土空间人地耦合决策支持框架体系内容示意
图片来源：自绘

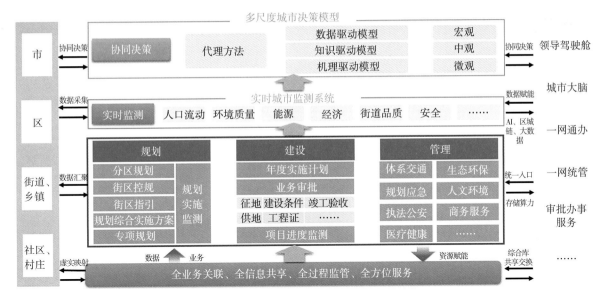

图2-26 跨层级、跨地域、跨系统、跨部门、跨业务的协同决策平台
图片来源：自绘

督反馈全流程闭环的数字城市规划应用场景，支撑数字化模型驱动的国土空间智慧化管控。

面向规划、建设、管理三个环节分别构建协同联动的运行框架。在规划环节，管控国土空间开发利用的建设目标、保护目标和控制指标的制定和执行情况；在建设环节，动态监测规划审批进程与实施进度，并评估国土空间开发保护活动对生态环境和资源安全的影响情况；在管理环节，承载国土空间信息服务和智能化决策支持。

4）智慧服务供给体系

智慧服务供给体系根据供给方不同，大致可分为政府端智慧服务供给体系和市场端智慧服务供给体系。

（1）政府端智慧服务供给体系

政府端的智慧服务供给类型包括交通、生态、管控、人文、公安、商务、教育、医疗等多个方面（图2-27）。政府端智慧服务一方面包含对内的管理类服务，如"一网统管"城市治理智能协同，整合线下、线上各类管理和服务资源，运用法治化、社会化、智能化、标准化的手段，建设跨部门、跨层级、跨区域的城市运行管理体系，政府内部实现数据联通、服务连接、治理联动，以提升政府运行效率和管理效能。另一方面也包括对外面向市民和企业的窗口类服务，如"一网通办"惠

"一网通办"惠民服务便捷高效							
多端通办	生态环保全民行动	城市二维码	产品服务线上订购	执法全过程网上办理	消费场景间互通	终身学习成果档案	可穿戴健康数据整合	......
全面网办	政民互动	扫码即知	北京通	网上审核	线上线下互通	公开教育数据	电子病历	......
一码通乘	数据开放	扫码即诉	多卡合一	网上公示	商家互通	教师在线服务	医疗保障	......
......	......	......	......	......	......	......	......	......
交通	生态	管控	人文	公安	商务	教育	医疗	......
停车位错时共享	测管治一体化协同	时空一张图	一刻钟社区服务圈	互联网+公安政务服务	自由贸易试验区	北京教育大数据新体系	健康信息服务体系	......
绿波调节	环境执法	多规合一	电商助农	雪亮工程	商业服务平台	智慧教室	智慧家医	......
一健护航	智慧公园	一杆多用	线上文旅	智慧矫正	平时供需撮合	产教融合	分级诊疗	......
全息路网	绿色技术	应急指挥	智慧会展	平安社区	战时应急调配	科研数据专区	传染病监测	......
......	......	......	......	......	......	......	......	......
"一网统管"城市治理智能协同							

图2-27 政府端智慧服务供给类型

图片来源：自绘

民服务，为个人和企业提供政务服务事项统一入口、统一预约、统一受理、统一赋码、协同办理、统一反馈的服务都为政府的智慧化治理发挥了重要作用。如相关地方开展形式包括"上海一网通办""北京市政务服务网""浙里办""粤省事""皖事通"等。

（2）市场端智慧服务供给体系

根据市场端智慧服务的供给类型可分为C端（Consumer）、B端（Business）、G端（Government）三类。C端产品是面向个人消费者提供服务的产品，以智能终端产品为主，由企业提供功能型或内容型产品服务；B端产品的用户群体面向企业或其他社会组织的运营需求，提供具体产品、平台型产品、服务型产品等不同服务形式；G端产品主要面向政府、事业单位等具有行政职能的主体，严格来讲，G端产品可以视作是B端产品的一个特异性分支。

时至今日，智慧服务这个概念被冠以不同的定语，产生不同的含义。上述体系分类并不是一种严格的界限划分，"需求牵引供给，供给创造需求"，随着需求的不断演进，智慧服务的供给形态也会相应变化。此外，服务基于技术，但智慧服务，又反向促进技术的进步。信息时代万物互联，经过多年的迭代更新和资源整合，智慧服务涵盖范围之广难以简单概括，表2-5示例性总结了近年来中国头部企业针对不同市场终端智慧服务案例。

G端		C端		B端	
企业	方案/案例	企业	方案/案例	企业	方案/案例
中国联通	5G智慧冬奥	钉钉	数字高校	东华软件	城市智慧医疗综合业务操作系统
华为	智慧零碳园区解决方案	航天信息	智慧电子税务局	商汤科技	智慧乘客服务平台
腾讯	"智慧澳门""腾讯觅影"	微医	悬壶台中医辅助诊疗	旷视科技	智慧物流园区解决方案
中国移动	HDICT数智生活+	远光软件	智慧档案解决方案	日海智能	新型智慧社区系统
广电运通	智慧国资系统	四维图新	高精度地图服务平台	广联达	园区设施一体化管理平台
中科曙光	"城市云脑"系列解决方案	浙大网新	智慧人社	随锐科技	冬奥实时远程视频会议与智慧化协同办公
联想集团	绿色智城解决方案	烽火通信	智慧光网	华胜天成	智慧文旅一体化解决方案
海康威视	智慧城市数智底座	英飞拓	智慧水利解决方案	海纳云	智慧桥梁解决方案
阿里云	数字孪生城市	保利威	职业教育直播服务	致远互联	智慧县域解决方案
浪潮云	智慧能源管理解决方案	涂鸦智能	智慧办公解决方案	蘑菇车联	车路云一体化体系
医渡科技	医疗大数据解决方案	科大讯飞	12345智能化解决方案	盈趣科技	5G智慧工厂
神州控股	冬奥智慧环保项目	多点Dmall	DMALL零售联合云	隆平高科	隆平智慧农业创新中心
北明软件	"城市智脑"解决方案	海康智联	车路协同应用系统	朗坤智慧	智慧矿山建设
用友网络	用友能源云	百度智能云	"灵医智惠"	中兴通讯	5G智慧矿山
新华三	城市操作系统3.0	云从科技	智慧办税服务厅	数坤科技	AI智慧医疗整体解决方案
太极股份	"蜂巢"智慧派出所管理平台	京东方	智慧医工事业	亚信科技	高速公路全程全网全业务支撑体系
佳都科技	智能轨道交通			中国电信	智慧社区养老服务

3. "虚实结合联动"的智慧空间场景营造

　　智慧城市的物理空间、社会空间、数字空间"三元空间"与城市实体的生产、生活、生态"三生空间",通过维度融合,面向未来城市发展可能性,提出可复制、可推广的智慧场景营造模式(图2-28、图2-29)。

1)智慧生产场景

　　智慧生产场景通过智能化技术手段,通过制造、物流、能源、仓储、实现生产流程的优化和协同,提高生产效率和服务质量,推动产业转型升级和城市可持续发展。

　　例如,智慧实验室面向科研创新需求,结合实验室空间布局规划、位置定位、危化品管理、实验过程管理、数据分析的具体场景,适用于工业园区、产业园区等

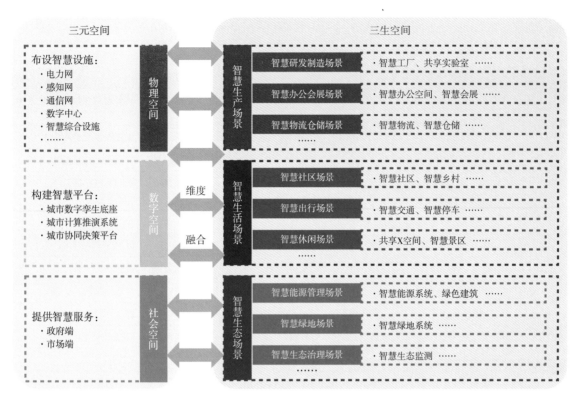

图2-28 智慧场景架构图
图片来源：自绘

图2-29 智慧场景分类图
图片来源：自绘

生产环境；智慧会展场景为企业和高校提供科技体验、展演、产品展览等多种应用，智慧会展展厅具备高度的功能扩展能力和互动性，通过沉浸式体验，在有限空间内，满足不同人群多方位、深层次地领会、解读展览内容；智慧物流以科学合理的管理方式实现物流的自动化、可控化、智能化及网络化（图2-30~图2-32）。

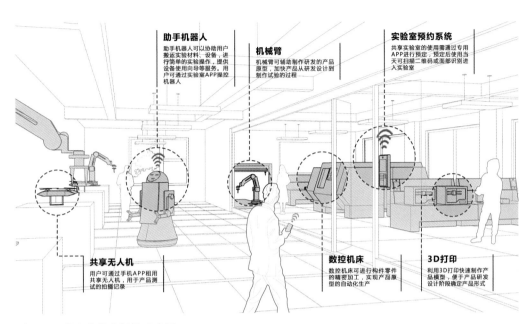

图2-30　共享实验室场景示意图
图片来源：自绘

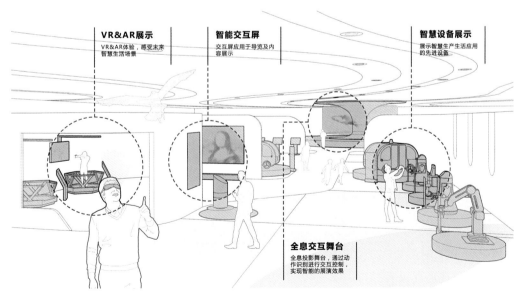

图2-31　智慧会展场景示意图
图片来源：自绘

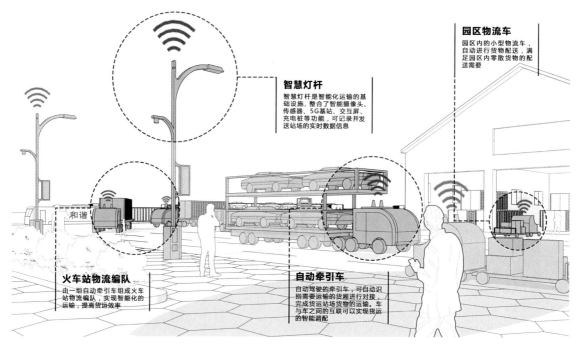

园区物流车
园区内的小型物流车，自动进行货物配送，满足园区内零散货物的配送需要

智慧灯杆
智慧灯杆是智能化运输的基础设施，整合了智能摄像头、传感器、5G基站、交互屏、充电桩等功能，可记录并发送站场的实时数据信息

火车站物流编队
由一组自动牵引车组成火车站物流编队，实现智能化的运输，提高货运效率

自动牵引车
自动驾驶的牵引车，可自动识别需要运输的货厢进行对接，完成货运站场货物的运输。车与车之间的互联可以实现货运的智能调配

图2-32 智慧物流场景
图片来源：自绘

智慧生产场景的物理空间方面，"三网多节点"智慧设施重在对于生产环境的保障，例如在电力网方面，注重安全稳定性设计，防止停产、机器损坏、数据丢失等，保障物流能源供给；在感知网方面，通过布设物联网传感器，实现室内—室外、设备—人员、产品—物流的全体系实时感知；在通信网方面，通过5G、光纤以及专用网络的铺设，保障数据交换的高效性和稳定性，支撑实时的生产状态监测、交通态势预测分析、环境数据感知及各项生产环境下的方案规划。

智慧生产场景的数字空间方面，通过搭建生产综合平台，汇聚人员档案、仪器设备使用情况监测、物流状态及其他相关数据，支撑智慧展示、物流路线在线智能分析、生产及物流状态实时追踪等；通过移动端等终端界面，实现实验与生产设备的状态数据的实时呈现，支撑信息上报、数据推送、应急管理等场景。

智慧生产场景的社会空间方面，提供企业或外来人员的画像分析；搭建协同工作平台，实现在线协商、人才与产能共享等；优化人机交互，通过助手机器人等措施，提供智能咨询、路线引导、自助查询等行为引导服务。

2）智慧生活场景

智慧生活场景，是在信息技术的支持下，通过对个体和社会的认知和理解，剖析居民对生活智慧化的多样需求，对于城市生活场景进行细分，通过数字化、智能化、开放化等方式，构建起人与技术共生的生活方式，旨在提升人类城市生活的质量和意义。

例如，智慧出行借助大数据分析、移动互联网数据、物联网技术、人工智能等新兴的科技语义来重新构建出行的方式；智慧共享空间满足个体或群体的生活社交、商务会谈等需求；智慧医疗场景通过打造健康档案区域医疗信息等平台实现患者与医务人员、医疗机构、医疗设备之间的互动；智慧校园场景实现教育教学、科研管理、校园生活等方面的数字化、智能化和协同化（图2-33~图2-35）。

智慧生活场景的物理空间方面，在城市尺度应加强城市空间的精细化设计，如预留无人驾驶车道、智慧市政设施等智慧化空间，加快形成智慧城市生活感知体系和运行体系，实时感知城市生活节律与城市运行体征；在建筑尺度则应探索灵活化空间设计方案，营造可变交往空间；在商业、教育、医疗等特定生活空间尺度，则应通过智能化环境设计、可持续性设计、健康安全空间设计等，为数字化设计奠定空间基础。

智慧生活场景的数字空间方面，一是在宏观层面通过搭建管理平台，对于城市整体运行进行实时分析与调控，数据驱动城市运行决策；二是在个体居民层面注重数字服务与相关生活领域的整合与协同，面向需求提供个性化服务引导，如通过基于位置的服务（LBS）技术，搭建服务设施内位置服务平台，实现精准的室内导航、

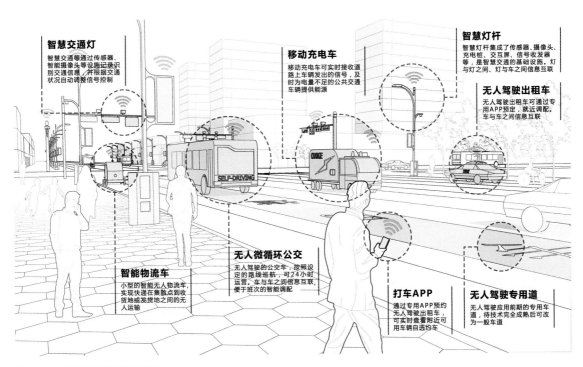

图2-33　智慧出行场景示意图
图片来源：自绘

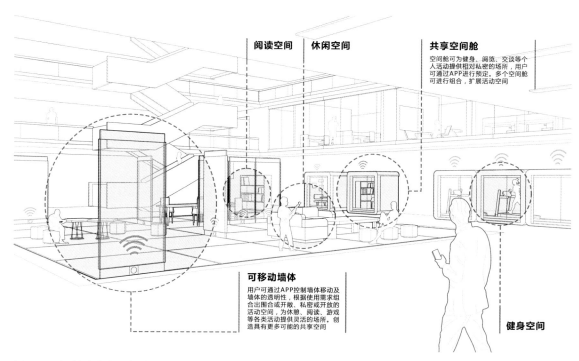

阅读空间　　**休闲空间**

共享空间舱
空间舱可为健身、阅览、交谈等个人活动提供相对私密的场所，用户可通过APP进行预定。多个空间舱可进行组合，扩展活动空间

可移动墙体
用户可通过APP控制墙体移动及墙体的透明性，根据使用需求组合出围合或开敞、私密或开放的活动空间，为休憩、阅读、游戏等各类活动提供灵活的场所。创造具有更多可能的共享空间

健身空间

图2-34　智慧共享空间场景示意图
图片来源：自绘

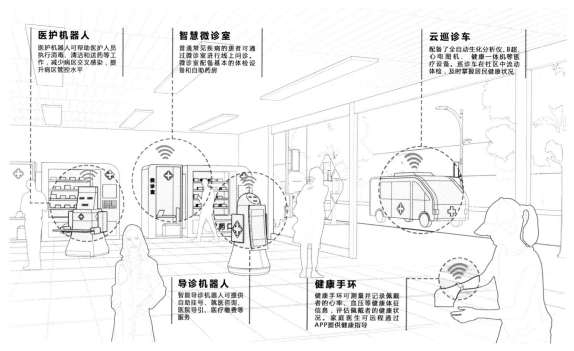

医护机器人
医护机器人可帮助医护人员执行消毒、清洁和送药等工作，减少病区交叉感染，提升病区管控水平

智慧微诊室
普通常见疾病的患者可通过微诊室进行线上问诊。微诊室配备基本的体检设备和自助药房

云巡诊车
配备了全自动生化分析仪、B超、心电图机、健康一体机等医疗设备。巡诊车在社区中流动体检，及时掌握居民健康状况

导诊机器人
智能导诊机器人可提供自助挂号、就医咨询、医院导引、医疗缴费等服务

健康手环
健康手环可测量并记录佩戴者的心率、血压等健康体征信息，评估佩戴者的健康状况。家庭医生可远程通过APP提供健康指导

图2-35　智慧医疗场景示意图
图片来源：自绘

服务点位导航。

智慧生活场景的社会空间方面，首先可通过个人信息采集，如通过智能穿戴设备、家庭智能网关等，上传至云端汇总计算，形成生活空间共享分析机制，并面向居民实时推送回传，支撑信息查询、设施共享、服务预约等场景；其次在各类服务主体和城市居民之间，建立远程服务渠道，如为居民提供线上问诊、健康状况评估、自助购药及远程医护指导等服务。

3）智慧生态场景

智慧生态场景，是通过城市生态系统与城市运行管理系统间的协同整合，以城市生态保护和城市可持续性为目标，城镇生态空间、农业生态空间、自然生态空间中，从绿色能源供给、生态资源保护、旅游资源开发、低碳指标系统监测等方面入手，促进生态恢复、生态创新、生态共享，追求城市人居与生态本底的和谐共生。

例如，对于用能单位开展投入—产出评估，对于城市开展能耗与生态效应分析，搭建智慧能源管理场景；在城市空间，建设智慧公园，促进城市游憩空间与城市生态空间的智慧化复合；在乡村空间，推行智慧农业，促进城乡融合、优化农产品供应链，提升城市周边生态景观并促进生态修复（图2-36、图2-37）。

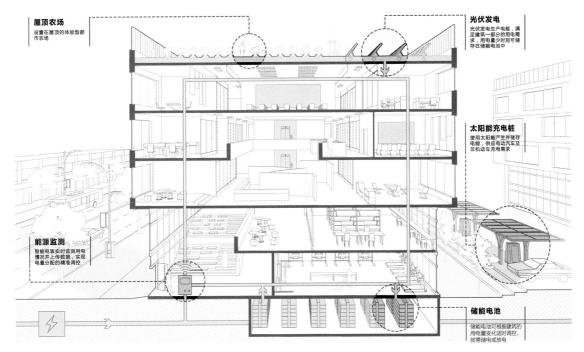

图2-36　智慧能源管理场景示意图
图片来源：自绘

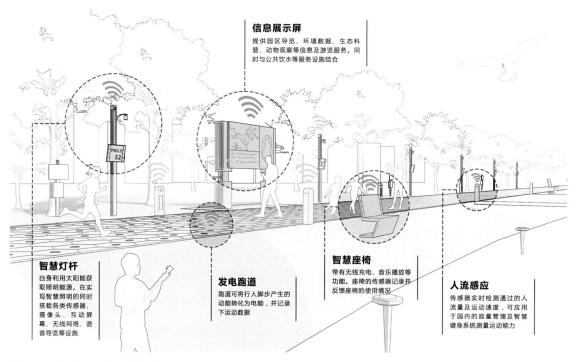

信息展示屏

提供园区导览、环境数据、生态科普、动物观察等信息及游览服务。同时与公共饮水等服务设施结合

智慧灯杆

自身利用太阳能获取照明能源。在实现智慧照明的同时搭载各类传感器、摄像头、互动屏幕、无线网络、语音导览等设施

发电跑道

跑道可将行人脚步产生的动能转化为电能，并记录下运动数据

智慧座椅

带有无线充电、音乐播放等功能。座椅的传感器记录并反馈座椅的使用情况

人流感应

传感器实时检测通过的人流量及运动速度，可应用于园内的容量管理及智慧健身系统测量运动能力

图2-37　智慧公园场景示意图
图片来源：自绘

　　智慧生态场景的物理空间方面，通过布设光伏发电、储能设备设施及其配套的智能电网实现清洁能源生产和供给，平衡电网供需，削峰填谷提高用电效率；在能源输送管道的关键节点布设感知流量、温度、电流电压等相关信息的传感器，应用物联网技术，收集能源流动和消耗数据；在生态空间内布设空气、水体、土壤、生物等传感器以及无人机、电子狗等设备，监测生态位水平与农业基础条件、农作物生长状况等；配置与智慧平台相连接的智能农业机械，应用自动驾驶和车路协同技术，提升农业作业智能化水平；此外，针对生态空间中的行为主体，布设信息展示屏、发电跑道、智慧座椅等环境友好设施，提升生态空间的游憩休闲价值。

　　智慧生态场景的数字空间方面，分析区域内能源流动和消耗的时空规律，实现规划和管理阶段能源使用量预测、能源分配自动调控；汇聚环境监测信息、安保监测信息、人流监测信息等各类相关信息，为公园绿地空间提供游客画像及游客量管理，辅助公园管理人员对公园安全、环境、设施进行管理等；应用模拟仿真、人工智能、地理信息系统等技术构建协同决策平台，基于土壤样品指标、农田位置的光照强度、降雨量等模拟各类农作物产量，辅助决策农作物的播种；基于农作物实景照片、气温湿度、天气等数据分析农作物生长状况，辅助施肥、补水、收割等决策。

智慧生态场景的社会空间方面，可通过智慧设施和智慧平台，为城市管理人员提供能源数据可视化统计与能源管理；为农业管理人员提供土壤信息分析、精准耕种、远程监控、供应链管理等服务。

2.3 智慧城市专项规划的关键技术

从狭义角度来看，"智慧"一词是指生命所具有的基于生理和心理器官的一种高级创造思维能力，包含对自然与人文的感知、理解、分析、判断、决策等所有能力。当"智慧"一词引申到城市这一复杂巨系统上，应该指城市面对纷繁复杂的事件，能够快速识别并以最优方式去解决问题的能力。类比人类的生物性反射模式：人首先通过眼睛看、耳朵听、皮肤触摸等方式感知到外界信息，并将这些信息传回大脑进行处理，大脑会作出一定的判断，控制躯干等部位作出合适的行动以应对外界反应。

其中，可以看到在处理外部环境变化时，人类的智慧可以体现为以下几个方面：①能够广泛地感受外部环境变化并将此以较快的速度传递给神经中枢；②可以对外部变化和收集到的信息进行知识化加工；③可以根据以往经验和当前条件作出理性判断；④由神经中枢决策，作出基于自身认知与能力的最优行为。

不管是传统城市治理还是智慧城市运行，对于城市治理的流程都类似于人体对外界刺激的反应：收集信息并发现问题—认识问题—分析问题—解决问题，区别在于完成这一处理过程的主体。在传统城市治理中，主体以人为主，由人去主导这个过程。但是随着时代的发展，城市随时随地都在产生着大量的信息，发生着大量的问题，治理过程主体由脑力为核心，转变为在人的参与下，由城市自我承担上述应激过程，可以更好实现规划的高效性、科学性、预见性。

类比人类智慧，笔者将智慧城市的技术框架分为感知层、认知层、推演层、决策层四个部分。在感知层，分布在城市各处的物联感知网络，实时收集城市运行过程中所产生的气温、建筑碳排量、高清监控视频等信息、数据，并通过基础网络以超高速度传至数据分析中心；在认知层，由感知层收集的庞大无序的数据，将依托云计算、边缘计算、区块链等技术，完成对数据的清洗、处理以及初步分析；在推演层，由感知层处理完的数据将会被传输到虚拟空间的数字孪生城市中，数字孪生城市根据所输入的信息进行实时复刻及未来趋势演示；最后在决策层，由城市大脑识别并发现城市运行过程中的问题，对问题决策在数字孪生城市中进行推演并选取最优解，辅助城市治理者决策。

1. 感知层

位于最底层的是感知层，就如同人体的五官与四肢，它的主要组成是遍布城市各个角落的终端设备，包括传感器、摄像头、信号灯、射频识别（Radio Frequency Identification，简称RFID）等，收集城市天气、基础设施、环境、交通等各类信息，同时也负责监控城市运行，如环境检测、高能耗监测、碳排放检测等。

感知层主要由以下关键技术构成：

1）基础网络

包括光纤铺设、移动基站设立等，是保证智慧城市得以运转的最重要基石。

2）传感技术

负责从环境中获取信息，并利用压缩、识别、融合和重建等多种方法处理信息，是物联网中重要的组成部分。

3）物联网

是指通过传感器、RFID等各种装置与技术，采集各类信息，通过各类可能的网络接入，实现物与物、物与人的泛在连接，实现对物品和过程的智能化感知、识别和管理。

2. 认知层

位于感知层之上的是认知层。认知，是指人们获得知识或应用知识的过程，或信息加工的过程。同样的，智慧城市中的认知层也是负责对感知层收集起来的与城市运营相关的海量信息进行分析与处理。感知层已经将现代城市运行过程中产生的大量信息进行初步收集与汇总，接下来就要依靠认知层将数据转化为城市语言去识别问题。

认知层主要由以下重要技术组成：

1）云计算和边缘计算

云计算：指的是通过网络"云"将巨大的数据计算处理程序分解成无数个小程序，然后，通过多部服务器组成的系统进行处理和分析这些小程序得到的结果并返回给用户。

边缘计算：边缘计算以其就近处理的特点，可以让数据处理更靠近源，而不是外部数据中心或者云，可以实时或更快地进行数据处理和分析。

2）区块链

区块链是一种由多方共同维护，使用加密技术保证信息传输和访问安全，按照时间序列存储的分布链式结构数据库，可以助力解决智慧城市中数据难以共享协同利用、数据安全难以保证等问题。

3. 推演层

推演即对事情进行推测、演练，并对各种可能性及其不同后果进行审视和设计，从中选取最优解。传统决策过程中的推演多是基于经验，辅以一定的信息技术手段，而面对较复杂问题时，传统方法面临失效的风险。而在智慧城市中，由感知层和认知层交织起来的巨大网络，足以在虚拟网络世界中构建起数字孪生城市。

基于实体城市的建筑、道路等基础设施，使用BIM、GIS、CIM、大数据、人工智能、物联网等技术，根据城市运行规律构建城市模型，再造一个与物理维度上的实体城市一一对应、精准映射的信息维度上的数字孪生城市。虚拟城市对实体城市的运行状态进行实时感知，对城市的发展进行规划和预测，对城市运行进行智能干预。

4. 决策层

最顶层的是决策层，相当于人类的大脑，通过感知层收集信息、认知层处理信息、推演层将信息模拟化，此时的"城市大脑"可以作出最终决定并传递给行为主体，对问题进行处理。

城市大脑要搭建的是整个城市的人工智能中枢，是一个对城市信息进行处理和调度的超级人工智能系统，能将散布在城市各个角落的数据连接起来，通过对大量数据的分析和整合，对城市进行全域即时分析、指挥、调动、管理，从而实现对城市的精准分析、整体研判、协同指挥。

2.3.1 感知层关键技术

1. 5G网络通信技术对智慧城市的作用

1）5G技术及其特点

从全球和中国智慧城市的发展进程来看，部署通信网络是各国建设智慧城市的重点之一。智慧城市的基石建立在网络之上，因此网络覆盖、网络速度成为智慧城市建设的基本要求，而随着5G时代的到来，进一步提高了网络通信能力，也有力地推动了目前智慧城市的建设；此外，我国在"十四五"规划中明确提出要"前瞻布局6G网络技术储备"，在未来，6G技术将进一步提高城市的网络通信能力，为智慧城市带来更多可能，但由于目前6G技术尚处于前期研究阶段，因此本部分仍讨论以5G技术为代表的网络通信技术。

相比于上几代网络通信技术，5G技术有如下特点：①增强移动宽带，包括提高速度和提高覆盖性两方面，如支持AR、VR等大流量移动带宽业务场景，为用户提供高速下载，提高用户的直接使用体验；②可靠性高延迟低，适用于针对单向空口时延要达到1ms，并且支持高速移动（500km/h）情况下高可靠（99.999%）的应用场景，如大规模传感器下的城市物联网、远程医疗等服务；③海量物联，指针对低速率、低成本、低功耗，但存在海量设备连接的应用场景，主要可以应用于物与物之间的连接，最典型的例子就是城市中的万物互联建设。

2）5G技术在智慧城市中发挥的作用

综合5G技术及其技术特点，5G技术主要从以下几个方面促进智慧城市建设：

（1）提供智慧城市建设的网络通信基石

城市在日常运行中产生的大量数据仅仅依靠固网宽带和4G网络作为数据的传输手段日益难以全面支撑未来智慧城市场景的需求，表现在数据传输方式具有线路布设和替换成本高、灵活度低、无线网络带宽小、时延长等缺陷。

而5G网络的应用和部署，充分发挥了5G网络带宽大、延迟低、海量连接的特性，可以满足更多智慧城市应用场景对于移动网络大带宽、低时延的要求，同时使未来低成本的、小型的传感器海量连接成为可能，为大规模的城市数据决策和治理提供基础保障。以5G为基础所构建的泛在传感网络将成为智慧城市的基石，也是实现智慧城市万物智联，人、机、物深度融合发展的关键基础设施之一。

（2）嵌入其他技术实现智慧城市协同智能

现在智慧城市建设多以垂直领域为主，即聚焦于各行业部门，容易造成城市数据分散化、碎片化，形成数据孤岛。随着5G网络的普及，以及与大数据、人工智能、物联网、云计算等新一代信息技术的融合发展，将打破传统智能的桎梏，重构城市智能体系。如5G的大带宽会让云计算存储的数据量更大，低延时会让数据上传更及时，更大的负载能力使更多IoT设备连接到云上，促进云边协同，使业务更加高效；区块链底层分布式账本技术与5G融合，可应用到信息认证、地址、标识等管理以及频谱资源共享等方面，还可以改变未来网络的商业模式和体系架构，实现从信息网络到价值网络的变革，实现网络与信息资产的价值化。

（3）落实便民场景提供惠民服务

5G的大规模商用使得之前对网络有较高要求的智慧城市应用场景得以落地实施，使居民切实感受到智慧城市建设带来的惠民服务。如在智慧医疗的远程手术方面，5G满足了手术对于网络低时延和大带宽的苛刻要求，使得远程手术得以实现；再如智慧交通中的无人驾驶，5G可支撑大量的实时数据采集与实时分析。

2. 感知技术对智慧城市的作用

1）感知技术及其特点

目前在城市中应用较广的感知技术主要有两大类：网络传感技术和RFID技术。网络传感技术是指由智能传感器和网络通信相融合，将每个节点纳入互联网通信系统形成传感器网络。RFID技术是指一种借助专门阅读器与电子标签来实现非接触式数据通信的技术手段，其在智慧城市建设中的应用，主要体现在各类物品与人的交互上，能够为人们在民生等方面需求的智能反应提供重要支持。主要应用领域包括道路电子收费系统（ETC）、货物识别、出入门禁管理等，充分发挥非接触的特点，快速完成信息的接收与传递。

2）感知技术在智慧城市中发挥的作用

感知技术在智慧城市中发挥的作用主要体现在两个方面：①通过在城市中大量部署各种传感器如电子温度计、摄像头等完成对智慧城市运行数据的全面、快速收集，如天气情况、建筑碳排放情况、道路交通情况等；②通过网络通信设施，将群体传感器收集到的海量数据汇总到同一平台进行清洗、分析与处理，打破部门垂直数据壁垒的限制。

3. 典型实践探索[①]：基于对空间行为识别技术的城市公共空间要素提取

采用神经网络模型FasterR-CNN，对视频或图像记录的人群使用公共空间的行为进行自动解译识别分析与提取，并将识别的行为信息落位到通过二分法分割的图像网格上，从而将图像与实际空间相互对应，并通过对比不同单元格中人的累计出现时长、频次，提取城市公共空间的核心空间要素，包括主要走廊、次要走廊、主要驻留点等，实现大批量、快速准确地进行公共空间人群活动分析，以及从人群活动

---

① 相关实践：来自北京市城市规划设计研究院的相关工作。

图2-38 基于行为识别技术的城市公共空间要素提取
图片来源：自绘

视角的城市公共空间要素与组织结构的提取，为微观尺度人本主义的公共空间绩效评估与空间设计优化提供支持（图2-38）。

2.3.2 认知层关键技术

1. 大数据技术对智慧城市的作用

1）城市大数据技术及其特点

根据中国信息通信研究院的定义，城市大数据是指城市运转过程中产生或获得的数据，及其与信息采集、处理、利用、交流能力有关的活动要素构成的有机系统，是国民经济和社会发展的重要战略资源。而城市大数据分析则是指对城市中产生的大量结构化与非结构化的数据进行分析处理，从中发现带有趋势性、前瞻性的信息，为智慧城市建设带来巨大的价值。城市大数据分析有以下特征：

（1）可处理数据量大

随着网络通信设备、传感器、物联网等技术的飞速发展以及在城市中的普及应用，全球数据量高速增长。2009年全世界产生数据总量为0.8ZB，2020年这个数字达到了59ZB，增加了70多倍。城市治理各方主体也逐渐认识到数据的重要性，数据也正在成为城市管理者治理城市、企业市场研究、居民日常生活的信息战略资产，越来越多的数据需要被处理和分析。

（2）处理的实时性高

城市运行过程中的某些数据，需要快速处理与分析，以便城市管理主体迅速作出反应，采取正确的决策，这就要求城市大数据分析必须要有较快的响应速度、较强的分析能力。如美国国家海洋和大气管理局致力于提升对大数据的分析能力，在短时间分析出准确的海啸活动趋势以及时作出应对。

（3）处理非结构化数据优势明显

在互联网普及之前，数据主要由单独的应用和系统进行采集和储存，此时的数据较少且来源单一，数据多数为结构化数据。随着互联网、物联网、传感器网络等技术的发展，数据来源和数据类型开始变得多种多样。这些数据大多属于非结构化数据，导致传统数据处理方法难以高效应对新增加的海量数据，因此城市大数据分析成为智慧城市系统必不可少的工具。

2. 城市大数据平台在智慧城市中发挥的作用

1）通过数据汇集加速信息资源整合应用

首先，城市大数据平台建立了数据治理的统一标准，提高数据管理效率。通过统一标准，避免数据混乱冲突、一数多源等问题。通过集中处理，延长数据的"有效期"，快速挖掘出多角度的数据属性以供分析应用。通过质量管理，及时发现并解决数据质量参差不齐、数据冗余、数据缺值等问题。其次，城市大数据平台规范了数据在各业务系统间的共享流通，促进数据价值充分释放。通过统筹管理，消除信息资源在各部门内的"私有化"和各部门之间的相互制约，增强数据共享的意识，提高数据开放的动力。通过有效整合，提高数据资源的利用水平。

2）通过精准分析提升政府公共服务水平

在智慧交通领域，通过卫星分析、开放云平台等实时流量监测，感知交通路况，帮助市民优化出行方案。在智慧安防领域，通过行为轨迹、社会关系、社会舆情等集中监控和分析，为公安部门指挥决策、情报研判提供有力支持。在智慧政务领域，依托统一的互联网电子政务数据服务平台，实现"数据多走路，群众少跑腿"。在智慧医疗领域，通过健康档案、电子病历等数据互通，既能提升医疗服务质量，也能及时监测疫情，降低市民医疗风险。

3）通过数据开放助推城市数字经济发展

开放共享的大数据平台，将推动政企数据双向对接，激发社会力量参与城市建设。一方面，企业可获取更多的城市数据，挖掘商业价值，提升自身业务水平；另一方面，企业、组织等数据贡献到统一的大数据平台，可以反哺政府数据，支撑城市的精细化管理，进一步提升现代化的城市治理水平。

3. 云计算、边缘计算及其对智慧城市的作用

1）云计算与边缘计算

云计算作为新基建之一，与5G网络、物联网、大数据等技术紧密结合，为智慧城市的建设提供了底层技术支撑。普遍认为，云计算（Cloud Computing）是分布式计算的一种，指的是通过网络"云"将巨大的数据计算处理程序分解成无数个小程序，然后，通过多部服务器组成的系统进行处理和分析这些小程序并将得到的结果返回给用户。在智慧城市的应用中，云计算主要有以下几个特点：

（1）超大规模协同工作。城市中的感知层收集到的海量数据与信息，都需要经过处理和分析，传统单一式节点不仅效率慢、规模小，而且易造成信息孤岛与数据壁垒；而云计算一般能够为整个城市提供服务，处理数据和信息所需的算力皆来自云计算中心，而且采取分布式计算提高处理效率。

（2）低耗能高效能。基于云计算的数据中心，是通过基础设施即服务的构建模式，将传统数据中心不同架构、不同品牌、不同型号的服务器进行整合，通过云操作系统的调度，形成一个统一的运行平台，并按照应用需求来合理分配计算、存储等资源，优化能源运作比例，实现数据中心绿色、低碳的节能运营。

（3）数据安全性较高。云计算中心具有大量的软硬件资源，其对数据安全的保护程度是要远超个人和单一企业的。智慧城市中的数据都可以上传到云中心来储存和分析，同时云中心也会利用软硬件资源，从数据存储、迁移、共享、使用等全流程保证数据安全，提供相对安全的数据监管中心。

然而随着智慧城市不断发展，物联网中的边缘设备如个人穿戴设备、通信设备等数量也在激增，因此位于城市网络边缘的终端设备数据的数量将会急剧增长。面对算力需求的提升，网络的时延过大和带宽不足正逐渐成为传统云计算的瓶颈问题，然而仅靠增加网络带宽并不能满足海量物联网设备和应用对时延的要求，必须在接近数据源的边缘设备上卸载计算任务，从而减少数据传输并提高响应速度，因此边缘计算被提出。普遍认为，**边缘计算是指在靠近物体或数据源头的一侧，采用集网络、计算、存储、应用核心能力于一体的开放平台，就近提供最近端服务**。相较于传统的云计算，边缘计算的特点和优势体现在以下几方面[1]（吴迪，2020）：

（1）就近实时计算。传统云计算需要将数据传回云中心进行分析与处理，海量的边缘数据会造成网络通道的拥堵，进而造成云计算在传输过程中有较大的网络时

---

[1] 吴迪. 边缘计算赋能智慧城市：机遇与挑战［J］. 人民论坛·学术前沿，2020（9）：18–25.

延，与物联网所要求的高时效性不一致，无法满足高时效性的要求。而边缘计算能够将算力部署在网络中离各个操作逻辑最近的地方，避免大量数据集中传输造成网络拥堵，保证数据处理的高时效性。

（2）本地化数据保护。传统的云计算中，整个城市以及个体的数据都要上传到云端进行保存，虽然云计算中心有较为完善的数据安全保护机制，但是也让数据安全面临一定风险。而边缘计算数据的收集和计算都在本地或边缘节点上进行，不用上传到云端，重要敏感的信息不必经过网络传输，从而有效避免了隐私泄漏问题。此外，边缘计算多节点的设计在面对网络黑客恶意攻击时，比集中式的云计算中心具有更高的可靠性和容错性。

（3）降低能耗。随着联网的设备越来越多，云数据中心的计算量和数据传输量越来越大，网络的传输压力也越来越大。而在边缘计算模式下，由边缘服务器提供算力对存储的本地数据进行计算，与云端服务器交互的数据减少，显著降低了所占用的网络宽带，从而减少了进入核心网络的流量消耗和云计算中心的算力损耗，同时也实现了降低能耗的目的。

2）云计算与边缘计算对智慧城市的作用

云计算主要发挥其一个中心、同一平台的协同集中处理优势，实现信息的共享共建。在民生领域方面，如通过云计算构建政务服务平台，将政务资源进行统一管理，提高政府办事效率；通过云计算构建医疗健康统一平台，实现就诊信息共享，能够全方位地了解分析医疗数据，提高医院的诊疗质量，同时利用先进的智能医疗辅助检测装备，实时检查跟踪城市中居民的生理数据，并将其上传至云端，维护正常的就医频率。在城市综合治理方面，如在交通领域，将传感网络收集到的海量数据上传到云计算中心，做到实时统一处理分析，再利用数字监测系统控制交通指示灯的调控，实现路面交通的科学化治堵；在能源使用方面，将各个建筑的碳排放量、能源使用情况同步到大数据平台和云计算中心，进而对城市内电力等能源进行综合调配，达到节能减排的目的。

边缘计算主要发挥其短节点、高时效的特点，实现数据的快速、安全处理。在民生领域方面，如智能家居，边缘计算使得智能家居可以纳入物联网，且个人隐私数据不会上传到云端，而是上传到就近的处理节点，使得智能家居更加便利和安全，如智慧医疗，边缘计算的应用，使医疗保健资源可以更好地被偏远地区的人们所享用，通过更智能的可穿戴设备和人工智能医疗平台，享受到更加个性化的医疗服务。在城市综合治理方面，如智慧农业，边缘计算能很好地解决偏远地区的网络带宽资源不足问题，通过物联网感知，将动植物和环境信息（如温度、湿度、土壤、光照和设备性能等）进行全面感知和互联，服务于农业生产的各个场景中，提升农业效益，助力农业生产数字化和智能化。再如智能制造，边缘计算使得本地设备信息迅速得到处理与分析，快速实现生产环节中的信息共通和对设备状态的监控。

4. 区块链技术在智慧城市中的作用

1）区块链及其技术特点

区块链是一种由多方共同维护，使用加密技术保证信息传输和访问安全，按照时间序列存储的分布链式结构数据库。区块链存储的基本单元是区块，记录着存储期间所有状态改变的过程和结果，新增的区块又保留着前一区块的所有信息，每个区块按生成顺序排列联结组成链表，就构成了区块链。

区块链技术具有四大特征：①去中心化。意为在整个区块链系统中并不存在单一的中心节点，而是将数据存储在各个节点之中，所有节点共同保障系统内数据安全。②数据透明可信。各个数据节点之间为平等和独立关系，每个节点都可以记录数据的变化动态，并利用共识算法保证了所有节点的一致性。③防篡改可追溯。数据和信息的全节点存储使得信息篡改成本极大且信息篡改几乎不可能，任何对数据信息进行的动作都可以被追溯。④隐私性。通过加密算法和账户管理体系，实现用户身份信息和其他隐私信息的高保护。

2）区块链在智慧城市中发挥的作用

作为新兴技术，区块链在新型智慧城市诸多领域具有较大应用潜力。在智慧城市技术架构的认知层面，区块链正在发挥着不可替代的作用，尤其是在数据资源方面，区块链不仅可以帮助智慧城市构建起更加安全、便捷的数据储存方式，区块链更是有望打破原有数据流通共享壁垒，提供高质量数据共享共用，提升数据管控能力，同时利用其特性提高数据安全保护能力。此外，在实际应用和操作层面，区块链将围绕基础设施建设、惠民服务、精准治理、生态宜居、产业经济等方面发挥巨大作用，催生智慧城市应用新场景。具体表现为以下三个方面：

（1）融入城市物联网，促进统筹发展

在智慧城市技术架构的感知层面，各种传感器、通信设备、基站等信息收集装置，无时无刻不在收集着智慧城市交通、能源、环境等各方面的大量信息和数据，数量呈爆炸式增长，而这些数据收集终端需要将信息统一至同一平台才能最大程度尽其所能，传统的数据中心在存储量和安全性方面都有较为明显的缺陷，而区块链凭借其去中心化和不可逆性，可以大大提高城市中设备互联互通的效率和安全性。

如早在2019年，国家电网就已经提出将区块链与泛在电力物联网建设相联系，通过区块链技术将电力用户、电网企业、供应商等设备连接起来，实现不同主体数据共享。

（2）突破数据孤岛，实现数据安全共享

城市在运行过程中产生的海量数据，对这些数据进行集中清洗、处理，才能让推演层和决策层发挥更大的作用。然而，这些数据由不同传感器收集，数据源头在不同部门或企业，存在数据孤岛，导致数据难以共享共用。纵然存在制度方面的软性问题，但是同样也不能忽略影响数据共享的技术"硬性问题"。区块链的去中心化、不可篡改、可追溯等技术优势为数据的跨部门共享提供了支持，不仅可以打通数据共享的渠道，而且保证数据使用过程中协同互信，保障数据安全。

如南京市19个部门联合打造基于区块链技术的政务联盟链网络，各部门上传数据时同步附带数字签名，以验证数据上传身份的真实性，提升数据共享采信；同时，各部门都是全节点，可查看所有部门数据，减少数据传输过程中的安全隐患。所有数据上传、查询和使用都会被记录，数据的所属权、使用权清晰界定，便于数据在不同部门间的流通共享。

（3）应用生活场景，提供惠民服务

新时代智慧城市建设应更加强调以人为本，区块链技术为解决便民服务问题提供了新的思路与方法，基本原理以去中心化的特点为主，在国内已经有了率先尝试。如在智慧医疗方面，一方面可以纳入医院的医疗设备信息，另一方面可以将患者自身信息共同纳入区块链中，不仅可以实现居民在医疗系统内同步个人情况，方便异地就医，而且可在医疗事故的追责过程中为确定责任主体提供判定依据；在智慧交通方面，可以将市民个体出行数据、城市道路数据、实时交通数据汇总到区块链数据库，帮助居民个人、交通部门及时、详细、准确地掌握交通运行情况，从而更科学地选择出行方式或者进行道路交通优化。

（4）加速城市间协同联动，建设智慧城市群

以城市群为单位进行智慧城市的共同建设与开发，更有利于区域内要素流通和协同发展，形成地区增长极。如同智慧城市建设需要城市内部数据之间的共享共建共用，智慧城市群建立的基础也是城市间数据的流通与共享。而利用区块链去中心化、信任机制、透明可追溯等技术特点，可以帮助城市群之间建立城市基础运行、居民身份、能源利用等方面的数据协同使用机制。如为促进长江中下游智慧城市群建设，合肥、武汉、长沙、南昌四地展开合作，基于区块链技术打造"长江链·标证通"软件，通过数字证书和电子印章的申请、审核、发证、授权、找回以及吊销等关键行为操作和信息上链，实现同一市场主体数字证书跨平台、跨区域互通互认。

5. 典型实践探索[①]

1）多源异构数据融合

多源异构数据融合技术解决了部门数据之间的口径差异性导致的相互验证和综合应用困难等问题，可针对不同格式、不同存储、不同平台的地理空间数据进行资源整合以及相应预处理，将数据资源进行标准化，包括对原始数据等进行统一时空基准、统一格式、统一元数据标准、地理实体数据处理和数据质检等，实现GIS、BIM、倾斜摄影等多种3D模型数据在同一平台的大尺度场景展示。

2）基于时空大数据的高空间精度与识别信度职住地通勤特征提取

通过对时空行为大数据分析，实现对时空行为数据中所反映的职住地进行建筑级定位，还原城市的通勤OD、通勤时间、路网距离和交通方式选择，为城市通勤研究提供高精度、全角度、大样本的数据基础。

2.3.3 推演层关键技术

1. 地理信息技术对智慧城市的作用

1）地理信息技术及其特点

本书中智慧城市技术架构中推演层的目的是构建出一个数字孪生城市，监测城市发展状况、诊断城市发展问题、推演事件和政策走向，以便城市治理者更好地制定政策。而其中的关键是，在虚拟网络构建出城市的数字孪生模型，将认知层和感知层的数据转化为和现实世界一一对应的、可视的模型，在这个过程中地理信息技术必不可少。

地理信息技术主要包括地理信息系统（GIS）、遥感（RS）、全球定位系统（GPS）这三种技术。其中地理信息系统可以对地球表层以及空间中的有关地理分布的数据进行采集，并将采集的数据以特定的方式存储起来，建立地理空间数据库，利用这些技术可以完成对城市空间环境的数字化表达。遥感技术指不通过传感器从

---

① 相关实践：来自北京市城市规划设计研究院的相关工作。

远处对地物进行探测，通过物体的电磁波辐射反射，得到地物的光谱信息，经过加工处理等，利用图像处理软件对所获取的遥感数据进行解译判读，获取研究或应用所需的地理信息的一项技术。全球定位系统可以通过卫星建立起城市中事物的精准坐标，并对其变化进行追踪。

通过地理信息技术对城市地理空间信息的收集，构建出城市物理空间环境的三维模型，再将感知层收集的城市运行数据、认知层的云计算中心等分析处理过的数据导入城市物理环境的三维模型，并进行三维可视化处理，这样就构成了一个数字孪生城市的基础模型。

2）地理信息技术的作用方面

地理信息技术作为一项综合性地理空间技术，对于智慧城市的作用主要体现在三个方面：

（1）地理空间数据的收集

智慧城市建设的关键就是对于城市各种信息的收集、处理和管理，感知层中的信息网络和传感网络可以收集城市运行过程中产生的各种数据，而地理信息技术则可以较好地完成对城市物理空间信息的收集和处理。根据2019年自然资源部发布的《智慧城市时空大数据平台建设技术大纲（2019版）》，构建智慧城市时空大数据平台所需要的基础时空数据会包括矢量数据、影像数据、高程模型数据、地理实体数据、地名地址数据、三维模型数据和新型测绘产品数据等，而地理信息技术能提供强有力的数据收集、保存和传递作用，如利用GIS可以完成城市矢量数据的构建、三维模型数据的构建等，利用RS可以完成对城市影像数据、高程模型数据等信息的收集，利用GPS可以将地理实体、地名地址进行数字化表达等。

（2）地理空间数据的可视化表达及信息协同

除了完成对基础地理空间数据的收集外，地理信息技术还可以将这些数据进行可视化表达。这种可视化表达体现在两个方面：一方面是自身数据的可视化表达，地理信息技术可以将自身系统收集到的城市地理空间信息进行空间建模，并进行一个呈现，包括地形、街道、实体建筑甚至是地下空间等，进行实时呈现，帮助人们更加直观地观察和了解城市的各项信息变化；另一方面，结合感知层和认知层收集处理的其他数据，如车流信息、天气信息等，不仅可以进行其他数据的可视化表达，而且此时可以实现对城市数据的高效整合与呈现，将智慧城市涉及的诸多单元和系统进行联系，提供一个高效的信息管理平台，帮助各个部门的城市规划和管理人员，实现协同处理，共同进行操作，来提高整个城市管理的效率，避免过去不同部门互相推诿、各不作为的现象发生。

（3）提供便民服务

地理信息技术可视化的技术特性，可以直接作为应用端为市民提供便民服务，并且已经较为成熟。如居民基于地理信息技术的位置服务，可以实时了解自身的地理信息，选择出行方式，规划出行路线；与其他数据结合，可以提供更多样的服务，如和疫情防控数据结合，可以了解周边地区或者目的地疫情情况；和交通数据结合，可以实时判断道路情况。此外，目前城市中已经普遍的快递服务、外卖服务、网约车服务都是基于地理信息技术得以实现的。在未来，地理信息技术将与物联网、云计算和边缘计算、大数据等众多高新技术交叉融合发展，搭建更多的便民服务平台。

2. 数字孪生技术对智慧城市的作用

1）数字孪生城市及其技术特点

数字孪生也称为数字映射，最早起源于自然科学，较为认可的概念为：基于物理模型、传感器更新、运行历史数据，集成多学科、多物理量、多尺度、多概率的仿真过程，在虚拟空间中完成映射，从而反映相对应的实体装备的全生命周期过程[①]（吕鹏，2022）。基于此，我们可以推导出数字孪生城市的概念，即数字孪生城市是数字孪生应用在智慧城市建设的一种新模式，也即在数字空间再造一个与现实世界一一映射、协同交互的复杂巨系统，实现城市在数字维度和物理维度的虚实互动。可以简单地理解为，在虚拟空间"还原"了现实城市的一切，并可以利用这个虚拟城市模拟现实城市的发展。同时也要理解，数字孪生城市不是单独的一项技术，它是基于智慧城市技术体系的感知层、认知层而建立起来的，因此它具有以下几方面特征[②]（高鑫磊 等，2022）：

（1）全域感知与映射

要想在数字空间模拟出物理空间的实体，需要将物理空间物体的全方位数据转化为信息语言，并且只有采集到准确的数据才能够最大程度地还原目标运行状态，从而达到一一映射的目的。首先要通过大量的、精确的、高时效的传感器网络采集城市运行中产生的各方面数据，再通过信息网络传输到上机位，从而完成全域感知的过程。然后利用这些数据，对城市中的变动较小的静态实体（楼宇、街道、河流等）进行建模，再对人、交通设备、社会治理事件等动态实体在建模的基础上落图

---

① 吕鹏. 数字孪生城市：智能社会治理的基础架构［J］. 国家治理，2023（11）：66-70.
② 高鑫磊，杨立功，罗向平. 数字孪生城市的建设发展［J］. 智能建筑与智慧城市，2022（07）：76-78.

到静态实体上，并通过各类传感器更新动态实体对象的实时信息，确保城市内的所有实体信息被精准映射到虚拟城市，从而完成全域映射。

（2）虚实交互

实体城市通过传感器将充分感知、动态监测的信息上传给虚拟城市，虚拟城市将收集的信息进行整理提炼，再将产生的处理决策和优化信息反馈给实体城市，通过控制器实现对实体城市的反向控制，形成虚拟城市与实体城市的虚实交互、协同发展，提升对城市运行规律的洞悉。数字孪生城市的虚实交互是实时且普遍存在的，通过对城市问题的瞬时响应，实现城市运行系统的迭代优化。

（3）数据融合

城市运行的一大特征是其内部不同主体进行信息传递和共享，多源异构数据融合是全域映射的虚拟城市进行信息共享的基础。虚拟城市的智能运行需要统一的数据融合标准进行信息采集、存储、管理、分析、挖掘和共享。此外，从基础设施层的物联感知数据到自动驾驶、智慧社区等行业的数据，再到涉及城市管理的政务数据等，形成统一的数据融合标准，建立城市数据共享清单，有效整合不同类型数据资源，面对不同主体提供统一标准的数据服务，将极大发掘城市的数据财富，释放城市的数据价值。

（4）智能干预

数字孪生城市的核心能力是通过大数据、人工智能等技术，分析城市运行的历史数据，组建城市智能决策系统，结合分布在城市各处的传感器，对城市运行状态进行实时、智能干预。智能决策系统按照事态紧急、重要程度，对实体城市中发生的各类事件进行实时分级评估，并预测事件的发展趋势。对于紧急、不重要的事件，智能干预立即响应，对于重要、不紧急的事件，智能决策系统生成辅助决策报告发送给相关管理人员，进行人工处理。

智能干预不局限于城市物理状态，同样适用于社会治理、经济运行等城市社会状态。智能决策系统实时爬取主流社交工具的热点信息，通过自然语言处理、知识图谱等技术进行动态分析，挖掘社会群体的交互特征和规律，预防预警或通知相关人员及时处理重大社会影响事件，智能疏导社会负面情绪，引导城市社会状态正常运转。

2）数字孪生城市在智慧城市中的作用

（1）城市问题情境化

基于数字孪生城市与现实物理城市——映射的关系，数字孪生城市可以通过底层的感知层和认知层实时呈现和监测城市问题，并可以通过虚拟现实、增强现实等技术，将城市问题进行情境化，使得城市问题在数字孪生情境中清晰而全面地加以展现，从而提升城市治理的信息获取与信息处理能力。

（2）对城市问题进行模拟推演

数字孪生城市中的数字系统具备编辑、分析和建模的高度可拓展能力，使得城市治理中的所有事项均可在虚拟空间孪生平台上进行多次仿真和试验以寻求社会利益最大化的方式，从而避免在现实中进行试验的高成本，也可对城市治理创新进行回溯与评估，促进城市发展更加智慧。

（3）促进数据共建共享

数字孪生城市高度集中了城市运行过程中产生的所有数据并可以进行实时更新，打破了常规的垂直管理方式，破除各部门间的数据壁垒与信息孤岛问题，不仅可以促进城市数据的共建共享，还会对当地政府部门的结构产生深远影响，促进组织结构扁平化发展，精简城市治理流程，提高城市治理效率。

（4）提升城市公共服务品质

数字孪生平台不仅会映射静态实体，也会对包括居民在内的动态实体进行映射，个人产生的信息也会被映射到虚拟空间的孪生城市中，从而拉近城市治理者与居民之间的距离，使其联系更加紧密，政府可以迅速对市民需求作出合理解决。通过数字孪生平台实现人机交互，供给多元化的公共服务，个体需求的差异性得到尊重，市民需求得以被快速回应和差异化满足，城市公共服务的品质在此过程中不断提升。

3. 典型实践探索[①]

针对当前国土空间规划智慧化转型中对城市计算推演模拟的现实需求，开展若干城市计算推演实例，为不同尺度、不同层级和不同阶段的规划实施工作提供技术支持。现就典型实例介绍如下。

1）基于图像要素分割的街道全景数据处理与分析

采用神经网络模型PSPNet方法，对街道全景数据进行语义分割，可对图片中的每一像素进行分类，并基于分类对原图中扣取某种要素对应的部分进行分析，按像素点的个数计算某种要素在全图中的占比，或某几种要素之间的比例关系，能够实现长时序、大尺度的街道全景图片批量分析，为街道立面建筑色彩分析、空间形态分析等微观尺度的城市空间设计优化提供支持（图2-39）。

---

① 相关实践：来自北京市城市规划设计研究院的相关工作。

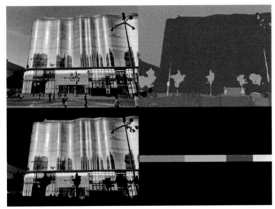

图2-39 图像要素分割结果的分析：王府井步行街东
侧建筑主色彩提取
图片来源：自绘

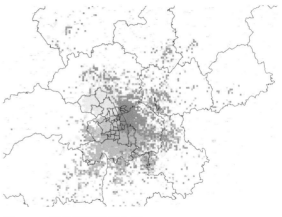

图2-40 居住通勤组团分析
图片来源：自绘

2）职住空间结构量化解析与就业中心识别

基于最优通勤理论，建立职住分离度指标，从抽象的职住比，到真实的最短通勤距离，精准度量城市的职住平衡度；通过多维度特征的量化提炼，构建城市职住空间结构的解析方法，准确识别就业中心、大型居住区、一般建成区、独立组团等职住特征空间，实现了对职住分离度指标和城市职住空间结构的量化解析，从城市整体、局部片区等不同空间维度实现职住平衡状态的标准化判断（图2-40）。

3）基于复杂网络模型的疫情时空传播模拟

面向公共卫生领域疫情防控的现实需求，开展基于复杂网络理论的个体视角下的疫情时空传播模拟，基于时空栅格、时空复杂网络等分析方法，从微观个体角度出发，以真实时空行为数据和医疗设施空间布局为基础，搭建包含个体运动模块、疫情传播模块、个体感染模块的模型，模拟个体视角下的疫情时空传播，实现了传染病机理学模型原理与城市自下而上视角仿真模型的有机结合，可以分人群、分时间、分特定区域地预测防控措施带来的影响，分析疫情防治资源的承压情况，快速响应疫情发生后的情景预测需求，为城市精细化治理提供有效的理论支撑和方法保障（图2-41）。

4）交通态势预测分析

针对城市交通网络节点中断情景，结合实时交通路况感知、Dijkstra算法动态规划、交通路网导航算法等方法，开展基于模拟预测网络的不同出行方式的通勤需求分析与交通态势分析的模拟分析，形成交通压力模拟与用户出行引导，解决节点失效后拓扑网络重构、不同交通需求下周边路网压力分析与导航控制等难点，实现对突发事故（如高架桥下积水、严重交通事故等）、政府管制、施工影响等多种状况的交通态势仿真模拟，为提高整体道路交通结构的韧性水平，制定合理的道路管控计划，提高交通出行体验提供支撑（图2-42）。

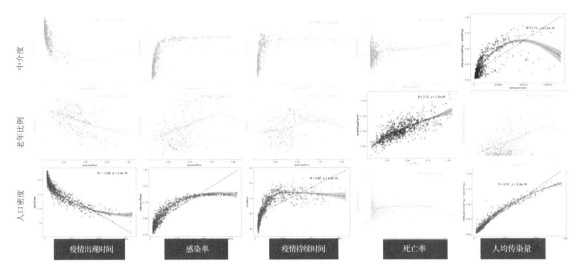

图2-41　城市疫情传播时空模拟分析
图片来源：自绘

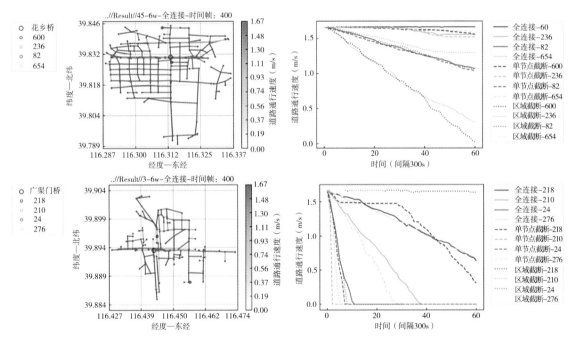

图2-42　交通态势模拟分析示例
图片来源：自绘

2.3.4 决策层关键技术

1. 人工智能技术对智慧城市的作用

1）人工智能技术简介及其特点

人工智能技术是一门融合计算机科学、统计学、脑神经学和社会科学的前沿综合性学科，它的目标是希望计算机拥有像人一样的智力，可以替代人类实现识别、认知、分类、预测、决策等多种能力。作为引领未来的战略性技术，人工智能是新一轮科技革命和产业变革的重要驱动力量，已经成为国际竞争的新焦点、经济发展的新引擎。当然，人工智能也将成为智慧城市技术体系中不可或缺的一环。人工智能技术主要具有以下特点：

（1）通用性强，跨界融合

通用技术是指具有基础性和普遍性的技术，它综合影响经济中的各个行业和社会治理的方方面面，如推动三大工业革命的蒸汽技术、电力技术和信息技术。作为推动第四次工业革命的通用技术，人工智能有着极强的通用性，不仅可以应用到智慧城市中的多个场景，如自动驾驶、智能制造、智慧交通、智慧医疗等，还可以和物联网、大数据、云计算等技术互补互促使用，有着极强的技术外溢效应。

（2）深度学习，自主智能

机器学习是实现人工智能的途径之一，通过将大量数据输送给算法，从中总结出事物的一般规律，并能够使用模型进行预测和推演，像人脑一样接收、处理、发出，进而实现人工智能。近些年，随着大数据和云计算等技术的发展，作为机器学习的方式之一，深度学习逐渐兴起并应用在人工智能技术上，如实现对图像、语言的识别。通过深度学习，使人工智能具有自主能力，包括主动感知、自主决策、自我执行能力。

（3）人机协同，群体智能

人类智能在感知、推理、归纳和学习等方面具有机器智能无法比拟的优势，机器智能则在搜索、计算、存储、优化等方面领先于人类智能，两种智能具有很强的互补性。人与计算机协同，互相取长补短将形成一种新的"1+1>2"的增强型智能。此外，随着万物互联时代的到来，大量的人类智能和机器智能相互赋能增效，形成了人机物融合的"群智空间"，来充分展现群体智能，人工智能的发展也由单个智能向群体智能转变。

2）人工智能技术对智慧城市建设的作用

根据国务院发布的《新一代人工智能发展规划》，人工智能技术对于智慧城市的作用主要体现在以下几个方面：

（1）提供便捷高效的智能服务

由于人工智能技术的通用性，其可以在多领域、多场景进行应用。如在智慧教育领域，可以利用人工智能技术开发智能教育助理，建立智能、快速、全面的教育分析系统；在智慧医疗领域，可利用人工智能技术开发人机协同手术机器人，利用人工智能加强传染性疾病的预防和监控；在智慧健康和养老方面，可以开发基于人工智能的健康监测、预警系统，开发面向老年人的移动社交和服务平台、情感陪护助手，提升老年人的生活质量。

（2）推进社会治理智能化

人工智能技术是城市大脑的核心技术之一，通过人工智能技术完成对城市复杂系统运行的深度认知，构建起适用于政府服务和决策的人工智能平台，开发面向开放环境的决策引擎，在复杂社会问题研判、政策评估、风险预警、应急处置等重大战略决策等方面可推广应用。同时，可以利用人工智能技术在数字孪生城市中对政策进行模拟推演，辅助城市管理人员完成政策制定、评估与实施。

同时，人工智能可更多地被用于自主处理城市运行过程中的问题，节省人力、物力也能够提升效率。如在智慧交通领域，人工智能可根据当前车流量或者路面情况实现智能化交通疏导，提高交通运行效率。

（3）促进社会交往共享共信

人工智能技术在增强社会互动、促进可信交流中发挥着重要作用，如虚拟现实、增强现实等技术，可以促进虚拟环境与现实环境的融合，满足个人感知、分析、判断与决策等实时信息需求，实现在工作、学习、生活、娱乐等不同场景下的流畅切换。基于人工智能开发的具有情感交互功能、能准确理解人的需求的智能助理产品，可以改善人际沟通交流障碍问题，实现情感交流和需求满足的良性循环。此外，人工智能与区块链技术的结合，将进一步保障社会信用体系。

2. 城市大脑对智慧城市的作用

1）城市大脑简介及其技术特点

城市大脑是智慧城市发展到一定阶段的产物，也是实现城市全面数字化转型、推动城市治理体系和治理能力现代化、以技术创新形成城市发展新格局的关键抓手。城市大脑就相当于人的大脑，负责综合外界信息，作出反应和决策。之前讨论的认知层、推演层的技术，仅仅是完成了数据的整合、处理、分析和推演，如果没有城市大脑这样一个智能中枢辅助决策，最后的决策依然要靠人力完成。

目前业内还没有形成对城市大脑的统一定义，通过对现有定义的梳理，本书将城市大脑定义为：城市大脑是综合运用感知层（传感器网络、物联网、大数据）、认知层（云计算和边缘计算、区块链）、推演层（数字孪生城市）及人工智能的技术，全面整合城市运行数据资源、感知城市运行生命体征、优化城市资源配置、处理城市突发问题、预测重大安全事件、辅助宏观政策指挥的城市综合治理平台，是城市新一代的数字基础设施、现代化治理和服务的智能中枢。具有以下几大特征（《城市大脑发展白皮书》，2022）：

（1）城市全方位、全流程、全部门综合监管治理

在智慧城市中，受部门管理、数据主体等限制，收集和分析的数据往往集中于单一部门，再交由负责部门进行处理。但是随着智慧城市的不断发展，城市问题更多地演变为综合性、复杂性、交叉性问题，如碳减排问题，涉及交通、建筑、能源、环保等多个部门。传统城市数据治理只能看到对应部门的问题，难以将全局串联起来，限制了城市问题的解决。

而城市大脑则是实现了对城市全方位、全流程、全部门的多源异构数据的整合，推动实现跨部门、跨领域、跨层级的业务数据、城市物联感知终端数据、城市视频监控等数据的共享与交换，为挖掘和洞悉城市各领域数据背后的内在规律推演预测城市发展走向准备"生产资料"，从整体视角切入，实现城市治理各部门和业务互联互通，从城市全局呈现动态的城市运行的体征，对城市事件全流程监督管理，协调多部门业务协同和应急指挥一体化联动。

（2）大量现代信息技术的融合体

本书谈论的城市大脑不仅是一项单独的技术，更是众多技术的融合体，从城市大脑运行过程中可以知晓：在感知端，需要物联网、传感器网络等感知设备收集城市各方面数据作为基础信息；在认知端，需要大数据、云计算和边缘计算等信息处理方式将数据进行汇总与处理；在推演端，一方面需要借助数字孪生城市对城市运行状态、未来趋势进行观测，另一方面需要将决策意见在数字孪生城市中进行模拟，以判断决策的正确性和可行性；同时也需要人工智能、深度学习等技术组成决策判断中枢。作为决策层最关键技术之一，城市大脑不可能作为单独一项技术独自存在；同时，没有城市大脑，城市依然需要大量人力和算力去解释、利用感知层、认知层、推演层产生的信息。在未来随着城市大脑建设的不断推进和新技术的不断涌现，新兴信息技术手段也将不断深入城市管理应用场景，使城市治理能力与城市共同进化发展，匹配政府治理需求。

（3）具有一定的自我学习、自我迭代能力

城市问题并不是一成不变的，会随着技术的发展、社会的进步等外界因素，产生新的问题或者使原来的问题变得更加复杂，面对这样一个处于动态平衡的复杂巨系统，要求城市大脑必须要有自我迭代、自我更新的能力。

在智慧城市规划、建设、运行过程中，会产生海量的数据，成为城市大脑这个智能中枢的"学习资料"。通过探索海量数据背后的价值、相互之间的联系，城市大脑的算法模型可以实现快速更新、快速应用，不断调度组合城市资源，形成新的城市服务能力，满足不断变化的用户需求，进一步贴合城市未来发展和城市管理治理趋势，使城市大脑具备提供差异化精准服务的能力。

2）城市大脑在不同方面的作用

（1）城市治理方面的作用

通过城市大脑整合感知层、认知层、推演层收集和分析过的数据，可以完成对智慧城市全局运行的即时分析、运行趋势判断、决策演练与优化，从而打造全域范围内综合性的网格化社会治理平台，建成城市运行的中枢指挥体系、社会服务的综合平台、民政互动的有效载体，进而推动跨部门的协同打通，增强基层人员和管理组织的科学决策能力，做到智能感知、自动派单、联动处置、业务闭环，有效调配公共资源，不断完善社会治理，推动城市可持续发展。

在数据汇集方面，城市大脑破除各部门间的"信息孤岛"与数据壁垒，将城市运行数据纳入统一平台进行统筹分析，尽最大可能发挥数据的作用；在数据分析与研判方面，城市大脑通过计算机视觉、自然语言处理、知识图谱等人工智能技术，建立可迭代的知识网络，推演城市运行背后的逻辑与规律，从而感知城市的生命体征，为城市管理者提供相应的辅助决策功能，并对管理者的决策进行推演研判；在城市管理与服务方面，城市大脑可进行智能响应与解决，对于城市识别出来的问题，城市大脑可对问题进行识别与判断，然后向有关部门派单去解决问题，并进行处理结果反馈。

（2）民生服务方面的作用

城市大脑将融合城市中所有政务服务终端，将分散在部门、各行业的和民生服务有关的数据进行统一归集，为市民提供一站式、一键式、按需实现、个性化的便民服务。如在智慧交通方面，智慧大脑可以基于城市交通数据和市民个人数据（身体情况、路线、交通工具喜好等），为公众提供个性化的服务，让公众可以迅捷获取个性化的交通信息，提高公众对交通拥堵、交通事件的应变能力，减少安全隐患，使公众出行更便捷、安全、舒适，增加公众出行幸福指数。在智慧医疗方面，智慧大脑可以将公民个人终端收集到的身体数据（血糖、血压、心电、体温等）共享给当地医疗机构，并对公民个人健康信息进行监测、预警与预判，并将异常信息及时反馈给公民个人和医疗机构，实现对公民健康的监护与管理。

（3）产业发展方面的作用

在产业发展方面，城市大脑主要运用云计算、大数据、物联网、5G、工业互联网等平台技术，通过对城市产业发展数据和形势进行深入分析，实现基于创新技术的产业发展新模式，为招商引资、产业布局提供决策支撑，明确产业发展与布局优化方向，在城市产业融合中释放数据融合价值。

在产业数字化转型方面，城市大脑通过万物互联、人机交互等手段，构建全要素、全产业链、全价值链、全面链接的新型生产制造服务体系，推动数字经济赋能传统企业，实现传统产业数字化转型与升级，提升实体经济的核心竞争力，赋能经济高质量发展，助推数字经济发展。

在招商引资方面，城市大脑通过不同地域的营商环境、产业结构、政策数据等比对分析，结合本地产业特色和发展目标，制定精准招商策略，创建良好的营商环境。通过完善产业链上下游建设，打造特色产业园，以数据赋能招商聚集优质企业。

3. 典型实践探索[①]

针对国土空间规划及实施面临的重点任务，按照"空间+场景"的模式，选取规划在线协同审查与在途项目管理、城市体检与规划评估等典型实施业务场景，搭建了针对首都功能核心区、政务区（北京城市副中心）、商务区（丽泽商务区）等特定重要地区的城市协同决策平台（图2-43）。现就典型实例介绍如下。

1）首都功能核心区协同决策平台

首都功能核心区协同决策平台是为支撑相关各部门协作推进核心区控规实施、保障首都功能核心区三年行动计划而构建的规划管理协同平台。平台面向核心区控规管理的应用场景，提供"一张图管理—规划实施—实施信息—监督评估—社会大数据—三维仿真"6项功能，实现对各层级规划管控数据的整合，以及对核心区规划实施全流程的打通串联。其核心功能为基于审核业务流程，面向多个政务部门，打通市、区、街道、社区四级信息联动，实现项目管理工作协同开展和在途项目信息的全过程留痕管理。

---

① 相关实践：来自北京市城市规划设计研究院的相关工作。

该平台构建了首都功能核心区二维、三维一体化的数字空间规划孪生底座，集成了规划、实施、评估和社会大数据信息，实现对核心区人地房基本情况、历史文化资源、规划实施情况的二维、三维集成展示，并实现了高度、视廊分析等三维计算分析功能，具备从数据语言转化为结论语言的能力，实现生成一键图纸、一键指标、一键报告。

2）北京城市副中心协同决策平台

北京城市副中心协同决策平台结合当前副中心规划工作任务，搭建集规划编制实施一张图数据管理、数据查询与应用、任务实施进度管控与重大工程实施评估等功能于一体的智慧化平台（图2-44）。

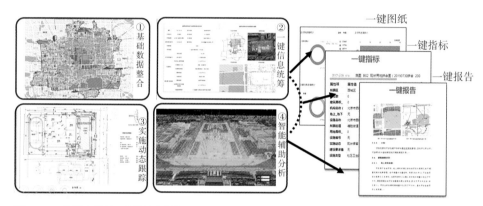

图2-43 首都功能核心区协同决策平台
图片来源：自绘

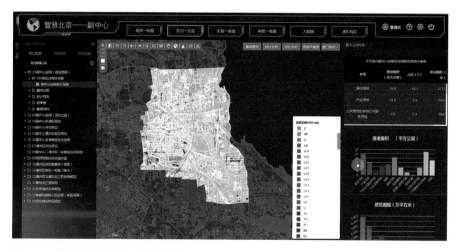

图2-44 北京城市副中心协同决策平台
图片来源：自绘

平台建成了涵盖副中心现状一张图、规划一张图、审批一张图、实施一张图的数据底座，建成了基础地理信息数据、遥感影像、各行业规划专题、非规划类数据、项目审批信息和用地现状信息等数据的全流程管理、可持续更新的综合数据库，并实现GIS、文本、图纸等多类型数据的统一调用和集中展示。

同时，项目针对规划编制、实施、管理过程中的智慧化应用支撑需求，在平台中实现了基于数据的基础统计分析功能和针对工程建设、土地供应、非建设项目等各项实施管理环节的特定流程支撑与决策分析功能，可实现对重点项目和领域的实施进展跟进，开展常态化评估，辅助决策者直观了解重大项目落实情况。

3）北京丽泽商务区协同决策平台

北京丽泽商务区协同决策平台的建设旨在落实北京丽泽金融商务区"国家级智慧城市试点""北京信息化基础设施提升综合示范区"功能定位，加强丽泽智慧型精细化管理，形成以数字孪生城市为基础的城市规划建设运营管理模式（图2-45）。

平台以二维、三维数字空间规划孪生底座为出发点，实现了规划建设管理数据、园区运行管理数据和社会大数据等全流程多源异构数据的融合，以及业务流数据在三维数据底座的挂接，建成地上地下一体化三维模型底座，实现了多来源、高精度、大尺度的数据底座平台和数字孪生丽泽。平台在横向上可实现丽泽管委会规划部门、实施部门等的工作协同，纵向上可实现市级、区级、管委会三级联动的规划成果查询与分析，将参与丽泽规划、建设、管理等工作的部门及多方主体的工作成果通过平台进行整合、协同。

基于全要素数据底座和数字孪生丽泽，平台集成了城市模拟分析工具，基于海量实时数据开展对区域人口画像、企业分析、变化监测、体检评估等，实现对丽泽

图2-45 北京丽泽商务区协同决策平台架构

图片来源：自绘

全方位的微观模拟研判、实时体检评估和宏观发展预判,为规划编制与研究提供智能化决策支持。

2.4 智慧城市专项规划的标准规范

2.4.1 国内外标准文献综述

在智慧城市的建设中,标准具有引领和指导作用,它既是引导和支撑智慧城市规划设计、建设运营、迭代升级的重要抓手,也是新型智慧城市产业、技术规则制定权的载体。

国际上,智慧城市的国际标准化工作在2013年就已经开始。2013年2月,国际电信联盟(ITU-T)成立了可持续发展智慧城市焦点组(ITU-TFG-SSC);2013年6月,国际电工委员会(IEC)成立了"智慧城市系统评估组"(IEC、SEG1),并于2016年2月升级成为国际电工委员会智慧城市系统委员会(IEC SyC Smart Cities),主要负责在电子电工领域开展智慧城市相关国际标准研究。2013年11月,国际标准化组织、国际电工委员会第一联合技术委员会(ISO、IEC JTC1)成立了智慧城市研究组(ISO、IEC JTC1、SG1),专门开展智慧城市信息技术领域国际标准的研制工作。国际标准化组织(ISO)的城市可持续发展标准化技术委员会(ISO、TC268)自2012年成立以来也一直在关注智慧城市标准化相关的工作,主要进行可持续城市和社区领域的标准化制定(表2-6)。

国际智慧城市相关标准制定机构 表2-6

序号	国际标准组织	智慧城市组织	标准领域
1	国际电信联盟(ITU-T)	可持续发展智慧城市焦点组(ITU-T FG-SSC)	信息通信技术
2	国际电工委员会(IEC)	国际电工委员会智慧城市系统委员会(IEC SyC)	电子电工
3	国际标准化组织、国际电工委员会第一联合技术委员会(ISO、IEC JTC1)	智慧城市研究组(ISO、IEC JTCl、SG1)	信息技术
4	国际标准化组织(ISO)	城市可持续发展标准技术委员会(ISO、TC268、SC1)	可持续城市和社区

在国内，2016年底，第一个智慧城市国家标准《新型智慧城市评价指标》GB/T 33356-2016正式发布（现已被GB/T 33356-2022代替）。目前，我国智慧城市国家标准制定机构主要有12个，包括TC567全国城市可持续发展标准化技术委员、TC537全国城市公共设施服务标准化技术委员会、TC28全国信息技术标准化技术委员会、TC353全国信息分类与编码标准化技术委员会等。目前，TC28全国信息技术标准化技术委员会为国家智慧城市标准的主要发布机构，由国家标准化管理委员会筹建，国家标准化管理委员会、工业和信息化部进行业务指导，负责全国信息采集、表示、处理、传输、交换、表述、管理、组织、存储和检索的系统和工具的规范、设计和研制等专业领域标准化工作。此外，TC485全国通信标准化技术委员会也发布了较多的智慧城市相关标准，主要负责通信网络、系统和设备的性能要求、通信基本协议和相关测试方法等的标准编制（表2-7）。

国家智慧城市相关标准制定机构　　　　　　　　　　　表2-7

序号	归口单位	执行单位	主管部门
1	TC567全国城市可持续发展标准化技术委员会	同归口单位	国家标准化管理委员会
2	TC426全国智能建筑及居住区数字化标准化技术委员会	同归口单位	住房和城乡建设部
3	TC537全国城市公共设施服务标准化技术委员会	同归口单位	国家标准化管理委员会
4	TC28全国信息技术标准化技术委员会	同归口单位	国家标准化管理委员会
		TC 28/SC 41全国信息技术标准化技术委员会物联网分会	国家标准化管理委员会
		TC 28/SC 36全国信息技术标准化技术委员会教育技术分会	国家标准化管理委员会
5	TC353全国信息分类与编码标准化技术委员会	同归口单位	国家标准化管理委员会
6	TC260全国信息安全标准化技术委员会	同归口单位	国家标准化管理委员会
7	TC485全国通信标准化技术委员会	同归口单位	工业和信息化部（通信）
8	TC83全国电子业务标准化技术委员会	同归口单位	国家标准化管理委员会
9	TC251全国危险化学品管理标准化技术委员会	同归口单位	国家标准化管理委员会
10	TC269全国物流标准化技术委员会	同归口单位	国家标准化管理委员会
11	361国家卫生健康委员会	同归口单位	国家卫生健康委员会
12	466自然资源部（测绘地理）	同归口单位	自然资源部（测绘地理）

自2014年以来，国外各大标准制定机构陆续发布了一系列智慧城市相关标准，且标准发布数量处于逐年上升趋势。截至2022年底，ISO和IEC官方立项智慧城市相关国际标准88项，其中已发布59项。从2016年开始，我国陆续发布系列智慧城市国家标准。尽管在起步阶段落后于国际水平，但由于近年来我国标准制定机构不断发力，智慧城市国家标准研制取得重大进展。标准发布数量在2018年达到峰值，发布18项。截至2022年底，共发布智慧城市相关国家标准72项，其中，已实施42项（图2-46）。

根据国内外智慧城市相关政策的分析结果，智慧城市规划内容包括布设智慧设施、构建智慧平台、供给智慧服务、营造智慧场景四个方面。基于此，将国内外智慧城市相关标准分为总体、智慧设施、智慧平台、智慧服务、智慧场景和数据管理6大类，其中"总体"是指规定了术语定义、参考架构、评价方法、应用指南、规划设计、安全保障等内容的标准，"智慧设施""智慧平台""智慧服务"相关标准是指对设施、平台、服务进行规范的标准，"智慧场景"相关标准对各类智慧场景的设计与实施提供指导和建议，"数据管理"聚焦数据共享、数据融合、信息安全保障。

国际和国内不同标准机构对于各类智慧城市相关标准的发布情况存在差异。国际上，IEC和ISO在总体和智慧设施方面发布的标准较多，ISO、IEC则更侧重于总体和智慧平台。在国内，由国家标准化管理委员会筹建、工业和信息化部业务指导的"SAC/TC28全国信息技术标准化技术委员会"是当前我国智慧城市标准的主要发布

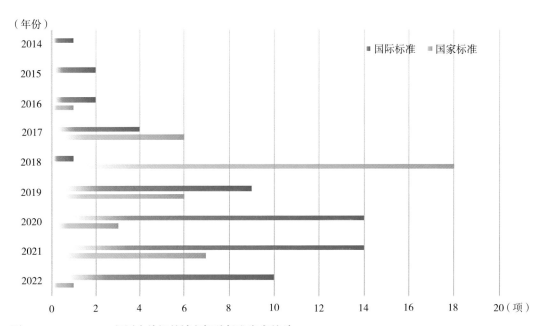

图2-46　2014—2022年国内外智慧城市相关标准发布统计
图片来源：自绘

机构，截至2022年共计发布27项相关国家标准，涉及总体、智慧设施、智慧平台、智慧场景、数据管理五个方面。此外，"SAC/TC485全国通信标准化技术委员会"也发布了较多的智慧城市相关标准，涵盖总体、智慧设施、智慧场景、数据管理四个方面。

截至2022年，智慧城市相关国际标准与国家标准在总体方面的标准制定已经相对完备，但在社会空间的智慧服务、智慧平台和智慧场景方面却存在严重不足。相较于国际标准，我国国家标准更加侧重于数据治理，对于物理空间的智慧设施相关标准涉及较少。在物理空间的智慧设施标准制定上，国际标准已发布了34项，待发布10项，涉及电力网、通信网、感知网、数据中心等各方面的物理空间智慧基础设施；而国家标准仅发布3项，待发布8项，亟须完善。在数据方面，我国在数据资源体系、数据融合等方面立项10项标准，国际标准仅立项3项（图2-47）。

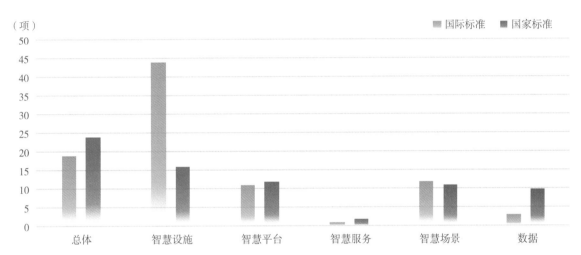

图2-47　国内外各类智慧城市相关标准发布统计
图片来源：自绘

2.4.2　智慧城市规划技术标准建设的延伸探索

为规范智慧城市规划编制、审批、落地等全流程，保证其健康、有序、可持续发展，北京市城市规划设计研究院智慧城市工作团队对智慧城市规划技术标准建设方向进行了延伸性研究，以下就相关经验展开介绍。

1. 专项规划编制办法

针对独立的智慧城市专项规划，制定了面向国土空间规划的《智慧城市专项规划编制办法》，分为总则、编制组织、编制要求、智慧城市总体规划编制内容（包含市级、区级、乡镇级智慧城市总体规划）、智慧城市详细规划编制内容（包含智慧城市控制性详细规划、智慧村庄规划、智慧城市规划综合实施方案）、附则六个章节，并将智慧城市相关术语作为附录。该办法明确了各级各类智慧城市专项规划的编制原则与要求以及工作内容与深度。

通过总结分析国内外智慧城市标准原理，以《中华人民共和国城乡规划法》（2015年修订），北京市委、市政府印发《关于建立国土空间规划体系并监督实施的实施意见》《北京城市总体规划（2016—2035年）》及各分区规划等相关法律法规与标准为依据，总结北京市在智慧城市规划编制工作方面的经验教训，以智慧城市专项规划框架体系为横轴，以北京"三级三类四体系"的国土空间规划总体框架为纵轴，构建出了智慧城市专项规划编制办法的矩阵图，并依据矩阵框架编制了《智慧城市专项规划编制办法》，明确了智慧城市专项规划的规划编制原则与要求，规定了各级各类规划编制的工作内容与深度，能够进一步规范国土空间背景下北京市智慧城市规划、建设、管理全流程，保证智慧城市的健康、有序、持续发展（表2-8）。

智慧城市专项规划编制办法 表2-8

		布设智慧设施				构建智慧平台			提供智慧服务		营造智慧场景		
		电力网	感知网	通信网	数据中心节点	城市数字孪生底座	城市计算操作系统	城市协同决策平台	政府端	市场端	智慧生产场景	智慧生活场景	智慧生态场景
总体规划层面	市级智慧城市总体规划	全市电力网规划	全市感知网规划	全市通信网规划	全市数据中心节点规划	全市城市数字孪生底座规划	全市城市计算操作系统规划	全市城市协同决策平台规划	全市政府端智慧服务规划	全市市场端智慧服务规划	全市智慧生产场景规划	全市智慧生活场景规划	全市智慧生态场景规划
	区级智慧城市总体规划	分区电力网规划	分区感知网规划	分区通信网规划	分区数据中心节点规划	分区城市数字孪生底座规划	分区城市计算操作系统规划	分区城市协同决策平台规划	分区政府端智慧服务规划	分区市场端智慧服务规划	分区智慧生产场景规划	分区智慧生活场景规划	分区智慧生态场景规划
	乡镇级智慧城市总体规划	乡镇电力网规划	乡镇感知网规划	乡镇通信网规划	乡镇数据中心节点规划	乡镇城市数字孪生底座规划	乡镇城市计算操作系统规划	乡镇城市协同决策平台规划	乡镇政府端智慧服务规划	乡镇市场端智慧服务规划	乡镇智慧生产场景规划	乡镇智慧生活场景规划	乡镇智慧生态场景规划
详细规划层面	智慧城市控制性详细规划	街区电力网规划	街区感知网规划	街区通信网规划	街区数据中心节点规划	街区城市数字孪生底座规划	街区城市计算操作系统规划	街区城市协同决策平台规划	街区政府端智慧服务规划	街区市场端智慧服务规划	街区智慧生产场景规划	街区智慧生活场景规划	街区智慧生态场景规划
	智慧村庄规划	村庄电力网规划	村庄感知网规划	村庄通信网规划	村庄数据中心节点规划	村庄城市数字孪生底座规划	村庄城市计算操作系统规划	村庄城市协同决策平台规划	村庄政府端智慧服务规划	村庄市场端智慧服务规划	村庄智慧生产场景规划	村庄智慧生活场景规划	村庄智慧生态场景规划
	智慧城市规划综合实施方案	智慧设计综合实施方案规划				智慧平台综合实施方案规划			智慧服务综合实施方案规划		智慧场景综合实施方案规划		

2. 专项内容规划设计指南

参照北京市大数据工作推进小组《北京智慧城市规划和顶层设计管理办法（试行）》《智慧城市 顶层设计指南》GB/T 36333-2018，针对配合国土空间总体规划、详细规划以及特定领域专项规划（市政基础设施、综合交通体系等）和特定地区专项规划（交通枢纽区、商务中心区等）的智慧城市章节，制定了《智慧城市专项内容规划设计指南》，明确了总体规划、详细规划、专项规划中智慧城市章节编制的总体要求、基础工作、编制内容、实施路径等。例如，总体规划章节对市级总体规划、市级近期规划、区级总体规划、乡镇级总体规划等各类总体规划智慧城市相关章节的编制内容进行了明确；详细规划章节对控制性详细规划、村庄规划、规划综合实施方案等各类详细规划的智慧城市章节的编制内容进行了明确；专项规划章节分别对各类特定地区和特定领域专项规划智慧城市章节的编制内容进行了明确；实施路径章节提供了实现智慧城市规划的路径建议。该指南的编写，从北京地方实践的角度进一步推动了国土空间规划体系与智慧城市规划的融合。

3. 智慧城市专项规划技术规程框架

智慧城市专项规划技术规程框架围绕前文所述"三元空间"互动理论，对于物理空间、数字空间、社会空间、人的需求四个核心主题，开展技术引导，其中重点

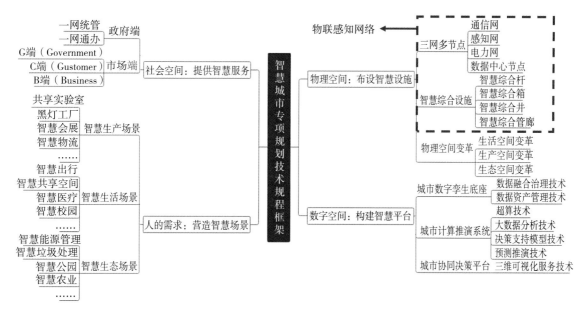

图2-48 智慧城市专项规划技术规程框架
图片来源：自绘

针对物理空间智慧设施布设开展了深入研究，制定了《物联感知网布设技术规程》《海淀区智慧杆体规划设计导则》，相关成果支撑了《智慧城市智慧多功能杆服务功能与运行管理规范》国家标准的编制（图2-48）。

1）物联感知网技术规程

《中华人民共和国国民经济和社会发展第十四个五年规划和2035年远景目标纲要》中提出"数字经济核心产业"增加值占GDP的比重指标到2025年达到10%，为此国家出台多项政策鼓励应用物联感知网等新型基础设施建设，促进生产生活和社会管理方式向智能化、精细化、网络化方向转变。《物联感知网布设技术规程》的制定积极响应国家要求，确立了物联感知网针对交通感知、环境感知、能源感知、安全感知等不同领域和道路、建筑、市政设施、移动设备等不同空间的分类体系以及布设的技术规程，并总结了各类感知设备功能及其搭载设施。

2）智能硬件设计导则及国家标准转化

智慧多功能杆作为近年来新兴的城市公共设施，通过挂载各类设备和传感器，集智慧照明、智慧通信、智慧安防、智慧交通、智慧环保、智慧联动等功能于一体，整合城市各类基础设施与新型设施，能更好实现城市公共设施集约与共享，实现城市服务与城市管理的智慧化。为规范智慧多功能杆服务功能、服务提供和运行管理要求，确保智慧多功能杆挂载服务功能实现及其运行的安全性、高效性，制定了《海淀区智慧杆体规划设计导则》，形成智慧杆体建设的整体原则、功能整合和建设要求。

《海淀区智慧杆体规划设计导则》是《智慧城市智慧多功能杆服务功能与运行管理规范》国家标准编制的重要基础。该规范明确了智慧多功能杆设计的总体要求、服务功能要求、服务提供要求、运行管理要求等，对于城市道路、广场、景区、园区和社区等场景下的智慧多功能杆的服务功能设计和运行管理提供了标准化指引。

第 3 章

机遇与挑战

3.1 智慧城市与数字化转型

随着全球人口的增长和世界各地持续的城市化，特别是城市治理中数据驱动型人工智能服务的日益应用，智慧城市越来越成为赋能城市未来发展的重要方式。数字化转型支持许多城市走向智慧城市，并有助于使城市环境更宜居，提高市民的生活质量，但同时也伴随着一系列风险、挑战和隐性成本。数字化是一把"双刃剑"，它可以改善公共政策对全球化、人口变化和气候的影响，但也会对现有的城市结构、社会形态和人文道德伦理产生挑战。

3.1.1 数字化塑造新型城市经济运行网络

数字化的发展推动了城市经济运行新形态。近年来数字经济蓬勃发展，成为继农业经济、工业经济之后的一种新的经济发展形态，日益成为全球经济发展的新动能。数字经济通过不断升级的网络基础设施、智能终端等信息工具，极大地降低了社会交易成本，提高了资源优化配置效率和产品、企业、产业的附加值，推动了社会生产力快速发展。

全球化曾以跨境商品贸易和金融活动为主要衡量标准，而如今全球化与数字化的融合日益紧密。电子邮件、社交媒体、电子商务、视频等媒介每分每秒传递着海量的数据和信息。在数字化网络遍布全球、连接你我、关系万物的时代，数字经济是随着信息技术革命发展而产生的一种新的经济形态，数字经济成为全球经济的重要内容。数字经济增长非常迅速，并推动了产业界和全社会的数字转型。未来很长一段时间，数字经济将是全球经济发展的主线。

"数字经济"通过信息数字化（Information Digitization）、业务数字化（Business Digitization）推动数字转型（Digital Transformation）。数字转型是目前数字化发展的新阶段，指数字化不仅能扩展新的经济发展空间，促进经济可持续发展，而且能推动传统产业转型升级，促进整个社会转型发展。

数据成为驱动城市经济增长的核心生产要素。数据如同农业时代的土地、劳动力，工业时代的技术、资本一样，已成为数字经济时代的五大核心生产要素之一。借助于数字化工具对生产与物资调配信息的及时收集与分析，可以使得各产业链、供应链上下游之间迅速完成信息交换，及时调整产销结构，合理配置资源。生产模式也变得多元化和灵活。消费方式的线上转移，为商品供应者了解消费者的实际消费需求和消费偏好以及实施个性化的服务提供数据支持。"互联网+制造业"的智能生产模式孕育出大量的新型商业模式，互联网—云计算—区块链—物联网等信息技术，使人类处理大数据的能力不断增强，推动人类经济形态由工业经济向信息经济—知识经济—智慧经济形态转化，优化资源配置效率，催生数字经济的蓬勃发展。数据驱动型创新正在向经济社会、科技研发等各个领域扩展，成为国家创新发展的关键形式和重要方向。

数字基础设施成为城市新一代基础设施。在工业经济时代，经济活动架构在以"铁公机"（铁路、公路和机场）为代表的物理基础设施之上。数字时代，网络和云计算已经成为必要的信息基础设施。随着数字经济的发展，数字基础设施的概念更广泛，既包括了信息基础设施，也包括了经过数字化改造的物理基础设施。

简单来讲，数字基础设施是指至少有一个部分包含信息技术的基础设施，一般包括混合型和专用型两种。混合型数字基础设施是指增加了数字化组件的传统实体基础设施。例如，安装了传感器的自来水总管、数字化停车系统、数字化交通系统等。专用型数字基础设施是指本质就是数字化的基础设施，如宽带、无线网络等。这两类基础设施共同为各领域数字经济发展提供了必要的基础设施条件。

数字素养对劳动者和消费者提出了新要求。随着数字技术向各领域渗透，劳动者越来越需要具有"双重"技能——数字技能和专业技能，在数字经济条件下，数字素养成为劳动者和消费者都应具备的重要能力。但是，各国普遍存在数字技术人才不足的现象，40%的公司表示难以找到他们需要的数据分析人才。

对消费者而言，若不具备基本的数字素养，将无法很好地享受数字化的新型产品和服务，成为数字时代的"文盲"，数字素养被联合国认为是数字时代的基本人权，是与听、说、读、写同等重要的基本能力。提高数字素养既有利于数字消费，也有利于数字生产，是数字经济发展的关键要素和重要基础之一。

数字技术推动就业结构发生重大变革。科技发展与进步必然会提升社会效率，解放人力。第一次工业革命引发了"机器问题"，大量工人被机器取代。数字经济的发展也将引起就业结构的巨大变化。根据世界经济论坛数据，现在65%的小学生最终将从事现在还不存在的全新职业，目前的趋势会导致劳动市场于未来5~10年发生巨大变革。

当前，随着OpenAI等众多公司在人工智能领域的重大突破，以通用人工智能等为代表的数字技术引发了人们对未来就业的担忧。毫无疑问，那些单一特定领域的重复性工作、模式化思维将被大量取代，翻译、记者、助理、保安、司机、销售、客服、交易员、会计、保姆等职业将在未来受到重大挑战。同时，人工智能的发展将创造很多新的岗位，如数据科学家、自动化专家和机器人监控专业人士等，高端服务需求也将随着社会需求的提升大量增加和升级，就业结构的变化要求教育、社会保障等领域加快变革，并做好职业培训，将未来的风险转化为社会变革进步的机遇。

3.1.2 数字化重构新型城市社会组织关系

在数字社会里，数字化信息通信技术开启了人与人之间信息传递的新纪元，从根本上改变了人们与外界相互连接的方式，并由此给社会带来了革命性变化。审视不同社会类型里的社会连接基础，可以认为农业社会是以初级社会群体为基础，工业社会是以企业组织与社会团体为基础，数字社会则是以直接连接到数字网络的个人为基本单位。数字社会中，网络相连的个人成为生产数据的基本单位，同时也是传送数字信息和参与社会互动的基本单位。在一定程度上，数字网络穿透了原有工业社会的一切组织结构形式，直接将个人纳入并使之成为数字网络的基本节点。这无疑将带来原有社会组织结构的重大调整。

数字网络的多元包容与话语极化、网络冲突共存。数字网络的开放并不仅针对数字信息而言，它也针对连接到数字网络的个人。理论上讲，数字网络涵盖了所有能够接入网络的个人，所以数字网络具有无限包容性，也正因为这种包容性，立场相异的参与者带来了网络空间的冲突。

数字信息的分享属性与数据垄断共存。数据在收集时的直接功用仅仅是其价值体现的一部分，数据的价值还可以体现在重复使用、与其他数据整合使用以及扩展使用过程中，其价值并不随着数据的使用减小或是消失。数据的这种"非竞争性"属性可以让多人同时使用而无损其本身价值。因此，数据天生有着分享属性。但是当数据成为生产过程中不可或缺的要素时，独占数据就可以带来超额经济利润，这在一定程度上，对利益的追逐扭曲了数据的基本特性。

数据社会里去中心化与集中化趋势共存。当个人接入数字网络之后，其数字网络可以扩展触及几乎所有人，数字信息的传递能够在网络中以点对点、一对多、多对一等任意方式进行，从而瓦解原有的层级结构，形成去中心化的趋势。与此同时，数字社会中产生了海量数据，其收集整理与计算分析的过程必然是需要从分散到集中的过程。由于数据成为数字社会中最重要的资源，网络平台与数据公司收集到越多的数据，越有可能成为控制数据的中心。

数据社会中平等扁平化与差距扩大化趋势共存。数字社会的结构更为扁平，人与人之间也更为开放平等。但是，线下世界里的差异带来数字网络中的差异。可触及的基础设施上的差异带来数字网络连接便利性上的差异，教育与技术上的差异带来数字技术使用熟练程度的差异，数字社会中的位置不同带来拥有、使用或者控制数据能力的差异。在数字社会里，数据已经是最重要的生产与生活资源；接触数据、拥有数据以及使用数据能力的差异，必然将放大现实社会中的物质与机会的不平等。

在展望数字社会的发展前景时，卡斯特尔提及"乌托邦"与"反乌托邦"两种趋势[1]。前一种趋势中，个人借助数字网络，可以不受限制地在任何时间、任何地点与他人便捷地交流互动并参与各种社会活动，数字技术提升人们的生活。而在后一种趋势中，人们的所有活动都形成了留痕数据，可以被垄断，成为数据资本主义获取高额利润的重要资源，也可以被用作监控个人的偏好、观念、行为甚至是未来计划的数据基础。这些观点与想法显示，数字技术对社会的影响既有积极效果，也存在消极后果；同时也提醒我们，在理解数字社会的过程中，既需要描述阐释，也需要批判反思。在数字社会的短暂历史中，解构与重构社会的机制显示出类似的矛盾对立特征，并表现为一系列辩证性的悖论，昭示着未来社会变迁的可能方向，也为人们深刻理解社会提供启发性思路。

3.1.3　数字化催生新型城市空间治理

近年来，随着智慧城市的持续发展，空间的数字化与数字技术的空间化的趋势愈发显著。随着城市的不断发展，城市品质提升与存量更新工作面临更高要求，城市各领域、各要素、各类空间与设施体系需要引入智慧化技术以保障未来城市整体运行的有序发展。因此，智慧城市技术和城市空间规划与设计结合的必要性不断凸显，城市规划迫切需要研究新技术驱动、智能化生产与智能产业催生出的新的空间特征，通过对智能空间的公共政策干预，为不断数字化、智能化的城市提供科学、精准的空间资源配置方案。

从空间与功能上看，城市数字化转型是一种融合创新，物理世界、数字世界相

---

① 王天夫. 数字社会与社会研究［R/OL］. https://www.sss.tsinghua.edu.cn/info11074/5393.htm.

互融合、交互共生。线上与线下活动空间界限的模糊，不同功能空间边界模糊，线下物理功能空间的边界模糊导致以人为核心的功能网络集聚、融合和叠加，空间与功能特征日趋网络化和碎片化。城市生活随着互联网的发展变得更加多彩，城市空间形态与功能的联系开始减弱，形式不再追随功能，城市从明确功能分区转向混合重组，趋向以居住空间为中心，办公、游憩等空间混合协调的组织。

从城市建设上来看，城市营造模式长期以来服务于工业文明的城市建设实践，尚未及时、有效回应信息时代新技术驱动的生活方式与空间利用模式的变革。城市数字化转型逐渐从机械理论向有机体、生命体、智能体进化，可感知、能学习、善治理、自适应，形成一个共建共治共享的体系。信息技术驱动的创新业态、数字时代的场所精神、人对于空间的多维感知、新技术对于时空尺度的压缩与延展、虚实交互的场所互动、虚拟世界与现实世界融合的交互等，需要创新型城市建设。

从参与主体来看，城市数字化转型是各领域的全面推进，包括城市经济发展、民主法治、社会治理、文化发展、生态建设等各领域数字化建设，以及规划、建设、运维、服务的一体化打造。涉及政府、科技公司、运营商、应用开发商、企业、科研机构、高校、市民等社会多方共同参与，成为规划者、建设者、使用者、运维者等。

从城市治理上看，数字化为社会治理和全球治理提供了新的工具。始于2019年底的新冠肺炎疫情给社会治理带来了极大的挑战，能否及时控制疫情关系到人民的生命财产安全。在这场与新冠病毒争夺时间和生命的比赛中，大数据等数字化技术在城市治理中发挥了重要的作用。

3.1.4 数字化重新定义人与机器的伦理规则

人与人之间的规则在数字化背景下重新修订。人与人之间对规则的共识（或共同信念）是社会经济活动能够运行的基本条件。进入数字化信息时代以来，数字化信息世界快速膨胀，成为经济活动的一个新空间，产生了很多新的活动形态，一个人可以用一组数据来表示，一个社会、一个国家同样也可以用一组数据来描述，人和物的身份都可以用数据来表示——数据成了联结万物的基础，原来基于线下信息传递和处理方式建立起来的人与人之间的规则体系遇到了很多挑战。

近十年来，AI基于深度学习、强化学习快速发展，似乎正在成为一个新的经济和社会活动主体，不免引起人们对其行为自主性的关注。从人们提出AI道德伦理问题的出发点来看，实际上是想探讨人与AI安全共处的心理条件，但从本质上看，现有关于AI道德伦理问题的探讨仍属于人类的道德伦理范畴——即人应该如何开发和使用AI技术的问题。近期马斯克等上千名科技专家发出公开信，呼吁暂停大型AI研究，从中我们也可以看到，AI的进步已经对很多行业产生了革命性的影响，但智能系统的多样性和复杂性使得它们在行动中可能出现无法预测的错误，人们无法理解为什么一个AI系统要作出某个决定，如果这些决策涉及人类兴趣、道德或法律规定，那么可能会产生灾难性后果，所以它们的发展必须依靠我们对人类价值和利益的尊重和理解。

数字化信息世界的膨胀带来的社会规则调整和变革是一个历史性进程，这个进程会改变人的存在形态，现在才刚刚开始，需要进一步观察、研究和尝试。对人类而言，后续的尝试过程会面临很多系统性的风险，效率不应成为唯一或者最优先的考虑事项，否则可能会把人类带入一个无法预知的境地或困境，秉持科技向善作出的选择可能比其他任何事情都重要，尽管何为向善也无法定义（就像美那样），而且其结果也尚未可知。但无论怎样，意识到这个问题比无意识或者忽视这个问题，已是前进了一步。

3.2 智慧城市与可持续发展

城市是一个集约人口、科技、经济、文化的复杂空间地域系统，其特征主要表现在对土地资源的开发利用和对经济效益的集聚作用上，它的集约性、活跃性及先导性决定了可持续发展将是城市发展的重点[①]。随着智慧城市概念的提出以及实践的推进，智慧城市成为城市发展的新趋势、新方向，究其本质来说，不管是智慧城市建设还是新型城镇化建设，其最终目标都是为了实现城市的可持续发展。基于此，联合国专业机构国际电信联盟将"智慧可持续城市"定义为创新的城市，其特点是通过使用信息和通信技术以及其他手段来提高生活质量、城市运行和服务的效率、竞争力，同时确保满足当代和后代人对经济、社会和环境方面的需求。

近年来，国内外学者对城市可持续发展的概念已逐步达成共识，即在快速城市化的大背景下，系统性地统筹考虑城市环境、经济、社会三个层面的各项要素，综合运用各种技术，实行一套可行的发展模式，以应对复杂城市问题带来的挑战。1987年，联合国环境与发展委员会在《我们共同的未来》一书中提出了可持续发展的概念，即既能满足当代人的需要，又不对后代人满足其需要的能力构成危害的发展。此后，学者们从资源角度、环境角度、经济角度、社会角度对其内涵进行了深

---

① 沈丽珍. 资源短缺下我国城市可持续发展的几点思考 [J]. 武汉城市建设学院学报，2000（3）：49-52.

入讨论。在2015年联合国提出的可持续发展的十七个目标中，第十一个目标为可持续的城市和社区，要建设包容、安全、有抵御灾害能力和可持续的城市和人类住区，提出要确保人们获得安全的、负担得起的住房，改造贫民窟居住区，投资公共交通，创造绿色空间，并以参与性和包容性的方式改善城市规划和管理，从而达到可持续发展的目标。

然而，我们从我国城市可持续发展建设中也能看到经济、社会、生态等方面仍然存在一些问题。**经济可持续发展方面**，我国地方政府财政收入对土地要素的投入带动作用依赖程度较高，对产业的数字化转型升级投入滞后；**社会可持续发展方面**，城市公共服务领域信息孤岛多、部门难以协同，这些不仅造成了公共服务资源的浪费，更会导致人民群众获得感、幸福感下降。**生态可持续发展方面**，随着社会的进步与科学技术的发展，人们对于水、电、气等各种能源的需求和消耗急速增加，但智慧化管理不足；局部地区环境污染问题仍然严重，环境监测信息化技术水平不高，覆盖不全面，监测监管能力有限。从上述情况来看，智慧城市可以从科技创新、绿色生态、文化传承、精细化治理等多方面赋能城市可持续发展。

3.2.1　科技创新与产业促进

智慧城市建设对城市科技创新的作用主要分为四个方面[①]：一是智慧城市建设牵引科技创新投入。人力和资本是科技创新中的决定性要素，智慧城市是汇聚各项先进技术的复杂巨系统，且我国还处于智慧城市建设初期，前期需要大量的科研资金投入、相关人才引进才可以支撑起智慧城市的技术架构，在这个过程中将同步建立起城市科技创新的动力。二是智慧城市建设可以打造一批科技创新载体。在建设过程中，为搭建智慧城市底层技术架构，各级政府积极引进高水平科研团队，统筹高新园区、产业基地、科技孵化器和众创空间等多种资源，打造一体化科技创新平台，营造良好的科技创新生态与科技创新氛围。三是促进科技创新成果转化。智慧城市技术架构的最终目的是要实现在城市中的应用，因此在初期科技创新成果研发周期较短、成果转化较快，对科技创新形成了正向激励，进而提高了科技创新成果转化率，扩大科技创新产出规模。四是打造科技创新云平台。科技创新云平台的建设将有助于汇集各方的科技创新资源，进而促进科技资源开放共享和便捷科技创新服务的供给，降低高校、研究机构、企业的创新成本，实现数据驱动科技创新。如浙江省温州市苍南县科技创新云服务平台的建设，构建了由专家库、项目库以及项目管理、

[①] 张节，李千惠. 智慧城市建设对城市科技创新能力的影响［J］. 科技进步与对策，2020，37（22）：38-44.

政策兑现、企业研发中心、科技企业孵化器四个子系统组成的科技云平台，全面推动科技服务事项网上办理和网上管理，实现办理高效、便捷，管理规范、透明。

智慧城市建设将通过对物联网、大数据、人工智能等新兴的信息技术产业的应用，推动城市产业转型升级。首先，新兴技术的应用推动了信息、数据、知识的共享和扩散，加强了企业、政府与个人之间的联系，致力于打造以人为本、共同参与的创新与市场环境，而良好的创新与市场环境有助于促进产业优胜劣汰，在这个过程中，高耗能、低产值、低效率、低技术的产业将会逐渐被淘汰和转移，进而促进城市整体产业转型升级。其次，智慧城市中的新兴技术应用能够推动城市发展走向信息化，加快信息产业培育，催生智慧城市新兴产业的形成与发展。信息产业发展不仅推动了自身优化，而且促进了相关高产业的进一步发展；同时，新兴技术与传统产业的融合，也能够进一步促进传统产业改造与优化，为产业结构调整升级提供动力支持。

智慧城市将通过促进技术创新推动产业发展。正如上文所论述，智慧城市的发展可以促进城市科技创新，而科技创新也可以促进产业高端化、信息化、集群化、融合化、生态化、国际化，从而在整体上促进产业转型升级。同时，基于智慧城市运营平台所打造的技术创新平台，可以促进高新技术的交流与分享，使企业迅速了解和应用与自身发展相关的高新技术，促进产业转型升级的同时也加快技术的传播、应用与再创新。

智慧城市将通过改善产业发展环境来促进产业转型升级。近年来，随着我国经济发展的需要，各种类型的园区逐渐被各级政府所重视，目前园区经济的发展日渐成熟，已形成了园区建设与发展的特有运营模式，成为城市经济发展中不可或缺的组成部分，在今后的经济建设中将进一步发挥拉动城市经济快速增长和进行城市产业转型升级的巨大作用。而智慧园区正是智慧城市应用场景的重要一环。首先在运行模式方面，智慧园区运营管理平台通过一种更高效集约的方法，利用软件、服务、物联网技术来提高园区管理效率、提升园区产业服务水平，以提高服务的明确性、灵活性和响应速度，做到随需服务，建立自主创新服务体系的新型园区，实现园区经济可持续发展和产业价值链提升的目标。其次在基础设施方面，园区基础设施建设提供新一代绿色云计算数据中心及宽带承载、语音接入和室内覆盖网络，为园区提供无缝数据接入，打造高带宽园区网，以满足业务流量急剧增长的需求，避免各企业重复建设带来的资源浪费。不仅是网络基础设施，集约化的园区也在安全、沟通交流等方面提供硬件支持。如深圳湾智慧园区，通过打造智慧园区平台"MyBay"①，实现园区智慧管理，具体包含以下功能：①多项目接入，实现"一区多

---

① 左邻. 深圳湾智慧园区项目入"2021数字化转型优秀企业案例"［J/OL］.［2019-10-09］. https://www. sohu.com/a/563740262_120084378.

园"管理；②打造智慧停车系统，提升园区通行率；③线上物业服务，系统自动生成任务指派；④搭建数据中心，企业画像精准推送。

3.2.2 绿色生态

智慧城市促进产业结构和能源结构调整。正如前文所论述，推进智慧城市建设可以促进城市产业结构升级，逐渐淘汰城市内高耗能、高污染、高排放产业，推动第一产业和第二产业向第三产业发展。通常而言，第三产业的能源使用量、碳排放量和环境破坏程度相对较小；此外，知识溢出效应也可以促进城市内传统产业转型升级，进行工艺改造、设备更新、流程优化，减少污染的同时提高产值。综上，智慧城市的建设可以促进产业实现绿色低碳发展，从而促进城市生态可持续发展。

智慧城市可通过智慧能源调节城市能源结构，实现能源的合理化调配与使用，并促进清洁能源使用。在智慧城市中，借助智慧能源平台，应用物联网、传感网络等新一代信息技术，实现对能源的生产、存储、输送和使用状况进行实时监控、分析，并在大数据、云计算的基础上进行实时检测、报告和优化处理，以形成最佳状态的、开放的、透明的、去中心化和广泛自愿参与的能源管理网络。通过构建能源管理网络，将解决城市能源电力就地平衡的瓶颈，促进各类能源与电能转换，提高清洁能源在供给侧和电能在消费侧的使用比重，优化城市能源结构，提高能源利用效率，促进清洁能源开发利用，最终实现城市能源消费的基本无碳化[1]。此外，智慧能源城市还将推动智慧电厂、智能电网等新业态的发展，提供更安全、智能的能源生产和传输服务，有效改善能源生产和供应模式，提高能源系统中新能源的生产和供应比例[2]。

智慧能源标杆案例如深圳市龙岗区的深圳国际低碳城[3]，其中一个关键性方案"能源云"就是一个智慧能源管理平台，主要作用为在传统网管的基础上，应用大数据和AI技术，主动管理网络和设备资产，从供给侧到需求侧，跟踪比特流，对接入的场景进行智能管理，打造从测量、规划、行动到最终跟踪碳管理闭环系统。同时实现建筑的各项能耗指标参数可视化，大幅提升用电效率，为电力系统维持瞬时平衡提供数据支持。再结合能源云技术，将"源—网—荷—储"形成协同，以园区、

① 中慧云控智能科技. 智慧能源城市，打造无碳化城市［J/OL］.［2018-05-09］. https://www.sohu.com/a/230946818_776417.
② 张素娟. 智慧能源关键技术及应用［J］. 工程技术研究，2021，6（15）：51-52. DOI: 10.19537/j.cnki.2096-2789.2021.15.019.
③ 数字能源筑基 谱写低碳畅想［J/OL］.［2022-08-10］. https://www.sohu.com/a/575632267_104421

城市为维度进行能源调度和能效管理，帮助园区降低用能成本，使园区运维更稳定更高效。

智慧城市促进环保监测系统发展。我国生态环境恶化的一个重要原因是我国环境监测信息化技术水平不高，覆盖不全面，监测监管能力有限，处于较低水平。而智慧城市则是在建立在大量传感网络之上，可以实时收集城市运行过程中产生的各种数据，其中也包括和低碳环保相关的数据，如建筑碳排放量、大气中空气污染物含量等，实现对水、气、声等各种环境因素的有效监测，从源头确保各环境因素处于可查、可控的状态，实现环境绿色和可持续发展。同时，可以通过智慧城市中的高速网络传输系统，将这些数据汇总到大数据中心，借助云计算等技术进行分析处理，再通过城市大脑对城市中的环保问题进行预警和问题上报，实现城市生态保护的自动化、智能化。此外，监测系统的数据还会被上传至智慧能源平台，接入控制端，对园区、楼宇实行能源控制，从而更好地进行生态环境监测和治理，促进城市绿色可持续发展。如深圳市宝安区企业污染监测系统，通过设立污染源自动监测、视频监控覆盖体系和综合智能化管理平台，实现对重点污染源的实时自动监测，增强了环保监察执法的力度，缩短对突发环境事件的反应时间，提高决策指挥的速度。

智慧城市促进绿色科技发展。绿色技术创新是促进城市生态可持续发展的重要手段，首先绿色技术创新可以降低企业污染防治、碳减排的成本，促使企业应用新技术去完成减排降碳、污染物处理，促进企业的长久可持续发展；其次，绿色技术创新可以优化能源使用结构，绿色技术创新可以提高太阳能、风能、核能等清洁能源在我国能源结构中的比例，不仅可以缓解传统化石能源存量减少带来的能源危机，还可以减少环境污染和碳排放，达到生态可持续发展的目标。

3.2.3　文化传承

信息技术的进步和智慧城市发展大势不可逆转，传统文化的传承和创新也要融入其中，主动面对时代变迁的冲击与社会的发展。在智慧城市背景下，城市生活的各个方面形成了紧密联系，促使智慧城市和传统文化必须以互联网的跨界、平台、创新、创意思维为引领，通过把握智慧城市与传统文化之间的沟通桥梁，即技术、产业、事业、形象等要素，形成以智慧城市建设推动传统文化的传承创新，以传统文化内涵引领智慧城市健康发展的良性互动、和谐共赢①。

智慧城市的突出特点即将城市运行中的方方面面整合到一个平台之中，再进行

---

① 瞿晓雯，李林. 数字城市地理空间框架建设新模式探索［J］. 地理空间信息，2016, 14（4）：4.

对应场景的应用。传统文化传承也要积极借助智慧城市平台之力，通过政府、社会、公民个人搭建传统文化共享平台，一方面要借助平台完成对传统文化资源的搜集、整理和保护，加强对传统文化的内涵解读与创新应用；另一方面，积极发挥平台的共享作用，推动传统文化共建共享，形成传统文化内涵挖掘、解读，产品生产、消费和传播多方共赢的平台生态圈。

积极运用现代技术，促进传统文化与现代技术的融合发展。一方面，要积极运用智慧城市中各种先进的技术，如人工智能、深度学习模型等，促进传统文化资源数字化表达，使传统文化以影像、图片的形式展现在市民面前；如非物质文化遗产数字化便是依托信息技术的优势，以数字记录、云端存储、在线展演等形式详细记载非遗的具体内容和发展情况，从而达到文化传承的目的。另一方面，智慧城市可以促进传统文化场馆的数字化展示和智慧化管理，打破信息孤岛，提高公共服务效能。如成都金沙遗址博物馆在场馆的数字化和管理的智慧化方面有较为成功的经验[①]：在文化资源数字化方面，该博物馆建立了全面的遗址和精品文物保护数据库，包含遗迹馆、76件精品文物的高精度三维数据，博物馆全域360°全景数据，2976件（套）馆藏文物的二维高清图像；同时构建了覆盖全馆的文物保存环境监测系统，并建立区域监测中心，实时掌握和展示文物的保存环境状况，为文物智慧化保护奠定基础。在业务管理方面，建成"智慧金沙"综合信息管理平台，建成以协同办公、项目管理、内控管理为主的业务协同一体化系统，建成以藏品、数字资源、文物自动三维建模、博物馆运营管理为主的核心数据资源管理共享体系。在公共服务方面，推出多元化的参观导览服务，开发了智慧金沙导览系统，"再现金沙"VR眼镜、"创意金沙"AR等沉浸式体验项目，深挖遗址和展品背后的故事，为游客开启高品质的文化之旅。

3.2.4　精细化治理

随着智慧城市建设的推进，各类物联感知设备、城市网络、数据中心等信息化基础设施日益完善，摄像头、传感器等各类感知设备每天都产生海量的数据信息。此外，水、电、燃气等各类公共事业类企业、互联网公司以及各类空间经营主体等，也形成了大量的城市数据信息。智慧城市正是利用这些信息进行汇聚，实现数据联通，并在此基础上结合城市治理的具体业务场景，开展数据治理和应用，并持

[①] 文旅中国. 传统文化场馆的智慧建设之旅［J/OL］.［2021-06-25］. https://www.sohu.com/a/473978847_120006290.

续扩大数字化应用场景，不断提升城市精细化治理能力，满足人民日益多样的公共服务需求。这些信息一方面可以全方位反映城市运行状况，帮助城市治理者精准发现问题进而去解决问题，提高办事效率；另一方面，可以通过云计算、边缘计算、人工智能等技术对公民个人智能终端所收集的数据进行处理分析，并通过各应用平台向居民进行反馈，实现公共服务的精准化、差异化提供。在智慧城市中，有两个典型的应用场景，以促进城市的精细化治理能力提升。

第一个典型场景是智慧镇街或智慧社区。随着社会治理工作向基层进一步下沉，越来越多的事务被下放到与人民群众紧密相连的一线执行，而传统城市中一线人员相对短缺，技术手段相对缺乏，基层治理水平的发展落后于人民日益增长的多元需求。智慧镇街建设依托智慧镇街一体化平台，向上对接区级数据资源，向下为一线公务人员提供高效便捷的管理手段，在政府最基层的管理机构进行多部门的横向衔接，将镇街管理融合为一个全科网格，实现一个平台统管所有事务。依托物联感知、大数据等手段，打通部门数据壁垒，有效整合治理资源，对镇街运行状态进行全方位监测、全态势感知、全维度研判，实现问题自动感应、自动推送、及时处置，第一时间发现、解决可能出现的安全隐患，将镇街运行管理中的风险降到最低，从而推动社会治理从应急处置向风险管控转变，让镇街运行有数据、有结论、有对策，全面提升领导决策力，推动镇街治理向智慧化、精细化迈进。依靠智慧镇街平台，管理部门对辖区内的重点人、重点事、重点企业进行监管、治理，将更多资源、服务、管理下沉，提升政府一线的办公效率和精准性，为居民提供精准化、个性化服务。

第二个典型场景是智慧城管。同样依托于平台建设，通过数据汇聚、数据共享交换系统，纵向对接国家平台、省级平台，联通县（市、区）平台，横向整合或共享城市管理相关部门数据资源，做到全域感知问题、自动报送问题并实现自动派单，将城市运行产生的数据取之于民、用之于民，提高城市精细化管理水平。如漳州市智慧城管平台建设，取得了良好成果，平台主要功能包括以下五个方面：①采用视频AI智能分析技术，集成城区重点区域视频监控系统，实现对12类城市事件进行全天候自动识别；②基于城管大数据中心，对城市管理问题发生的区域、类型、来源等进行多维度综合分析，快速地掌握城市管理的高发、频发和疑难问题，为城市综合治理专项整治提供辅助决策手段；③基于视频对讲、GIS空间分析等技术，对应急事项的现场处置进行可视化调度指挥；④将市政公用、市容环卫、园林绿化、建筑垃圾、室内装修、物业管理等统一纳入监管，实现城市管理业务全覆盖；⑤对接多渠道的市民问题受理方式，全方位受理市民反映的各类问题，做到有求必应的精细化城管服务提供。

3.3 智慧城市与人本化

城市是因人的聚集而产生的，居民是城市的主体与核心，融入人本主义思想的人本城市关注人的价值，要求城市规划充分考虑和满足人的物质和精神需求，保障城市居民生活安全、健康、舒适、和谐[1]。人本主义的哲学思想古已有之，在西方可以追溯到古希腊时期的智者运动，并在文艺复兴时期得到盛行[2]；在东方，中国春秋战国时期便已形成了儒、道、法相互支撑的古典人本主义架构，"以人为本"的观点可见于《鹖冠子·博选》一书[3]。人本主义思想自诞生起就影响着人类社会的政治体制、艺术风格、文化思潮，从古至今城市的发展过程也在不断受到人本主义思想的影响。"人本"通常作为与"技术至上"相对的概念，在二者之间的反复徘徊、交替演进中，城市规划思想持续发展[4]。

回顾城市规划思想史，新技术的产生和发展可能会导致城市规划背离人本主义，但忽略了居民需求的规划设计在实践过程中往往会凸显出诸多问题，促使人本城市建设的回归[5]。例如工业革命催生了以功能性和理性为主的现代主义规划思想，虽然对工业化背景下城市建设与改造发挥了重大指导意义，但也导致了城市活力丧失、社区多样性匮乏、社会割裂等问题。简·雅各布斯在《美国大城市的死与生》中提出了对于工业时代规划模式的反思，认为城市发展不在于物理空间的塑造，而是对人的塑造[6]。1977年的《马丘比丘宪章》也强调人的相互作用与交往是城市存在的基本依据，要求规划必须对人类的各种需求作出解释和反应[7]。

历史总在不断重演，与工业时代和电气时代城市规划思想的人本回归倾向类似，信息时代新一代通信技术革命催生出的智慧城市概念在诞生之初也曾以技术中心主义为主流，并在近二十年的快速发展中从"技术至上"逐渐转向"人本主义"[8]。

---

① 康艳红，张京祥. 人本主义城市规划反思［J］. 城市规划学刊，2006（1）：4.

② 杨志恒. 人本主义视角下城镇高质量发展的概念、目标与路径［J］. 现代城市研究，2023（3）：52-59，67.

③ 张洪兴. 从传统走向现代：中国文化中的人本主义［J/OL］. 光明网.（2020-10-31）. https://news.gmw.cn/2020-10/31/content_34326240.htm.

④ 张京祥. 西方城市规划思想史纲［M］. 南京：东南大学出版社，2005.

⑤ 信丽平，姚亦锋. 西方人本主义规划思想发展简述［J］. 城市问题，2006（7）：4.

⑥ 夏厚力. 人本主义城市治理思想研究［D］. 上海：华东政法大学，2018.

⑦ 杨志恒. 人本主义视角下城镇高质量发展的概念、目标与路径［J］. 现代城市研究，2023（3）：52-59，67.

⑧ 郭杰，王珺，姜璐，等. 从技术中心主义到人本主义:智慧城市研究进展与展望［J］. 地理科学进展，2022，41（3）：11.

3.3.1　智能时代初期的技术中心主义

在智慧城市规划和建设初期，项目主导方在技术中心主义驱使下往往机械套用标准化技术模型，忽略政治经济文化背景和居民需求意愿，导致诸多智慧城市建设项目难以落地。例如2002年启动的韩国松岛智慧新城项目、2010年启动的葡萄牙普兰尼特谷（PlanIT Valley）项目等，尽管从技术层面来看的确具有前瞻性，但由于过于注重科技武装，缺乏对城市生活复杂性的洞察力，技术导向与城市本身生活功能之间的失衡，导致生活成本过高从而遭到居民的排斥，甚至是项目本身未能落地实施[1][2]。韩国松岛是用填海造陆的方式从零建起的新城，意图建造涵盖智能家居、交通、办公、环保等方面的智慧城市，由Cisco公司为松岛提供一体化网络服务。然而，松岛新城并没有能够如设想的一般吸引大量人口入住，缓解首尔城市人口压力，反而成为"切尔诺贝利式的鬼城"，松岛新城设计之初是容纳30万人口，但到2019年底也只有15万人口，只达到了设计之初的一半。其失败原因主要是，松岛新城入住成本和生活成本过于高昂，忽略了居民的真实需求。葡萄牙波尔图附近的普兰尼特谷（PlanIT Valley）项目试图通过称为城市操作系统（UOS）的模块化软件平台从遍布城市的数十亿个传感器中收集信息，并控制整个城市的能源生产、水处理和废物处理。但由于该项目由IT技术公司主导，而大多数IT人员把城市当作机器，缺乏针对居民实际生活需求的规划，最终该项目未能如期实施。我国在智慧城市建设的初始阶段，也不乏过度重视技术的案例。例如2013年微软公司开发的智慧城市CityNext项目，该项目智慧城市规划设计及配置方案将大量资金投给了IT软件、IT集成和云服务等技术工具，而缺少对当地政府业务规划和运营的针对性设计，导致所采购的软硬件体系无法达到使用目的和效果，最终致使该项目于2016年宣告失败[3]。我们必须要看到，"智慧"一词本身就应该是包含着人文意味的语汇，只重技术而忽视城市本体的规划，不能称之为优秀的智慧城市规划。

3.3.2　从"智慧城市"到"人本智慧城市"

时至今日，在智慧城市规划和建设方面"唯技术论"的倾向正在逐渐得到纠

---

① 物联传媒. 智慧城市项目频频烂尾，我们还能再给它机会吗?[EB/OL].［2021-03-22］. http://www.iotworld.com.cn/html/News/202103/3a13ed24a00d2151.shtml.

② Gavin.Planit Valley: The Smartest City Never Been Built.［EB/OL］.［2021-04-24］. https://smartcityhub.com/governance-economy/planit-valley-the-smartest-city-never-been-built/.

③ 卓源股份. 智慧城市建设存在桎梏，哪些失败案例值得反思.［2019-08-09］. https://zhuanlan.zhihu.com/p/77366128.

正，越来越多的学术界和业界人士呼唤人本思想的回归，提出智慧城市应该对技术进行正确的定位。例如世界经济论坛物联网、机器人技术和智慧城市负责人杰夫·梅里特（Jeff Merrit）提出："最聪明的智慧城市就是那些将技术作为工具而非目标的城市。最愚蠢的城市是在不了解自己实际工作的情况下推出技术的城市。为技术而使用技术可能适得其反，甚至是危险的。"①曾任联合国信息通信技术与发展全球联盟主席的塔拉勒·阿布·格扎拉博士（Dr. Talal Abu-Ghazaleh）提出："如果一个智慧城市不以人为本，它就不可能是为市民服务的。你可以拥有最好的技术，但如果它没有考虑到人类的舒适度，它不能定义为智慧。"②麦肯锡全球研究院董事兼高级合伙人乔纳森·沃策尔博士（Dr. Jonathan Woetzel）指出："智慧城市战略始于人，而不是技术。'智慧'不仅是在传统基础设施中安装数字接口或流水线化城市运营，它还涉及有目的地使用技术和数据来作出更好的决策，为市民提供更好的生活质量"③中国工程院院士吴志强教授在面对智慧城市重复建设、低效率、难运维的问题时，也指出："现阶段各个地区出现的不同问题，多数源于智慧技术的构架没能围绕解决每个人的个体痛点。技术的迭代、遴选和组合往往是以其本身频率推进，而不是以城市人的需求为出发点。当整个智慧城市的构架和技术围绕人来开展，一切问题才能迎刃而解"④。

在实践中，政府和相关企业也正在将人本主义思想融入智慧城市顶层规划设计，不再把技术作为目的，而是把技术作为满足居民物质和精神需求、切实改善居民生活质量的工具，并且在项目推进过程中兼顾政府、企业、居民等各方集团的利益。例如西班牙巴塞罗那市政府在智慧城市战略3.0中将"使用新技术促进经济增长并改善其公民的福祉"作为智慧城市战略的发展目标，强调公民参与的价值，通过创新的技术改善人们的生活质量⑤。英国伦敦市政府在智慧伦敦项目中将居民作为智慧城市设计的中心，除了关注公民的实际需求外，还注重市民参与智慧城市的共创，通过网络社区等方式收集公众意见，以帮助和指导智慧伦敦的未来发展。近年

---

① WeCity未来城市. 巴塞罗那：智慧城市如何兼顾经济增长和民生福祉［EB/OL］.［2020-07-10］. https://zhuanlan.zhihu.com/p/158603395.

② Weinstein Z . How to Humanize Technology in Smart Cities［J］. International Journal of E-Planning Research（IJEPR），2020（9）.

③ McKinsey Global Institute. Smart cities: Digital solutions for a more livable future.［EB/OL］［2018-06-05］. https://www.mckinsey.com/capabilities/operations/our-insights/smart-cities-digital-solutions-for-a-more-livable-future.

④ 吴志强. 以人为本，智慧城市难题才能迎刃而解.［EB/OL］.［2020-08-25］. https://t.cj.sina.com.cn/articles/view/1877503207/6fe86ce701900tkly?from=tech.

⑤ WeCity未来城市. 巴塞罗那：智慧城市如何兼顾经济增长和民生福祉.［EB/OL］［2020-07-10］. https://zhuanlan.zhihu.com/p/158603395.

来，我国一些地方政府也在智慧城市顶层设计规划中重点强调了以人为本的战略地位，例如《北京市"十四五"时期智慧城市发展行动纲要》中提出坚持以人民为中心，落实"七有""五性"要求，以"一网通办"提供便捷高效的惠民服务；《上海市全面推进城市数字化转型"十四五"规划》中提出面向各类人群的生活服务需求，以数字化提升市民服务体验为切入口，提升各类民生服务的精准性、充分性和均衡性；《深圳市数字政府和智慧城市"十四五"发展规划》将以人为本、服务为民作为基本原则，提出把增进人民福祉作为智慧城市建设的出发点和落脚点。

可以看出，智慧城市具有一种"自省"和"自我革新"式的完善机制，不断实现技术框架和价值框架之间的统一，为城市人本化带来了新的机遇。从最新的实践趋势看，智慧城市也的确以增进行政部门与公民的对话，倒逼城市管理体制、服务模式的改善，提供精确的居民个性化服务和人文关怀等为目标。智慧城市规划的过程也是综合社会、政治与技术的过程，注重与城市管理、政府服务关系的密切对接，也注重城市治理思维和方法、城市生产生活方式等方面的对应性变革。而对于城市中的人来说，智慧城市应该成为广泛获取信息的场所、便捷享受服务的场所、全程参与决策的场所以及支撑互动交流的场所。

3.4 智慧城市的困境

科学技术是一把"双刃剑"。著名瑞士神学家、作家汉斯·昆在《世界伦理构想》一书中提出"技术上最伟大的胜利与最大的灾难几乎并列"。

以大数据、云计算、云存储、移动互联网、物联网和人工智能等现代科技手段为支撑的智慧城市治理模式，在大幅提升城市治理能力和治理效能的同时，在实施过程中也面临着一定的困境，并引发一些新的城市治理风险和挑战，包括智慧城市的建设和运行缺乏系统性的机制、智慧设施和平台重复建设、府际和部际数据共享困难、政府对少数企业的技术依赖程度高以及智慧城市系统中的各类治理平台在运行过程中容易导致政府数据、公共数据、个人隐私泄漏等。

3.4.1 目标体系与部门协同

在顶层设计方面，智慧城市全局规划和长远统筹尚需完善，缺少完善、系统的智慧城市治理体系。当前智慧城市建设相关工作主要以部门的技术体系构建为主，与城市综合治理目标不协同。当前，我国智慧城市建设以数字技术、数据标准、数字治理为主，突出政府的数字化管理，缺乏面向日常生产、生活智慧化的普遍应用，难以适应城市的复杂性和系统性，甚至造成了智慧城市建设的主线停滞在信息化阶段的局面，从已发布的国家及各地区的政策中也不难看出，信息技术所占比重远远超出其他类别。技术仅仅是建设智慧城市的重要手段，以数据驱动和算法驱动的高端技术脱离于实际需求，即虽然在真实空间中投入了一流的信息基础设施建设及在数字空间投入的智慧平台建设，但依然难以有效解决该领域面临的核心问题。

在部门协同方面，主体责任部门缺失。智慧城市建设涉及的专业学科构成十分多样，包含城市规划、建筑学、数据软件、开发、社会学等专业领域。智慧城市建设具有过程周期长、涉及领域多等特点，需要长时间、高频地跨部门协同配合，建议各城市应该建立统筹协调部门，从顶层设计着手，负责制定智慧城市规划、实施方案和配套政策；统筹指挥智慧城市建设工作，督促各区、各单位落实智慧城市建设任务，充分发挥政府引导作用、协调解决重大问题，有效推动智慧城市建设进程。

自2012年以来，智慧城市试点工作在全国逐步开展，各种项目分部门零散推进，时至今日仍未形成统一的、可以分步实施的方案，相关配套的政策机制和城市基本建设项目不匹配，试点效果未达到预期。智慧城市建设应对城市发展和建设进行全局规划和长远统筹，推动系统性的认知与多元的价值体系搭建，只有让技术与城市治理全面融合，才能实现我们"以人为本"的城市治理目标。

3.4.2 数据共享与实施协作

在数据治理中，由于城市治理中的数据被不同层级的政府和政府的不同部门所掌握。当前我国城市治理实践中，尽管一些城市运营中心的建设已经开始打破数据孤岛，但是一定程度上仍然存在府际数据和部际数据共享程度较低的问题。

一方面，府际数据开放与共享程度较低。城市治理是一项复杂的系统性工程，城市政府是城市治理体系中的核心治理主体，及时而充分地获取城市公共安全、城市居民的日常生活、工作和学习以及企业的生产经营等方面的数据，并以此来识别城市治理需求、研判城市治理风险和制定城市治理方案，是确保城市治理效能不断提升的内在要求和重要保障。但是，由于城市居民、企业等主体的信息采集工作主要由中央政府或省级政府的相关部门来负责，相关的数据采集和存储系统也是由这些部门负责设计和维护的，进而使得城市数据管理上存在着较为明显的纵向上的上级政府职能部门强和横向上的城市政府弱的问题。城市数据管理上的纵强横弱现象的存在，使得城市政府在属地数据的获取和占有上处于不利的境地，城市政府能否及时、准确、全面地从上级政府的相关职能部门手中获取到有关的数据，将直接影响到城市治理的效能。城市政府及其相关职能部门在推动智慧城市建设时，由于很多属地数据不被城市政府掌握，而中央政府或省级政府的相关职能部门又缺乏对城市政府开放其拥有的城市数据的内在动力，城市治理的效能常常因为治理数据的不完整而难以得到有效的提升。

另一方面，部门间数据开放与共享程度较低。智慧城市建设中数据共享程度较低的问题，除了存在于城市政府与上级政府之间外，也存在于城市政府内部的各职能部门之间。由于城市政府内部的各职能部门之间不存在行政隶属关系，如果没有城市政府主管或者分管领导的协调，一个职能部门通常是很难从另外一个职能部门获取到数据的，部门之间的数据共享程度一般较低，数据孤岛问题较为突出。同时，由于城市政府的各职能部门所使用的数据采集和存储系统不尽一致，并且各部门在采集相关数据时所采用的统计口径也不尽一致，致使部门之间的数据在传递和交换时不同程度地存在格式和统计口径等方面的障碍。而这也是引发数据孤岛问题的重要因素，不利于智慧城市运行效能的提升。

在智慧治理的平台建设中，由于受到条块分割的行政管理体制和行政运行机制的影响，不同政府、不同职能部门通常都拥有各自的平台，重复建设问题较为严重。由于这些智能治理平台通常是由不同的企业设计和研发的，各智能治理平台的信息采集方式、数据存储格式等存在一定的差异，致使各智能治理平台之间难以实现数据等信息的自由交换和快速传递，进而影响到智慧城市运行的水平和治理效能。

目前，中央政府和部分省级政府已经意识到智能治理平台的分散和重复建设会给政府治理带来诸多的不便，并积极地推动构建统一的智能政务服务平台。不过，从目前打造统一的智能政务服务平台的进展情况来看，虽然部分城市已经构建起统一的智慧城市治理平台，并将各区县和各政府部门的智能治理平台迁移到统一的智慧城市治理平台之下，但是各区县和各政府部门所使用的智能治理平台依然是原来的系统，只是统一进入端口而已，智慧城市平台重复建设较为严重的问题并未得到实质性的解决。

在智慧城市实施与协作方面，政府与企业的协作模式有待改进。在数字化转型的背景下，传统的治理手段逐步演变为智能城市治理，数字技术辅助决策正在扮演着越来越重要的角色，城市政府对于研发智能城市治理系统的少数掌握数据存储和智能技术优势的巨型企业的依赖不断增强，拥有数据、算法和资本三重优势的少数巨型企业在城市治理体系中的主导地位日渐凸显。智慧城市建设中的数据存储系统、拥有深度学习算法的城市智能治理平台以及数据存储系统与智能治理平台的运行等，主要由少数巨型企业来主导。数据、算法和资本三重优势的叠加，使得少数巨型企业俨然成为"超级政府"。因此，在推动智慧城市建设进程不断加快的同时，如何减轻城市政府对于少数拥有数据、算法和资本优势的巨型企业的技术依赖已经成为当前我国智慧城市建设必须要解决的现实难题，城市政府绝对不能因一味地追求城市治理效率和治理效能的提升而丧失在城市治理体系中的主导地位。

从另一个角度，目前智慧城市建设以政府机构、物业公司、房地产开发商、科技公司为主体力量，研究机构和非营利组织参与不多，社区居民主要是被动接受者，较少参与其中，居民的需求、意见及建议吸纳不足，居民的获得感不强。此外，出于发展当地经济的考虑，采购对象多以本地及周边企业为主，导致智慧城市行业形成了一定的区域割据，还未形成完整智慧城市生态链。这个过程中，政府与企业的合作模式相对单一，大多数项目的建设以政府直接投资和政府购买服务为主，项目的建设和运营依赖政府财政投入，建设中对经济成本和后期商业模式思考探索不足，难以形成持续的经济效益，项目的后期维护和运行效果很大程度上取决于政府后续财政投入状况。同时，有待建立社会力量广泛参与的平台和机制，在智慧城市各类项目的规划、设计、建设、运营等环节，没有建立专门的公众参与平台和机制，为城市管理者、社会公众、研究机构、非营利组织等各个利益相关方的广泛参与提供途径和渠道。

3.4.3　数字建设与数字鸿沟

数字鸿沟既包括基础设施接入层面的鸿沟，也包括数字素养方面的鸿沟。在基础设施接入方面，至今全球仍有40亿人不能上网，很多国家也制定了各自的普遍服务计划，但短期内仍无法根本解决这一问题。在提供高速泛在的公共无线网络服务方面，目前仍存在技术不稳定、难以满足公众需求的问题。如粤港澳大湾区的核心城市广州，在2010年亚运会期间，为了实现市内大型公共场所提供免费的Wi-Fi覆盖，广州市政府出资采购了免费的无线网络"Wireless GZ"，对包括市级政府办事大厅、市级公园、医院候诊大厅等在内的44个公共场所提供免费的移动互联网服务。但在运营中，出现了信号较弱、信号不稳定、登录提示频繁等问题，导致用户体验较差。同时，广州地区推出的免费覆盖公交的"16Wi-Fi"也因商业模式、用户体验等原因停用。

在数字素养方面，各国普遍存在数字技能不足的情况。欧盟2014年的统计表明，高达47%的欧盟人口缺乏足够的"数字能力"，成为欧洲数字化发展的最大障碍。相对于欧洲，发展中国家数字能力不足的问题更加严重，各国亟须加强数字素养教育。现代智慧城市的便利体现在一块块屏幕之上，体现在一个个APP和小程序之间，而这些21世纪逐渐兴起的事物，对其精通者以年轻人为主。由于对新兴事物缺乏了解，再加上学习能力随着年纪增长不断退化，老年人逐渐陷入数字鸿沟，导致无法享受智慧城市建设带来的便利，体现了强烈的不平等。一是基础设施的不平等，老年人普遍对电子产品不感兴趣，拥有的移动终端和其他年龄层次的人相比较少，也就无法利用手机、平板电脑等体验智慧应用。二是信息化能力的不平等。相较于年轻人，老年人普遍对信息化的接受能力较弱。老年人一般仅把手机作为通信工具，把电脑看作娱乐平台等，缺乏对此类电子产品的正确认识，无法享受到各类智慧服务，对于老年人来说是不公平的。

3.4.4 数据安全与隐私

智慧城市的建设可能带来政务数据和个人隐私面临被泄漏和滥用的安全风险。智慧城市模式下的城市治理是一个由城市政府、城市政府的职能部门、街道办事处、社区、社会组织、企业、城市居民等多元治理主体参与的治理实践。城市政府所拥有的公共数据等政务数据在多元治理主体之间的传递与共享，在充分发挥政务数据价值和提升城市治理效能的同时，也使得城市政府的政务数据面临被泄漏的风险，特别是负责研发和维护城市智能治理平台运行的企业，可以很轻易地将城市智能治理平台中存储的存量数据和实时更新的数据据为己有。

在智慧城市建设和运行的实践中，个人隐私也面临被泄漏和滥用的安全风险。城市治理者之所以能够较为准确及时地对城市居民的治理需求予以回应，并能够较为精准地预判城市运行中潜藏的治理风险，主要是基于城市治理者对于城市居民在日常工作、生活、学习和消费等环节留下的电子印迹以及由此产生的数据的归集和分析，而这些数据中有很多是属于城市居民个人隐私的范畴。城市治理者在采集和运用城市居民的个人信息来降低城市治理难度和提升城市治理效能的同时，城市居民的个人信息特别是个人隐私的安全也面临着考验，城市居民正逐步成为透明的数据人。如何在有效利用城市居民的个体信息来实现城市精细化治理目标的同时，切实保障好城市居民的个人隐私安全俨然已成为城市政府必须要认真面对的现实问题。

下篇

智慧城市国际案例

第4章

国家层面案例

"智慧城市"通常以城市范围作为首要空间概念，但随着城市化的不断深入，城市的增长和发展往往突破城市边界，城市与周边地区的此消彼长或相关式的发展，让人们开始普遍意识到，城市并非孤立的个体，而是区域和国家网络中的组成部分，城市之间存在着广泛的关联性和相互依赖性，通常作为一个整体共享资源，应对挑战，协同发展[1]。从国家或区域层面制定整体的智慧化政策，有利于在更为宏观的发展背景下，结合区域协同性、地区公平性、空间集约性、资源高效性等发展导向，协调资源配置、促进数据共享、形成联动效应、实现优势互补，推进更为一体化的智慧化发展路径。

近年来，随着全球范围内智慧城市建设的蓬勃发展态势，涌现出了许多国家整体层面或宏观区域尺度的智慧城市规划和倡议，以应对快速城市化和数字化趋势带来的机遇和挑战[2]。世界众多国家和地区都在积极寻求城市治理的智慧化解决方案。例如，美国率先提出了国家信息基础设施（NII）和全球信息基础设施（GII）计划。欧盟又着力推进"信息社会"计划，并确定了欧洲信息社会的十大应用领域，作为欧盟"信息社会"建设的主攻方向，很多发达国家如日本、韩国、新加坡等在社会发展和产业转型过程中，也较早地认识到发展"智慧城市"的重要性。由于地区发展与技术水平等差异性，各个国家和地区的智慧城市建设背景、目标设定、实施路径也不尽相同，并显示了不同文化的社会背景下所具有的特定适用性。但整体而言，全球化浪潮下各国在国家整体治理层面都面临着气候变化、城市安全、人口结构变化等一系列共性问题，对相关国家的智慧城市建设实践开展总结，可以带来有益的启示和参考。

---

① Baker, S. Sustainable development and urban form[J]. Journal of planning education and research, 2002, 21（3）: 269-280.
② Caragliu A, Del Bo C, Nijkamp P. Smart cities in Europe[J]. Journal of urban technology, 2011, 18（2）: 65-82.

4.1 北美：美国

4.1.1 发展背景与历程

2008年11月6日，IBM总裁兼CEO彭明盛在外交关系委员会上发表主题为"智慧地球：下一代领导人议程"的讲话，首次提出"智慧地球"的概念。2009年1月28日，奥巴马总统与美国商界领袖举行"圆桌会议"时，彭明盛再次提出"智慧地球"的理念，奥巴马当局对此给予了积极回应，并将其上升为国家战略。

2009年9月，IBM与美国中西部爱荷华州的迪比克（Dubuque）合作建设美国第一个智慧城市（SSD），即一个充斥着高科技的、可以容纳6万人的社区，采用一系列IBM新技术将城市的所有资源（水、电、油、气、交通、公共服务等）数据都连接起来，SSD可以侦测、分析和整合各种数据，并智能化地作出响应，以服务于市民的需求。

2010年3月，美国联邦通信委员会（FCC）正式对外公布了2010年美国的高速宽带发展计划，将宽带网速度提高25倍，到2020年以前，让1亿家用互联网的平均传输速度从4Mb/s提高到100Mb/s。高速宽带发展计划为美国创造了巨大的经济和社会效益，并使其继续保持全球信息化产业化强国地位。

2015年9月，美国联邦政府发布《白宫智慧城市行动倡议》（*White House Smart Cities Initiative*），宣布将投入至少1.6亿美元用于包括智慧城市建设在内的物联网运用研究项目，一方面通过国家科学基金会（NSF）、国家标准和技术研究所（NIST）向学术机构分别提供3500万美元和1000万美元，以加强智慧城市基础技术研发；另一方面通过美国国土安全部、交通部、能源部、商务部等政府相关部门投入4500万美元，推动安全、能源、气候、交通等领域的应用技术研发。《白宫智慧城市行动倡议》重点关注四个领域：一是创建物联网应用的试验平台，开发新的跨部门协作模式；二是与民间科技企业合作，打造城市间的合作；三是充分利用联邦政府已经开展的工作，重新组合聚焦于智慧城市；四是寻求国际合作，将亚洲和非洲作为技术和产品的主要出口市场。

2015年10月21日，美国联邦政府发布《美国创新战略》（*A Strategy for American Innovation*），提出了美国政府为保持创新力所需要的9个创新方向，智慧城市就是其中之一。该战略描述了智慧城市发展的愿景（重点是解决城市所面临的紧迫挑战，如交通拥堵、犯罪、可持续发展，以及提供重要的城市服务，这也是最受民众关注的城市问题）、面临的挑战和将要采取的路线图，该战略计划在联邦研究中至少投资

1.6亿美元，同时召集20多个城市参与到多城市合作中，努力为市民解决关键问题，例如减少交通拥堵、打击犯罪、促进经济增长、创造就业机会，以及改善城市关键服务交付等。

2015年11月25日，网络与信息技术研发计划（NITRD）发布了最新的《智慧互联社区框架》（*Smart and Connected Communities Framework*），旨在帮助协调联邦机构投资和外部合作，从而引导基础研究并促使研究成果转化为可扩展和可复制的智慧城市解决方案。内容包括从研究、开发到在城市中部署新技术驱动的服务基础设施的整个流程，提出各机构要协作实现的目标以及各自要实现的目标，并开始规划联邦行动的后续步骤。

2017年1月，美国网络与信息技术研发计划（NITRD）智慧城市与社区任务组发布《智慧城市与社区联邦战略计划：共同探索创新（草案）》以指导和协调智能城市、相关社区的联邦活动，促进当地政府与利益相关方的参与。《智慧城市与社区联邦战略计划》指出将重点落实以下几项中心目标和优先发展事项。中心目标主要包括五个方面：①理解当地人的需求和目标；②加快智能城市、社区创新和基础设施的改进；③促进跨部门合作并衔接各个企业；④提高出口量和提升美国的全球领导地位；⑤注重以人为中心的解决方案，进而支持就业增长和经济竞争力提升。优先发展事项主要包括四个方面：①针对智能城市、社区，加速基础研发；②促进安全和弹性基础设施、系统与服务；③共享数据与知识、最佳实践与协作以促进智慧城市、社区发展；④实施智慧城市、社区的进展与长期发展评估。

2019年，美国联邦政府发布《美国人工智能倡议》，要求联邦政府将人工智能的发展与研发放在城市发展的首要位置，并且将更多的资源与经费用于人工智能技术的开发与推广，其中包括智慧城市中可运用的人工智能的研发。倡议主要包括：加大人工智能研发投入、向社会开放人工智能资源、发布人工智能治理标准、培养人工智能劳动力，以及加强国际参与和保护美国在人工智能方向的优势。

同时，为了充分了解美国智慧城市的发展状况，2016年，研究机构HIS Markit和美国市长会议（US Conference of Mayors）还联合发起了一个针对美国智慧城市发展的详细调查和分析，形成了《2016智慧城市调查报告》。该调查报告对美国28个州54个城市有关智慧城市建设的重要议题进行了详细调研，包括智慧城市建设目标、实施智慧城市项目时遇到的困难、常用的资金和商业模式等主题，涵盖了6个100万人口以上的大城市，25个15万~100万人口的中等城市和23个15万以下人口的小城市。其中，波士顿、芝加哥、哥伦布、凯彻姆、路易斯维尔5个其他城市因其对智慧城市所做的努力而闻名，波士顿、芝加哥和纽约因在全球舞台上投资智慧城市项目而闻名。

美国的大多数智慧城市项目仍处于试点阶段，而不是商业实施阶段，对于如何保证智慧城市项目在财务上的可持续性仍具有不确定性。当前美国各城市携手供应商开辟新技术试验场，其智慧城市建设主要以创新为目标，通过创新不断优化社会各方面的资源分布，不断提高居民消费或创造新的供给，满足社会发展需求，促进智慧城市产业创新发展。

4.1.2　建设特点与导向

总体来看，美国智慧城市发展模式主要采用以政府机构主导的运作机制，同时通过将顶尖企业作为智慧城市建设的核心力量，以大力推动信息基础设施建设为先导，由IBM、Google等科技公司引领智慧城市建设，最终形成政府同企业、科研机构等多方协同建设的模式。智慧城市项目的应用主要围绕公共设施建设类，大力发展物联网，其理念目标是以信息基础设施建设拉动本国经济的提升，实践应用领域则主要关注网络与信息技术研发，旨在强化城市服务供给、改善交通、应对气候变化和刺激经济复苏。

1. 以提高居民满意度为主要目标

政府推动智慧城市建设有诸多原因，而在被调查的54个美国城市中，提高居民满意度和增强政府的响应能力是最重要的两个原因；其他依次为增强城市部门的合作能力、减少城市运行成本、应对城市人口增加、减少碳排放、吸引投资、管理资源稀缺等。此外，提高公共安全、减轻数字鸿沟、改善居民健康以及管理基础设施等也被认为是智慧城市建设的重要动机。调查结果反馈满足老年人口的需要以及创造就业岗位等并不被认为是建设智慧城市的主要原因。

2. 以中小城市为试点，逐步推广到大城市

中小城市规划的智慧城市项目比大城市要多，这是因为，一方面，在中小城市实施新项目便于新技术在一个更加容易管理的较小环境中进行测试，从而再推广到大城市；另一方面，中小城市为寻求经济增长点，会通过成为新技术的试验地来吸引投资。此外，政府的一些配套资金也仅仅提供给中小城市，鼓励中小城市的相关智慧城市项目建设，例如美国交通部"智慧城市挑战"（Smart Cities Challenge）的4000万美元奖金就仅奖励给中等城市。

3. 集中推动政府治理、交通、基础设施等特定领域建设

由于诸多智慧城市项目在中小城市开展，也反过来影响了智慧城市项目的建设

领域。中小城市主要投资于智慧城市建设的一两个领域，例如智能路灯、智能交通系统等，而不是开发整个城市的集中控制系统。

IHS Markit通过对全世界范围内的480多个智慧城市项目进行研究，将其划分为交通、能源资源效率、基础设施、城市治理、公共安全以及健康等6个功能领域。其中，对被调查的54个美国城市而言，在已经实施的智慧城市项目中，排在前三位的分别是政府治理项目86个、交通项目74个、基础设施项目59个。在未来规划项目中，排在前三位的分别是交通项目104个、政府治理项目90个、基础设施项目90个。而对于全球的智慧城市而言，交通项目、基础设施项目以及资源能源项目往往是最受关注的领域。

技术提供者认为智慧城市的发展可以分步实施，由于智慧城市涉及交通、能源、治安等不同模块，城市并不需要一次性全部完成建设，可以逐步进行，从而避免预算限制、投资紧张等问题。

4. 智慧城市的商业运营模式

智慧城市建设项目当前还没有明确的标准或模式，一方面是由于智慧城市还处于发展初期，另一方面是不同城市利用智慧城市技术解决不同的问题。IHS Markit预测，随着智慧城市的发展以及智慧城市从试点到全面推广，未来将会有成熟的商业模式。

在调查的82个美国智慧城市项目中，城市自主部署（Municipal Owned Deployment，简称MOD）业务模式是最常见的，涉及31个项目；紧随其后的是建设—运营—转让（Build-Operate-Transfer，简称BOT）业务模式，涉及28个项目。除此之外还有其他商业模式，主要是上述商业模式的混合版本，例如"BOT和MOD的组合"或"变形的MOD模式"——县与镇合作部署项目，部署完之后由县来运行系统。

所有的智慧城市项目都需要信息通信网络来控制设备和搜集相关数据。在某些情况下，智慧城市项目还需要部署新的网络，这就产生了管理网络和传输的数据负责权属的问题。在被调查的82个智慧城市项目中，由城市专门经营和维护的专用网络（private network）是最常采取的运营模式，由私营公司经营和维护的公共网络、由城市经营和维护的公共网络、由城市经营和维护的公共网络和专用网络构成的混合网络各有12个项目。

5. 智慧城市的资金筹措方向

智慧城市项目建设所需的固定资金（项目启动资金和维持资金）是需要解决的

重点难题。针对被调查的82个美国智慧城市项目，公共资金仍是最重要的资金来源，公私合作以及私人资金所占比重还相对较少。

单纯依靠政府投资智慧城市建设并不可持续，如果城市要实施大规模的智慧城市建设项目还需要寻求其他的投资方式。在被调查的47个城市中，约70%的城市有明确的支出预算，其中，有18个城市支出年度预算的1%~5%用于智慧城市项目建设，4个城市支出在5%~10%，与城市对于科技、文化、健康等方面的专项支出比例基本在同一水平。

然而，美国的智慧城市建设之路也面临着诸多挑战，其中，"确保城市有财政资金来维持项目"和"确保足够的启动资金"是面临的最大挑战；排在第三位的是"不同城市部门和利益相关者的协调"；挑战最小的是"获得城市领导的支持"和"获得地区或国家的支持"。这表明不同层次的政府都对智慧城市给予强烈支持，但是确保给予长期的财政支持则仍是一个挑战，而获得长期持续的资金支持则恰恰是促进智慧城市发育成熟的基础。

2015年，美国政府宣布一项新的"智慧城市"计划，该计划将投资超过1.6亿美元用于联邦研究，并使用超过256项新技术，帮助当地社区应对关键挑战，如减少交通拥堵、打击犯罪、促进经济增长、管理气候变化的影响以及改善城市服务的提供。该倡议旨在确保以一种支持保护公民自由和符合自由原则的方式负责任地使用智慧城市技术。在此之前，美国联邦政府一直采用去地方社区的合作方式，以应对广泛的挑战，从投资基础设施和填补开放技术工作到加强社区警务。

在此白皮书中，美国将从关键战略开始，其中包括：

（1）建立"物联网"应用平台并鼓励多部门协商合作。美国的物联网发展得益于技术进步和IT基础成本的降低，美国政府经过多年基础设施的努力建立了一个覆盖全市的连接设备、智能传感器和大数据分析的网络。美国城市作为政府开发和部署物联网应用的强大试验台。成功部署这些和其他新方法通常取决于各种公共和私人行为者之间的新区域合作，包括工业界、学术界和各种公共实体。

（2）与公民技术运动合作并建立城际合作：越来越多的个人、企业家和非营利组织利用IT解决当地问题，并直接与市政府合作，利用其数据来开发城市新功能。对于在新的地方复制有效方法同样是城际之间合作必不可少的。

（3）利用现有的联邦活动：从传感器网络和网络安全的研究到宽带基础设施和智能交通系统的投资，联邦政府现有的活动组合可以为智慧城市的建设提供坚实的基础。

（4）追求国际合作：相关的气候和资源挑战需要创新的方法。与该市场相关的产品和服务为美国提供了重要的出口机会，因为近90%的增长将发生在非洲和亚洲。

总统科学技术顾问委员会（PCAST）计划为美国政府发布一份以"智慧城市"为主题的《技术与城市未来报告》，以更好地阐释城市与技术的关系。美国大城市通过技术相关部门，利用数据和技术分析以解决健康、交通、卫生、公共安全、经济发展、可持续性、街道维护和恢复力等领域的具体问题，包括：

（1）洛杉矶交通部门与应用科技公司通过信息共享发布，为市民提供道路路况、安全和其他数据，以改善驾驶、减少拥堵、促进安全。Waze等应用程序提供商，将有能力实时报告超过150万用户的出行问题，并分享给城市的应急管理、警察、消防、交通、街道服务、卫生等部门。

（2）芝加哥与大学和实验室部署城市级的物联网项目Array of Things，该项目在芝加哥市区的街道上安装了一系列传感器设备，收集关于交通、环境、人口流动等方面的数据，并将这些数据公开发布，供研究人员、城市规划者和公众使用。这些数据可以帮助城市更好地了解和应对挑战，例如交通拥堵、空气质量等问题。除了芝加哥，Array of Things项目也在其他城市进行了部署和试点，例如圣地亚哥、底特律、纽约等。

（3）纽约消防局综合17个城市机构数据流中的7500个因素，利用数据挖掘、人工智能等技术，跟踪研判纽约市100万座建筑物发生严重火灾的概率。

4.2 欧洲：英国

4.2.1 发展背景与历程

英国作为世界上最早启动智慧城市建设的国家之一，在数据共享、平台建设、跨界整合等领域都有显著成果。英国国家标准协会将"智慧城市"定义为"通过整合城市空间、数字和人的融合系统，为城市居民提供可持续、美好和包容的未来"，其核心理念是智能、绿色生态、可持续发展和融合创新，以打造人类理想状态的城市。英国智慧城市建设的创新之处包括支持数据开放，示范项目引领新发展和鼓励城市的多元化发展。

早在2009年6月，英国就发布了"数字英国"计划，在宽带、移动通信、广播电视等基础设施建设方面提出了很多具体的行动规划，旨在改善基础设施状况、推广全民数字应用，致力于将英国打造成世界的数字之都。2017年3月，英国政府正式发布了"数字英国战略"，涵盖数字化连接、数字化技能、数字化商业、宏观经济、网络空间、数字化政府和数据七大方面。该战略明确提出，在2020年前加速推进4G和超高速宽带部署，普及宽带服务，在更多公共场所提供免费Wi-Fi，并为全光网和5G网络拨款10亿英镑。

4.2.2　政策导向

英国的智慧城市建设以推进城市基础设施和信息基础设施融合、构建城市智能基础设施体系为基础，通过移动互联网、物联网、云计算等新一代信息通信技术在城市建设各领域的充分运用，最大程度开发、整合、利用各类城市信息资源，为经济社会发展提供便捷、高效的信息服务，从而以更加精细和动态的方式提升城市运行管理水平、政府行政效能和市民生活质量。

与促进英国智慧城市发展相关的政府政策和计划范围十分广泛，具体分成五个领域：

（1）鼓励城市各部门着眼未来并加强领导能力，为本地化的问题提供解决方案。英国联合政府致力于释放城市发展的全部潜力，2011年12月，政府发布了《释放城市增长》，启动了城市交易计划，通过"城市交易"的概念反映各个地方的不同需求，并赋予城市推动地方发展所需的权力和工具；发布促进当地经济的项目或举措，并实现治理的阶梯式推进。

（2）促进开放数据并提升开放数据访问、共享和使用的能力。政府发布数据战略的重要目的是验证和满足用户需求。政府部门提出与一个或两个城市合作，围绕开放数据服务创建本地生态系统。通过鼓励初创社区和其他社区对开放数据进行试验和创新，加强更广泛的城市协同并最终创新产品和服务。英国其他地区或城市可以进行借鉴，并形成各自的开放数据创新模式。

（3）开发基础技术并形成功效示范。英国政府于2014年宣布成立一个关于城市未来的前瞻性项目"城市展望"，由城市部长格雷格·克拉克（Greg Clark MP）发起，该项目将通过两年多的时间，制定研究计划，为相关部门的政策制定提供决策支持，共同研究发展未来城市的思想和方法。

（4）鼓励采用新方法和新技术，优化服务系统和消费者行为。

面向卫生部（DH）：多年来，英国卫生部一直在与技术战略委员会探讨如何更有效地应用技术来服务于市民的健康监测和福祉，卫生部于2008年5月启动了全系统演示程序（WSD）以更好地实施远程物理、远程医疗等场景。当前，英格兰有1540万人至少患有一种长期疾病；预计在未来20年内，这一数字将增加到1800万左右。该部门估计，如果没有创新，英国国民健康保险制度（NHS）的年度成本将在5年内每年增加40亿英镑。

面向交通部（DFT）：借助智能技术能够改变人们使用公共交通工具的方式，城市依靠高效的交通网络可以将居民与就业、教育和服务联系起来，使人们能够更便捷地出行，优化出行方式。例如，磁感应卡片和近场通信的移动终端为交通提供了全新的技术支持，车票可以在线购买并在旅程开始时加载到智能卡上，或者直接发送到手机上，智能技术与出行票务结合增强了多个交通运营商之间的转换通用性。

4.2.3 数字英国战略

英国正处于数字经济蓬勃发展期。数字部门在2019年为经济贡献了近1510亿英镑，占全国生产总值的9%，自2015年以来，数字行业经济的实际增长率几乎是英国整体经济增长率的3倍。

其中，增长主要集中于：

（1）数字基础设施：超高速宽带覆盖率从2011年的58%上升到2019年的97%以上。超过67%的场所现在可以接入千兆宽带（2019年7月的统计覆盖率仅为8%）。此外，英国92%的陆域面积已较好实现4G信号覆盖。

（2）数字驱动的经济：英国是欧洲最大的数据市场。在2010年，英国的数据经济增长速度是其他经济体的两倍，到2020年约占英国国内生产总值（GDP）的4%。英国数字战略的行动框架旨在释放数据的价值，创造不断增长的、创新的社会效益，并为不断扩大的数据驱动技术提供生态动力。

为持续夯实数字经济基础，2017年3月，英国政府发布数字英国战略，并围绕以下方面重点推进：

1. 数字基础

1）强大的数字基础设施

数字基础设施在日常生活中发挥着至关重要的作用，是数字经济蓬勃发展的基础。英国需要先进、安全的数字基础设施，使人们能够在他们生活、工作或出行中轻易地访问所需的连接和服务。英国在无线通信方面取得了重大进展，目前英国92%的陆域面积实现至少一家运营商的4G信号良好覆盖。乡村地区的共享网络将进一步改善280000个场所和16000km道路的覆盖范围，并不断推动提高苏格兰、北爱尔兰和威尔士乡村地区的覆盖范围。

2）数据的力量

数据是现代经济的驱动力，数据的安全可用性也促进了创新和研究。通过制定由英国国家标准机构英国标准协会（BSI）牵头的工作计划，英国已经在数据应用方面取得了重大进展，以评估当前的数据标准生态并为政府行动提出建议。

3）宽松和支持创新的监管制度

政府通过数字监管计划制定了英国支持创新计划草案。数字监管计划致力于确保对数字技术采取前瞻性和连贯性的监管方法，这对于数字技术的交叉应用和快速发展至关重要。政府将与TechUK和CBI在内的一系列主要利益相关企业部门合作，征求切实可行的建议，简化监管方式，释放数字经济的力量，支持数字企业蓬勃发展。

此外，政府还努力确保监管环境完整连贯与协调，确保监管机构的监管能力。其中包括与英国数字监管机构的开创性合作伙伴，数字监管合作论坛（DRCF）的持续合作。与DRCF的联合工作计划在发展支持创新的监管方法方面发挥着作用。

4）安全与数字经济

英国将安全作为数字基础的核心，安全稳定是数字经济持续增长的前提。随着日常生活对数字技术依赖性上升，确保数字系统和服务免受威胁或免于故障的重要性日渐上升。从保护国家安全到提高日常数字设备的安全标准，政府采取了积极行动，确保每个人都能以安全可靠的方式持续受益于数字技术。

在国家层面之外，数字环境中个人和企业的安全也同样重要。为了保障数字系统、平台、设备和基础设施安全的总体目标，英国将在3年内投资超过26亿英镑，确保网络大国的建设，保护和支持个人、企业与网络空间直接或间接相关的利益，以实现国家网络战略的目标。

2. 创意与知识产权

创意和知识产权（IP）是任何技术业务的基础，也是数字经济成功的重要先决条件。为不断推动创新发展，英国制定了以创新为主导的长期增长计划，以保持英国的高校和企业的创新能力在世界领先，并拥有世界领先的知识产权制度。

1）支持高校探索新理论和新技术

以高校为出发点，在英国各地推动技术发展、产品创新和创造就业机会。英国的一些大学在研究商业化方面处于世界领先地位，"英国数字战略2020"将提高大学的技术转让技能和专业知识，使英国大学更容易为投资者所接受。

2）激励企业创新

针对英国的企业研发行为，一方面加强减免类政策力度，另一方面还考虑增加支出信贷（RDEC）的支持，以促进英国的研发投资，并促进信息和知识网络、技能以及与其他公司或大学的合作。

3. 为数字增长融资

任何数字或技术概念的启动与发展都需要资金，确保数字业务各生命周期资金充沛是数字增长的必要先决条件。英国为科技公司提供雄厚的资金池和优秀的融资生态，为成长中的公司解决资金问题提供了渠道。

4. 数字技术人才保障

保障各级数字类技术人才供应对于长期经济繁荣至关重要。英国政府通过改善学校的数字教育，增加科学、技术、工程和数学（STEM学科）的大学毕业生人数，提高下一代进入劳动力市场的人才的基本技能水平。国家通过智能服务渠道，为英格兰的成年人提供免费、公正的职业信息建议和指导，确保他们获得合适的学习和工作机会。在英格兰，在校生和技术教育研究所还持续挖掘其职业地图，向雇主展示其技术技能，并提供与职业相匹配的情况分析。在高级数字技能方面，围绕英国前沿的人工智能和数据科学领域提供数字技能培训的机会，积极支持尖端数字行业人才供应。

5. 推广与服务

"数字英国战略"的愿景是让每个行业和英国各地的每个人都能从数字创新中受益。在过去10年中，公共服务经历了许多数字化转型，包括自动化技术和人工智能技术，政府层面的数字化改进包括为政府开发云身份验证和访问管理服务，在社会关系系统中使用数据支持，以及用于政府的边境和移民管理。

4.3 亚洲：日本

4.3.1 发展背景与历程

由于日本国土狭小而人口众多，城市面临较为严重的资源匮乏问题，20世纪70年代起，日本就开始着手研究节能设备，其在能源领域的实践为相关领域构建智慧城市提供了扎实的技术储备。同时，日本在90年代便确立了IT立国战略，其数字社会建设成果为智慧城市发展提供了坚实的基础和良好的外部生态。90年代后期，日本依托信息通信技术，开始加速布局智慧城市领域建设，并开始大力推广GIS技术在城市建设和城市管理中的应用。

近年来，随着少子化、老龄化的加剧，日本面临着新的挑战。2019年日本较上一年人口自然减少51万人，连续12年刷新历史新高；截至2018年底，日本65岁及以上人口占总人口的28.4%，少子化、老龄化社会日趋严重。此外，自20世纪90年代金融和财产泡沫破裂以来，日本一直面临经济放缓、部分生产设施空心化以及其他国家特别是亚洲其他地区经济和技术竞争加剧的问题，使日本社会矛盾加重，社会发展受阻。为了满足经济社会发展的需求，21世纪以来，日本政府出台了一系列政策举国推进数字信息化发展，分别于2001年、2006年、2009年推出"e-Japan"战略、"u-Japan"战略和"i-Japan"战略。日本政府在《集成创新战略2020》中提到要推动形成生态系统枢纽城市、实现智慧城市（社会5.0）并走向国际，与各国智慧城市建立数据合作基础，共通城市数据架构和协作，最终形成全球智慧城市联盟等联合体，为国内人口和经济发展提供较好的基础，实现居民便捷生活、健康长寿的宜居智能化社会，为经济发展提供助力。

4.3.2 政策导向与特点

日本在建设智慧城市时呈现出了一个鲜明的特征——民间企业是智慧城市建设的主要力量。企业结合自身的资源优势，采取各种方式吸引社会各方面的企业和研究力量积极参与，共同来完成智慧城市的打造，进而推动政府改善城市管理。

除了民间的市场力量之外，政府也会在市场运行至一定的阶段后介入，因为智慧城市是个复杂而全面的工程，包括了城市的土地所有者、房产建设、商业开发、基础设施建设、城市运营管理、智慧城市建设的技术实现等各个方面。因而日本政府在智慧城市的建设过程中，主要扮演推动者和协调者的角色：侧重于政策导向、资金扶持、总体规划，并确定发展智慧城市的重点区域和重点项目、参与城市基础设施建设和后期的运营调整、维护工作。政府各部门在各个领域都有着明确的分工，智慧城市的数据有效利用由总务省负责，紧凑型城市和网络型城市的交通规划由国土交通省负责，智能农业由农林水产省负责，医疗健康大数据由厚生劳动省负责。除了上述这些部门参与以外，政府还会参与到整个智慧城市建设各个方面的协调和沟通中，与参与的建设者、当地居民、潜在使用者、基础设施所有者、信息技术公司等协商制定较为详细且贯彻相关利益诉求的城市建设方案，逐年分区推进，并适时修订。

2001年日本制定了"e-Japan"（electronic-Japan）战略，出台了IT基本法，由内阁总理担任IT战略本部部长，在国内47个都道府县均衡配置高速和超高速宽带网络，建设重点是IT基础设施建设和加强应用性、提高利用率，实现通信基础设施的世界领先地位。到2005年，4630万户实现了高速宽带的连接，其中3590万户与超高速宽带、超宽带（30～100Mbps）连接。

2003年，日本总务省引导规划、交通及防灾等各部门共同建立了统合型GIS平台，希望通过建立完备的国土基础设施监测、环境监测及灾害监测等系统，收集各种传感器数据并实现空间数据共享。

2005年，日本在爱知世博会上首次提出了新时代社会系统的尝试，成立了NEDO协会，并建设100%电能自给的自然能源政府博物馆，这被视为日本智慧城市的雏形。

2006年，日本总务省正式实行"u-Japan"（ubiquitous network）战略，"u"不仅是"普遍的（Universal）""用户导向的（User-oriented）"，也是"个性的（Unique）"。其目标是在2010年建成泛在网络社会，将以往的有线网络基础设施建设提升到不分有线无线、泛在的网络环境建设，实现全国"任何时间、任何地点、任何人、任何事"都能够轻松连接网络的网络通信环境。为保障老年人和残障人士都能够上网，政府支持开发便捷的人机交互界面、提供信息通信知识培训等。从核心的三大政策来看，第一是建设泛在网络，使网络渗透到生活的方方面面；第二是从信息化层次上升到破解问题，以往的信息社会建设重点是补位信息化发展的滞后领域，而积极运用信息技术，才能向解决21世纪的老龄少子、医疗福利、物流交通、环境能源、雇佣劳动、人才教育、治安防灾、经济产业、行政服务和国际化等社会问题并持续向高层次迈进，使之成为对社会发展具有实用价值的具体工具；第三是强化网络利用环境，即采取具体对策从根本上保护隐私和信息安全，促进信息技术面向国民生活的全面普及和渗透，通过创意活动创新价值。从e-japan到u-Japan的战略转变，是日本在IT基础设施达到世界领先水平和应用高度化后的必然选择，通过u-Japan战略，日本拟开创前所未有的网络社会，并成为未来信息社会发展的楷模和标准，在解决老龄化、少子化等社会问题的同时，确保在国际竞争中的地位。

全球金融危机爆发后，为尽快实现经济复苏，日本IT战略本部于2009年7月6日发布了新一代的信息化战略——《i-Japan战略2015》（简称为"i-Japan"战略），作为"u-Japan"的后续发展战略，其目标是实现"安心且充满活力的数字化社会"。"i-Japan"战略描述了2015年日本的数字化社会蓝图，阐述了实现数字化社会的战略，旨在通过打造数字化社会，参与解决全球性的重大问题，提升国家竞争力，确保日本在全球的领先地位。

2009年之后，"未来城市"的建设成了日本城市发展的一个新趋势，日本的智慧城市建设便在原有的城市建设基础上，将重点落于能源开发及利用上。尤其是2011年发生了震惊世界的"3·11"日本地震及海啸后，日本政府关停了核电站，减少能源消耗成为日本智慧城市建设研究的绝对重点，具体建设中除了强调利用可再生能源与技术手段加强能源管理、减少能源消耗外，还突出强调了单栋建筑的能源安全，以保障突发情况下的能源应急需求。

4.3.3 《i-Japan战略2015》——迈向国民主体的安心与活力数字社会

2009年7月，日本政府IT战略本部出台了《i-Japan战略2015》，其战略目标是让国民可以像获得水和空气一样获取并利用数字信息，开发易于使用的数字技术，消除数据壁垒，增强使用的安全性，促进数字技术和信息对经济社会的渗透，创新日本社会。

1. 目标愿景

"i-Japan"战略在总结过去问题的基础上，从以人为本的理念出发，致力于应用数字化技术打造普遍为国民所接受的数字化社会。"i-Japan"战略聚焦政府、医院和学校三大公共部门并通过电子信息技术的应用，推进全产业的结构变革和地方再生，加强日本产业的国际竞争力。三大公共部门的应用发展将产生辐射效应，不仅可以带动其他领域的信息化应用，还可以形成新的市场。"i-Japan"战略还提出要广泛普及并落实"国民电子个人信箱"，让国民一站式获取相关行政服务并可参与电子政府。在医疗领域推进电子病历、远程医疗，促进地域医疗合作；在教育领域提高教师数字技术使用能力，提高学生数字技术学习热情。计划到2015年，通过数字技术使行政流程简化、效率化、标准化、透明化，推动现有行政管理的创新变革，同时促进电子病历、远程医疗、远程教育等应用的发展。

2. 重点领域

1）电子政府、电子自治体领域

到2015年，推动基于数字技术"新的行政改革"，大幅提高公众办事的便利性，努力实现行政事务的简单化、效率化和标准化，实现行政事务的可视化。

为此，需要建立电子政府推进体系，同时在公民个人和企业内推广公众可以放心使用的电子政府的基础，即"国民电子个人信箱"，由此向国民提供行政窗口服务改革。

2）医疗和健康领域

到2015年，在推进医疗改革的基础上，利用信息技术解决由少子老龄化、医生不足、分配不合理等带来的各种问题，进一步提升医疗质量。具体来讲，要通过信息技术应用，努力解决地方性医疗资源不足等问题，使每个国民都能够享受到高品质的医疗服务。顺应国际发展趋势，努力实现：①个人能够从医疗机构得到电子健康信息，使本人和医疗从业者都能灵活使用这些信息；②灵活利用匿名的健康信息进行传染疾病防控，从而实现"日本版的电子健康档案（Electronic Health Record，简称EHR）"。

3）教育和人才培养领域

到2015年，在幼儿、小学、中高等学校的教育以及大学的人才培养领域，要实现以下几个目标：①在对信息技术应用成效进行客观评价的基础上，提高孩子们的学习欲望和学习能力；②提高孩子们利用信息的能力；③建立与高水平信息化人才需求相匹配的、稳定的人才培养结构；④加强大学阶段的信息教育，完善信息基础设施，发展远程教育。

针对培养高水平的信息化人才，明确培养方向和能力，以更好持续推动"i-Japan"战略的实施，主要包括以下几个方面：①能够创造和革新科学技术的人才；②不仅拥有信息化相关知识和能力，还精通包括企业经营和业务改革等多领域知识的人才，有代表性的是企业的CIO；③具备设计大规模、复杂化系统和软件能力的人才；④善于使用高难度的系统软件，并拥有项目管理实践能力的人才；⑤具备较高软件管理能力的人才；⑥具备信息安全知识的人才；⑦精通信息技术同时具备业务能力，并且能够开拓新的事业领域的人才；⑧无论哪种人才，都应该能够流利地使用英语，具备进行国际交流与通用的能力。

4.4 亚洲：韩国

4.4.1 发展背景与历程

从面临的问题和挑战上看，韩国在全球变暖和城镇化进程等共性城市问题之上，进一步叠加人口老龄化、生育率低下、劳动人口减少、产业竞争力减弱等诸多问题，给韩国城市未来的发展带来了前所未有的挑战，一些中小城市甚至出现了严重的收缩。为了确保城市的可持续发展，维持高龄人口的持续性社会经济活动，确保中小型城市竞争力，韩国政府需要在安全保护、休闲与教育、基本收入、保健与福利、工作岗位等方面做好积极的准备（图4-1）。

从拥有的基础和优势上看，韩国作为亚洲第3大经济体、世界第12大经济体，信息通信技术（ICT）接入、应用及技术水平位居世界前列，拥有世界ICT技术龙头企业三星、LG等，信息化发展指数（IDI）在亚洲甚至世界排名都靠前。此外，韩国拥有世界第一的智能手机使用率和互联网普及率，为韩国的智慧城市发展提供了殷实的信息技术基础和数据收集条件（图4-2）。

自20世纪50年代以来，韩国政府通过一系列的城市规划建设和实践对城市进行重建和更新发展，为智慧城市建设提供了坚实的空间基底和规划建设经验（图4-3）。

基于自身的发展基础以及技术、产业、社会制度的革新和发展的需求，韩国政府转变了诸多解决问题的方式，从过去的以基础设施为中心的城市问题解决方式，转向以新的智慧化方式解决城市问题；从以供应商为中心的扩大城市基础设施建设，转向以市民、创新企业、全球合作伙伴的参与者为中心的智能服务等。总体上看，韩国智慧城市的建设是以规划为统筹，将技术与城市空间相融合的一种新型发

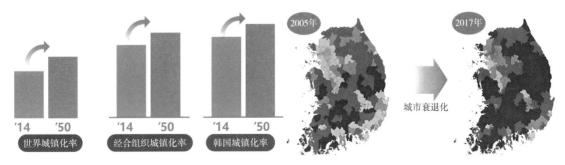

图4-1　城市化率增加（左图）及消失危险城市增加（右图）
资料来源：翻译自《KOREAN Smart Cities》

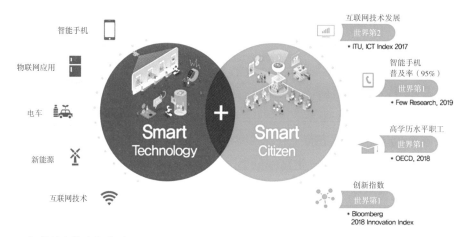

图4-2　智慧城市技术与市民
资料来源：翻译自《KOREAN Smart Cities》

图4-3　韩国城市规划发展历程
资料来源：翻译自《KOREAN Smart Cities》

展方式，韩国拥有世界超前的通信技术和丰富经验的规划团队等先决条件，使得智慧城市在韩国实现成为可能。

4.4.2　战略导向

为应对全球信息产业浪潮，解决日益凸显的城市问题，韩国发挥其特有智慧城市建设优势，促使智慧城市发展不断迭代，实现了从信息技术到城市示范的战略阶段跨越。

1. 第一阶段

第一阶段为U-City（信息技术与服务无处不在的城市）建设阶段，战略聚焦ICT基础设施建设。

2008年，韩国政府发布《U-City法案》，并于次年颁布《第一次U-City综合规划》，正式揭开了韩国智慧城市建设的序幕。《U-City法案》对初期韩国智慧城市的发展管理提供了法律框架，并对智慧城市进行定义，即通过"无处不在"的城市基础设施，随时随地提供城市服务，提升城市宜居水平，增强城市竞争力并促进城市的可持续发展。依据《U-City法案》编制的《第一次U-City综合规划（2009—2013）》，为初期韩国智慧规划城市建设提供指导。

2. 第二阶段

第二阶段为U-City到智慧城市过渡阶段，聚焦智慧平台场景开发。此阶段发布的《第二次U-City综合规划（2014—2018）》以扩大U-City服务范围、促进产业发展、海外输出为重点，制定了一系列重点工作和战略规划。

2015年，修订《U-City法案》，增加了城市更新相关内容，并将"无处不在城市"建设项目的规划程序与实施计划统筹结合在一起，通过跨部门合作来完成对新产业隐私、可移动性、能源等方面的监管和规范，从而克服智慧城市发展过程中所带来的障碍。2017年，《U-City法案》更名为《智慧城市法案》，此后，"无处不在"一词被"智慧"取代，以增进公众的理解。

3. 第三阶段

第三阶段为智慧城市建设阶段，聚焦智慧城市规划实施。

2018年，韩国总统直属第四次工业革命委员会及相关部门，宣布了7项建设智慧城市的主要政策和基本方向，开启智慧城市建设阶段。通过修订《智慧城市法案》，扩展了智慧城市发展项目和公共服务的内容，开始推广国家智慧城市试点项目，并通过引进"智慧城市监管沙盒"（Smart City Regulatory Sandbox）的第三方评估机制来进一步放宽监管力度，消除智慧城市项目实施过程中的相关限制。

2019年，为解决智慧服务范围不足、市民体验不佳、产业发展不可持续等城市问题，应对全球趋势以及克服U-City模式的弊端，韩国政府制定《第三次智慧城市综合规划（2019—2023）》，主要目标是在打通和完善数据与技术的基础层面上，推进更高质量的城市管理、服务和运营工作，更加突出城市层面全场景落地、智慧城市平台架构搭建与技术创新、规划实施政策机制建立以及国际智慧城市市场合作等。

韩国国家层面的顶层规划主要由国土交通部负责，城市层面设立智慧城市业务的市，由市政府设置负责智慧城市业务的独立机构，如仁川设立企划调解室；首尔更为特殊，设立智慧城市政策官，负责管理智慧城市负责人、大数据负责人、信息系统负责人、空间信息负责人、信息通信安全负责人，统筹智慧城市发展。

为了鼓励科技企业将智慧城市作为重要发展方向，韩国政府创新设计了一个包含中央政府、地方政府、私营部门和市民的多方协作联盟，用于评估和改进智慧城市建设。目前，韩国正在扩大智慧城市融合联盟的规模，从而增强私有企业建设智慧城市的参与度。此外，韩国还计划推出"智慧城市生活实验室"来积累实验室资源并创造协同效应（图4-4）。

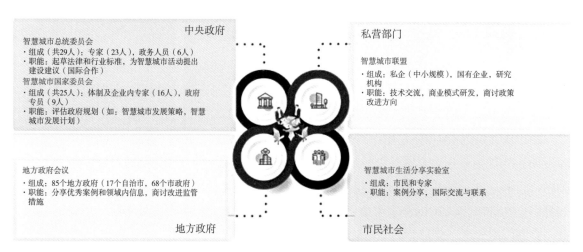

图4-4 多方协作联盟
资料来源：翻译自《KOREAN Smart Cities》

4.4.3 第三次智慧城市综合规划

2008年韩国政府发布《U-City法案》，并于次年颁布《第一次U-City综合规划》，正式揭开韩国智慧城市建设的序幕。2019年，韩国政府制定《第三次智慧城市综合规划（2019—2023）》，与前两版规划相比，新规划更加突出城市层面全场景落地、智慧城市平台架构搭建与技术创新、规划实施政策机制建立以及国际智慧城市市场合作等（图4-5）。

1. 注重城市层面全场景落地

为了顺应新一轮信息技术的发展，韩国政府在总结前期经验教训基础上，积极

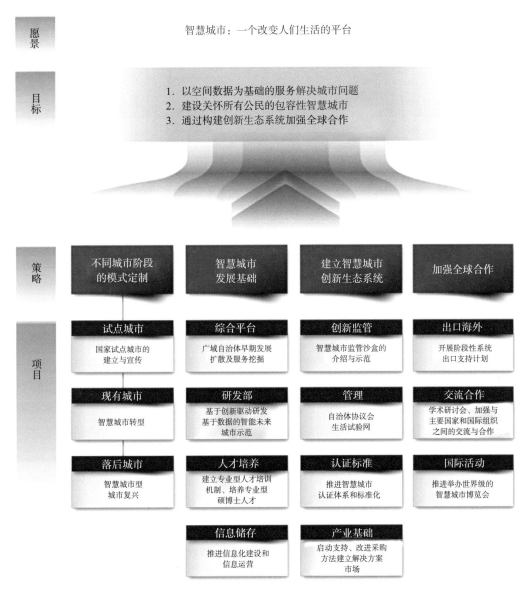

愿景	智慧城市：一个改变人们生活的平台

目标
1. 以空间数据为基础的服务解决城市问题
2. 建设关怀所有公民的包容性智慧城市
3. 通过构建创新生态系统加强全球合作

策略

不同城市阶段的模式定制	智慧城市发展基础	建立智慧城市创新生态系统	加强全球合作

项目

试点城市	综合平台	创新监管	出口海外
国家试点城市的建立与宣传	广域自治体早期发展扩散及服务挖掘	智慧城市监管沙盒的介绍与示范	开展阶段性系统出口支持计划
现有城市	研发部	管理	交流合作
智慧城市转型	基于创新驱动研发基于数据的智能未来城市示范	自治体协议会生活试验网	学术研讨会、加强与主要国家和国际组织之间的交流与合作
落后城市	人才培养	认证标准	国际活动
智慧城市型城市复兴	建立专业型人才培训机制、培养专业型硕博士人才	推进智慧城市认证体系和标准化	推进举办世界级的智慧城市博览会
	信息储存	产业基础	
	推进信息化建设和信息运营	启动支持、改进采购方法建立解决方案市场	

图4-5　韩国智慧城市目标、策略与重点项目
资料来源：翻译自《KOREAN Smart Cities》

营造智慧城市产业生态并注重规划实施主体的统筹。

　　韩国政府目前将世宗和釜山列为国家试点城市，规划在其城市发展备用地上实现第四次工业革命前沿技术的融合落地，积极发展创新性的智慧基础设施及智慧服务，以打造具有示范作用的未来智慧城市。全面推进AI、5G、区块链等新技术研发与应用，推动无人驾驶、无人机和智慧能源等新型产业在智慧城市规划建设过程中落地，并鼓励私企参与，共同创造一个具有活力的创新产业生态（图4-6）。

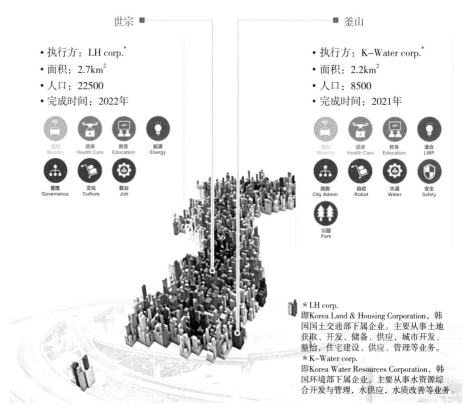

世宗
- 执行方：LH corp.*
- 面积：2.7km²
- 人口：22500
- 完成时间：2022年

出行 Mobility　健康 Health Care　教育 Education　能源 Energy

管理 Governance　文化 Culture　就业 Job

釜山
- 执行方：K-Water corp.*
- 面积：2.2km²
- 人口：8500
- 完成时间：2021年

出行 Mobility　健康 Health Care　教育 Education　混合 LWP

政务 City Admin　自动 Robot　水源 Water　安全 Safety

公园 Park

＊LH corp.
即Korea Land & Housing Corporation，韩国国土交通部下属企业。主要从事土地获取、开发、储备、供应，城市开发、整治，住宅建设、供应、管理等业务。
＊K-Water corp.
即Korea Water Resources Corporation，韩国环境部下属企业。主要从事水资源综合开发与管理，水供应，水质改善等业务。

图4-6　世宗与釜山智慧城市对比
资料来源：翻译自《KOREAN Smart Cities》

2. 明确的智慧城市平台架构

为构建基于数据与人工智能的智慧城市，韩国政府正在推进技术研发与应用服务相结合的智慧城市创新研究。2018—2022年，韩国政府预计投入1287亿韩元（约7.48亿人民币），研究涉及交通、环境、安全、生活、能源、经济等领域的技术创新及数据底层建设，包括以数据为基础的智慧城市运营管理及应用模型、超大规模物联网基础设施及网络技术、智慧出行及共享停车技术、灾害预测与响应技术、空气污染预测技术、建筑综合能源管理技术等。通过各类创新技术与城市融合，解决城市问题，改善人民生活质量。

韩国智慧城市平台包含三层架构，即基础层、数据层、服务层（图4-7）。

1）基础层：各种创新技术和城市基础设施的集成与整合成为城市平台实施的基础层。

2）数据层：各行业、各部门的动态数据中心、数据仓库以及针对不同数据所涉

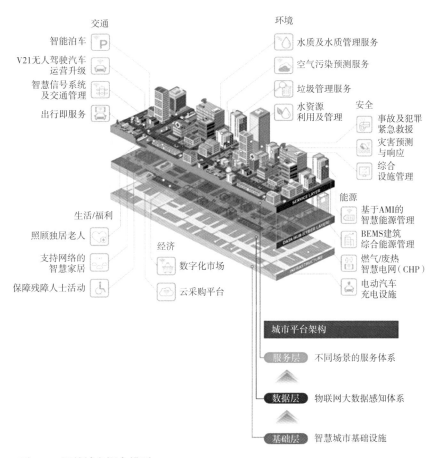

交通
智能泊车 🅿
V21无人驾驶汽车 运营升级
智慧信号系统 及交通管理
出行即服务

环境
水质及水质管理服务
空气污染预测服务
垃圾管理服务
水资源 利用及管理

安全
事故及犯罪 紧急救援
灾害预测 与响应
综合 设施管理

生活/福利
照顾独居老人
支持网络的 智慧家居
保障残障人士活动

经济
数字化市场
云采购平台

能源
基于AMI的 智慧能源管理
BEMS建筑 综合能源管理
燃气/废热 智慧电网（CHP）
电动汽车 充电设施

城市平台架构
服务层　不同场景的服务体系
数据层　物联网大数据感知体系
基础层　智慧城市基础设施

图4-7　智慧城市概念模型
资料来源：翻译自《KOREAN Smart Cities》

及的数据模型共同构成了城市平台实施的数据层。

3）服务层：在基础层和数据层的基础上建立针对不同场景的应用系统，解决城市问题并在各个领域为市民提供服务。

3. 建立智慧城市创新生态系统

1）建立"智慧城市监管沙盒"机制

韩国政府根据当前城市的需求两次修正了《智慧城市法》（*Smart City Act*），扩展了智慧城市发展项目和公共服务的内容，并通过引进"智慧城市监管沙盒"[①]

---

① 监管沙盒（Regulatory Sandbox）：一种授予商业活动进行新技术测试以及试点服务引进过程中的临时免责机制。

（Smart City Regulatory Sandbox）来进一步放宽监管力度。这种监管沙盒可以消除智慧城市项目实施过程中的相关限制（图4-8）。

2）搭建年轻创业者支持平台

韩国政府与中小企业创业部合作，每年支持大约100名青年创业家来打造与智慧城市相关的创新型产业生态系统，并且为初创企业提供创业空间和创业项目支持。此外，他们有计划地运营线上市场，从而更好地匹配智慧城市市场中的供给与需求（图4-9）。

图4-8　立法完善机制
资料来源：翻译自《KOREAN Smart Cities》

图4-9　年轻创业者支持平台
资料来源：翻译自《KOREAN Smart Cities》

3）全面推进智慧城市评价体系与标准制定

（1）智慧城市评价：韩国计划将162个市、郡，根据"创新性""治理、制度""服务、技术、基础设施"三类评价指标，分为5个等级（A～E），C等级以上给予智慧城市认证，考虑技术迭代速度，认证有效期为2年。

- **创新性**：公务员专业程度、living lab运营、地方政府提供数据开放API数量等
- **治理、制度**：相关活动频次、智慧城市规划是否建立、与海外机构MOU签订等
- **服务、技术、基础设施**：必选（交通、安全），可选（行政、居住、教育、能源等，选择三项指标）

（2）智慧城市服务评价：根据共同评价、性能评价、运营评价三项指标进行评分，总分超过60分，则予以认证，考虑服务、技术迭代速度，有效期为2年。

- **共同评价**：改善生活质量、提高城市竞争力（创造就业机会等）、可持续性（运营管理等）
- **性能评价**：平台联动、是否采用通信传输标准、是否实现服务目标性能等
- **运营评价**：服务类型、可操作性、故障解决方案、数据是否完善等

韩国政府计划在2020年完成具体评价指标与可行方案，2021年完成申报网站建设并制定相关指南。

智慧城市标准制定对于确保全球竞争力和抢占世界市场具有很高的战略价值。2018年，由韩国国土部、科技信息通信部、产业资源部、国家技术标准研究院、国土研究院、电子通信研究院、标准协会、智慧城市协会等20个民间与官方机构参与的智慧城市标准小组开始运营，并于同年完成智慧城市综合服务平台标准制定。

4. 加强国际智慧城市市场合作

韩国政府正在构建智慧城市国际合作网络，通过共享政策与经验，以相互交流的方式挖掘共同的项目，与世界各国共同打造可持续发展的智慧城市。为了主动适应快速增长的国际智慧城市市场，2019年7月，韩国政府发布了智慧城市海外扩张计划。政府将相应地推进相关的综合保障方案，例如财政支持、网络建设，推进大小

企业间的合作（图4-10、图4-11）。

图4-10　拓展国际网络
资料来源：翻译自《KOREAN Smart Cities》

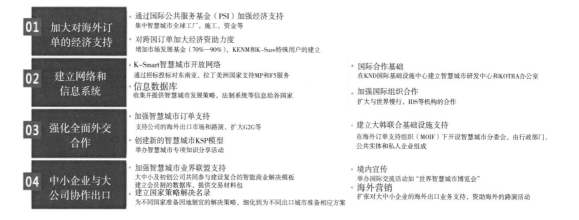

图4-11　韩国智慧城市对外出口政策
资料来源：翻译自《KOREAN Smart Cities》

4.5　亚洲：新加坡

4.5.1　发展背景与历程

新加坡土地面积仅约718.3km²，由于较小的国土面积和单一城市的特殊性，新加坡的智慧城市计划也顺势升级成了"智慧国家"。这是一项覆盖全国的项目，鼓励大家使用数字创新和技术来推动可持续性与宜居性。

新加坡人口密度在全世界居于前列，每平方公里7540人，通常在这样有限的土地里面，既要发展工业、住宅，又要发展公共交通以及港口、机场，往往会出现公园绿地等开放空间缺乏的问题。同时，新加坡也是一个资源非常匮乏的国家，随着产业升级和经济的发展，新加坡的民众和企业对城市的系统和功能、政府的管理有非常高的要求，常规性的一些资源调动难以解决这样的压力和需求，这对城市管理极具挑战。

对于新加坡的规划和发展，采取智慧城市的方式，把有限的物理空间调动起来，应对知识经济发展的挑战，建设提供一个更加高效、节约的城市管理的新模式成为一种选择。例如，新加坡引用了智慧规划，通过人工智能、大数据等新技术，优化城市规划和空间布局，按照光线的照射以及风向的流动，来考虑如何调节温度，让城市变得更加宜居，同时还节省了电力能源。通过智慧城市策略还可以为应对未来的突发状况做好准备，特别是新加坡正往知识型经济、高科技的全球大都市方向发展，必须要通过智慧城市建设，来挖掘还未开发的潜力。

新加坡智慧国家发展历程经历了以下发展时期：

国家计算机计划探索期（1980—1985年）：新加坡从20世纪80年代初期就开始对电子政务进行探索，尝试运用信息技术来改善和提高政府的公共管理和公共服务能力，随后制定了国家计算机计划，实行"从微小处开始，快速扩大应用范围"（Start Small，Scale Fast）的方针政策，政府为各级公务员配备计算机并进行相关信息技术的培训，实行无纸化办公，并先后发展了250多套计算机的管理系统，大力推行政府机构办公自动化，这为新加坡后来智慧国家计划奠定了坚实的基础。

国家信息技术计划（1986—1991年）的实行时期：信息技术在各级政府部门乃至全社会得到了广泛的运用，使其经济结构由劳动密集型向科技密集型转变，政府之间各个部门的联系空前加强，建成了一个连接23个主要部门的整体性计算机网络，并实现了这些政府部门之间的互联、互通与共享，致力于建设与推广一站式政务服务的目标。同时，企业与政府之间也可以进行电子数据交换（EDI），有效促进了政府电子化服务能力的提升。

随着国家计算机计划与信息技术计划的顺利完成，新加坡一站式政务服务模式得到了较好的推广与应用，新加坡电子政务的水平在20世纪90年代已处于世界领先地位，政府采取可持续发展的良性发展战略，制定并积极推进智慧岛计划（1992—1999年），努力将信息技术产业打造成推动国家经济持续增长、促进国际交流的重要手段，并于1996年宣布建设覆盖全国的高速宽带多媒体网络（Singapore One），计划在两年之后全面运行，Singapore One使民众可以享受高速、交互式的多媒体网上信息服务，政府依托Singapore One对公众实行一天24小时、一周7天的全天候服务。

随着Singapore One的快速崛起，新加坡迅速确定了其在数字时代的重要地位，成为全球核心技术国之一，在2000年实行信息通信21世纪计划（2000—2006年），2003年推出连接新加坡计划，致力于打造互联网时代的"一流经济体"，从提升信息通信的人力资源与资本、建设信息通信产业集群与枢纽、加强信息通信产业的合作与创新以及数字交换、创造有利于民众和企业使用信息技术的环境等几个方面持续发力，进一步连接政府、企业、民众对电子政务的开发、推广与使用，在这一系列过程中，新加坡政府的国际影响力得到进一步的提升（图4-12）。

智能国家2015计划（2006—2015年）是新加坡资讯通信发展管理局（IDA）推出的为期10年的信息通信产业发展蓝图，也是一个实现新加坡全球都市的未来愿景。为保证其顺利完成，政府采取四项重要战略：一是努力发展具有国际竞争力的信息通信产业；二是积极建设最新的信息通信基础设施；三是开发具有竞争力的信息通信人力资源；四是实现政府、社会、关键经济领域的转型。将流程、系统与服务整合、集成，由政府内部向政府外部延伸与扩展，其主要目标是将新加坡建设成以信息驱动的全球化都市和智能化国度。

智慧国家2025计划（2015—2025年）是对"智能国家2015"计划的完善与升级，是全球第一个智慧国家的构想。政府统筹与构建"智慧国平台"，建设覆盖整个国家的数据连接、收集和分析的操作系统与基础设施，根据这些数据预测、分析、计算公民的相关需求，从而提供更优质、更及时、更完备的公共服务。政府重视信息技术的广泛推广、普及、应用，也注重数据互联、互通、共享的方式，充分发挥人

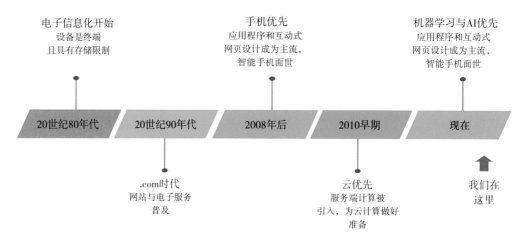

图4-12 信息技术发展历程
资料来源：智慧国家和数字政府办公室（SNDGO）提供

的主观能动性，实现更为科学合理的决策，从而建立一个无缝流畅、以民众为中心的整体型政府。整体来看，新加坡智慧国家计划经历了约40年共6个阶段的演变，政府在整个过程中都保持着对电子政务、信息化的高度重视并大力推行，确立清晰明确的发展目标，滚动式不间断地推行各个阶段的计划，始终贯彻以客户为中心的理念，采用分权式执行与集中式指导的推进方式。

信息技术的普及和发展为新加坡提供了强化新传统竞争优势的机会，克服国家面临的物理空间局限、资源限制和老龄化社会的挑战，并形成相对优势。智慧国家计划已整合进入新加坡下一阶段的国家建设，借助数字革命所带来的机遇，实现国家的繁荣并与世界发展保持同步。

4.5.2　政策导向与特点

在新加坡智慧城市战略框架下，数字经济、数字政府、数字社会、基础设施系统、人文建设、人工智能等每个维度均对应了不同的战略计划，尤其是在基础设施建设、人文建设方面展开了不少战略项目实践。此外，结合新时期人工智能发展，智慧国家与数字政府工作组（SNDGG）于2019年11月发布了国家人工智能计划，在建设智慧国家道路上更进了一步。人工智能计划包括交通和物流、智慧城市与地产、医疗、教育和安全保障五个国家级人工智能示范启动项目（表4-1）。

战略维度、计划和项目表   表4-1

战略维度	战略计划和项目
数字经济	23个产业转型地图，未来经济委员会2017年推出
	中小企业数字计划，引导中小企业一步步运用数字技术
	开放创新平台，支持创新生态系统
	认证计划，帮助新加坡技术公司获得海外信任，开拓国际市场
数字政府	新加坡政府技术堆栈，提供数据、云计算和微服务架构
数字社会	家庭接入计划
	IT使能计划
	银发计划
基础设施系统	新加坡网络安全战略，2016年推出
	政府数据战略，包括整合数据管理框架，成立数据创新计划办公室，2012年颁布个人数据保护法，2018年颁布公共部门法，确保数据可以安全共享
	下一代连接（5G）
	国家数字平台战略计划，包括国家数字身份、电子支付、电子发票、智能国家传感器平台、国家贸易平台等
	信息通信2025计划，2015年由信息通信部发布，将大数据及分析、物联网、认知计算和先进机器人、未来通信和协作、网络安全、沉浸式媒体等作为主要资助对象

战略维度	战略计划和项目
人文建设	国家未来技能运动，包括建立技术技能加速器、数字工作未来技能计划
	ICT和智能系统卓越中心，加强公共部门内部数字能力
	政府的ICT和SS服务计划，提高政府ICT和SS职业发展
	Smart Nation奖学金
	Smart Nation Fellowship伙伴计划
人工智能	人工智能计划，将金融，城市管理解决方案和医疗保健作为三个重点应用领域。同时还将推出AI企业伙伴计划，关于人工智能和数据治理的计划

为了实现智慧城市的愿景，新加坡政府采用了"整体政府"的管理框架。在总理办公室（PMO）下，设立智慧国家和数字政府工作组（SNDGG），下设2个平行机构：智慧国家和数字政府办公室（SNDGO）、新加坡政府技术局（GovTech）。前者负责政策的制定，后者负责具体的执行（图4-13）。

新加坡扁平化的政府组织架构不仅计划通过技术提升城市和地方的公共服务，也有能力驱动国家范围的改革。在国家层面，SNDGG将推动经济发展和公众参与，也可以使规划和管理更加高效和快捷，同时工作组也能够促进能源管理、国家安全、贸易和外交等重点领域的改革；在市民生活层面，每个人都是智慧国家的一部分。人们将会更有能力过上有意义且更满足的生活，在科技的紧密协助下，为所有人提供令人激动的发展机会、更好的工作与营商环境以及更加安全和优质的生活。

作为新加坡的国家级发展计划，"智慧国家2025"得到了政府的充分重视。由总理办公室直接领导的智慧国家和数字政府工作组明确国家发展事权，成立统筹实

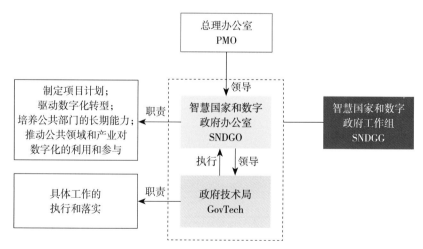

图4-13 新加坡智慧国家工作组织结构
资料来源：自绘

施"智慧国家2025"计划。该计划的主管部门被定为智慧国家和数字政府办公室（SNDGO），隶属于总理办公室，负责统筹规划各类智慧国家项目和建设时序安排，推动政府配套政策机制改革，建设政府在公共服务方面的长期能力，集合公众和企业的力量共同建设智慧国家，新加坡政府技术局（GovTech）负责政策执行。

4.5.3　新加坡"智慧国家2025"

新信息技术驱动的产业革命正在影响全人类的历史进程，前沿的信息技术如人工智能和物联网将会改变世界未来的发展趋势。当前，新加坡已经到了信息技术发展的关键节点，政府计划通过建设"智慧国家2025"推动新加坡进入下一阶段的发展。广泛的数字化会保证新加坡的繁荣，并提升国民的生活质量。

"智慧国家2025"计划是国家层面的数字化改革行动计划，由总理办公室直属工作组负责编制和执行。重点提出了全国范围的产业、政府、基础设施和社会工作等内容的发展目标与改革方案。该计划内容覆盖面广，着重政务工作、平台搭建、政府和企业统筹合作，相关各项计划主要为在现有数字化基础设施发展的创新合作平台和智慧应用场景，并重点关注公民福祉、为商业活动提供便利和提升国家产业竞争力。

"智慧国家2025"是国家层面的战略指导性方针，不是项目实施方案，不包含具体的基础设施建设项目空间安排，并未详细列举各项方案的具体实施办法。因此，后续SNDGG与其他政府部门发布了一系列详细方案文件以支持各项内容的落地实施。

1.　建设目标：智慧国家计划致力于通过技术改变新加坡

智慧国家计划包括以下主要领域的改革：健康、交通、城市问题的解决、金融和教育。

针对新加坡政府当前致力解决的问题，SNDGG通过提出六类智慧国家新方案——国家战略项目、交通、电子政务、城市生活、健康、创业与商业，明确了智慧国家的建设目标。

为了实现上述智慧国家倡议，SNDGG计划建设和强化智慧国家基础——牢固的数字系统基础和与时俱进的国民和文化，并统筹经济、政府和社会的数字化进程。各项与时俱进的信息安全法规被定义为帮助智慧国家设想落实的重要保障，另外，在后续工作中SNDGG制定了国家人工智能计划作为进一步落实新加坡智慧国家建设的具体方案。

2.　总体框架：两个基础+三大支柱+六类方案

为了实现智慧国家计划，SNDGG提出智慧国家总体框架为两个基础、三大支柱、六类方案。"智慧国家2025"计划致力于打造坚实可靠的数字化基础设施和广泛包容的国民文化作为智慧国家的基础，并在此基础之上通过构建经济、政府和社会三大支柱，从而落实智慧国家新方案（图4-14）。

1）两个基础

新加坡经济、政府和社会的数字化改革也需要建立在韧性安全的数字化硬件基础和广泛坚实的国民文化基础之上。因此，除三大支柱以外，网络系统和群众基础也是工作组关注的重点。

2）三大支柱

新加坡已经规划了一系列相辅相成的建设数字经济、数字政府、数字社会的计划，其中牵涉公共领域、私营企业和人民群众。这意味着所有产业、公司、政府部门都在致力于数字化的加速发展，推动国家前进实力的建设。

为了促进改革，新加坡政府已经为经济、政府和社会的转型分别制定了广泛的计划：数字经济行动框架（the Digital Economy Framework for Action）、数字政府蓝图（Digital Government Blueprint）和数字化储备蓝图（the Digital Readiness Blueprint）。数字政府将会为形成数字经济和数字社会储备适宜的环境和驱动力；数字经济将会与数字政府紧密合作以支撑政府服务的数字化并建设未来转型所需的产业能力。

（1）数字经济

为了建设新加坡更好的未来，数字化是国家层面最紧迫的任务，关乎经济增长机遇。抓住机遇会使新加坡发展新的竞争优势，并保持吸引国际投资和人才的经济

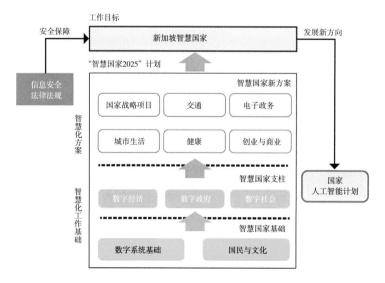

图4-14 新加坡智慧国家
总体框架图
资料来源：自绘

优势地位。之前发起的数字信息新加坡（SNDGG）运动旨在刺激数字化成果转化，政府与企业、组织和个人都得益于数字经济的成效。SNDGG的远期目标是在第四次工业革命中引领不断重新自我创造的数字经济。

上述目标通过在加速现有经济部门的数字化改革、培育新数字技术赋能经济生态系统以及在网络安全等领域发展下一代数字产业作为增长引擎来实现。信息通信与媒体发展管理局（IMDA）规划的数字经济行动框架中体现了上述内容（图4-15）。

（2）数字政府

新加坡政府致力于建设更精简、更稳固的公共部门，这些部门以数字信息为核心，服务效率和改革创新水平全球领先。政府将会促使公务员用心服务大众，博得公众的信任、信心和支持。由SNDGG规划的数字政府蓝图中展示了工作策略和预期目标（图4-16）。

数字政府蓝图关注三个方面，即政府电子化、服务于市民与产业和公共服务。为了保证上述三个方面的改善与提升，工作组从以下六项内容着力建设数字政府，具体包括围绕市民和产业的需求整合服务；加强整合政策、措施和技术；建设普适的数字和数据平台；运营可靠、稳定、安全的系统；集合数字能力以追求创新；与市民和产业共同创新，同时加速技术的应用。

（3）数字社会

在智慧国家中，新加坡公民有能力最大化个人机遇并利用数字社会的便利追求个人价值的实现。政府将会通过提升公共服务可获得性、提高居民数字信息化能力及鼓励民众参与数字社区和平台来确保个人受益于数字国家。为此，信息通信部引入了社会数字化储备蓝图（图4-17）。

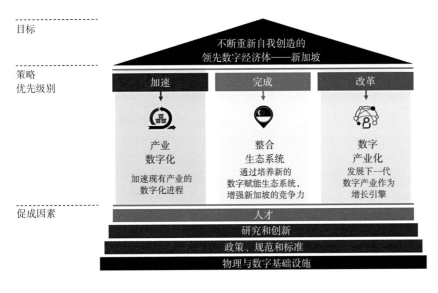

图4-15 数字经济行动框架
资料来源：信息通信与媒体发展管理局提供

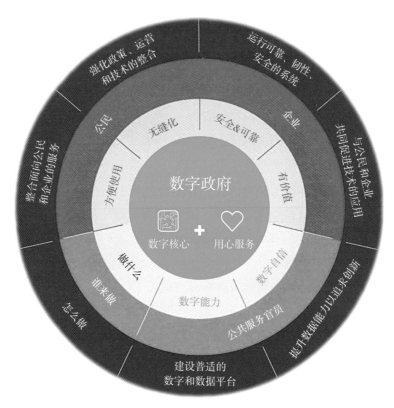

图4-16　数字政府蓝图
资料来源：智慧国家和数字政府办公室（SNDGO）提供

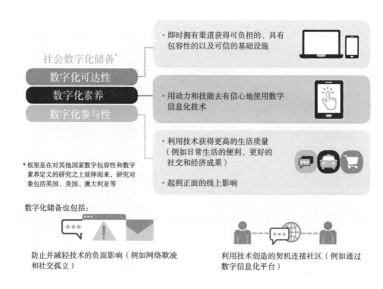

图4-17　社会数字化储备蓝图
资料来源：新加坡通讯和信息部提供

数字信息化技术可以让人们的日常生活更加便捷和可持续，同时技术也可以通过让人们联系和寻找其他人加强社区之间的联系。数字化储备蓝图以个人和企业作为切入点为新加坡的数字化储备提出了建议，其中的四项重点策略包括以包容性为目的扩大增强数字获取途径、将数字化素养融入国家观念、使社区和企业能够驱动广泛的技术应用、通过设计推动数字化的包容性。

3）六类方案

智慧国家对策是涵盖国家居民生活和产业发展相关的一系列智慧化项目，包括六大类智慧创新应用。每项应用都与新加坡居民紧密相关，并致力于提升每一个人的生活质量和工作机会。

（1）国家战略项目

新加坡政府计划通过实施一系列国家数字战略项目实现智慧国家的建设。国家战略项目不仅与人民的日常生活有关，还会帮助新加坡建立相对的竞争优势。国家战略项目体现了信息技术的广泛应用，并融入了公有企业、民营企业和人民群众的紧密合作。战略项目包括：

① 全国数字身份系统

全国数字身份系统为每个用户提供一个数字身份，以便于政府和私营组织间进行安全方便的数据交换。

② 电子支付

大力推动电子支付使公民、企业和政府部门进行简单、安全且顺畅的数字交易，减少现金和支票的使用。

③ CODEX（基本运作、发展环境和数字信息交换）

智慧国家与数字政府数字化工作平台，鼓励公有组织和私人企业合作以开发更快、更高效、更以用户为中心的面向公众的服务（图4-18）。

④ 跨机构政府服务平台（Moments of life）

从以公民为中心的角度出发，将公民一生不同阶段所需的公共服务数字化集成。

⑤ 智慧国家感知网络

智慧国家感知网络是综合的全国范围感知平台，其功能包括提升市政服务、城市运行、空间规划和安全防护水平。该平台可以让新加坡更加智慧、更加环保、更加宜居。该平台包括无线传感网络、泳池防溺水监测、老年人紧急呼救按钮、环境监测四项核心功能。

⑥ 智慧城市出行

利用数据和信息技术，例如人工智能和自动驾驶，进一步改善和推动公共交通

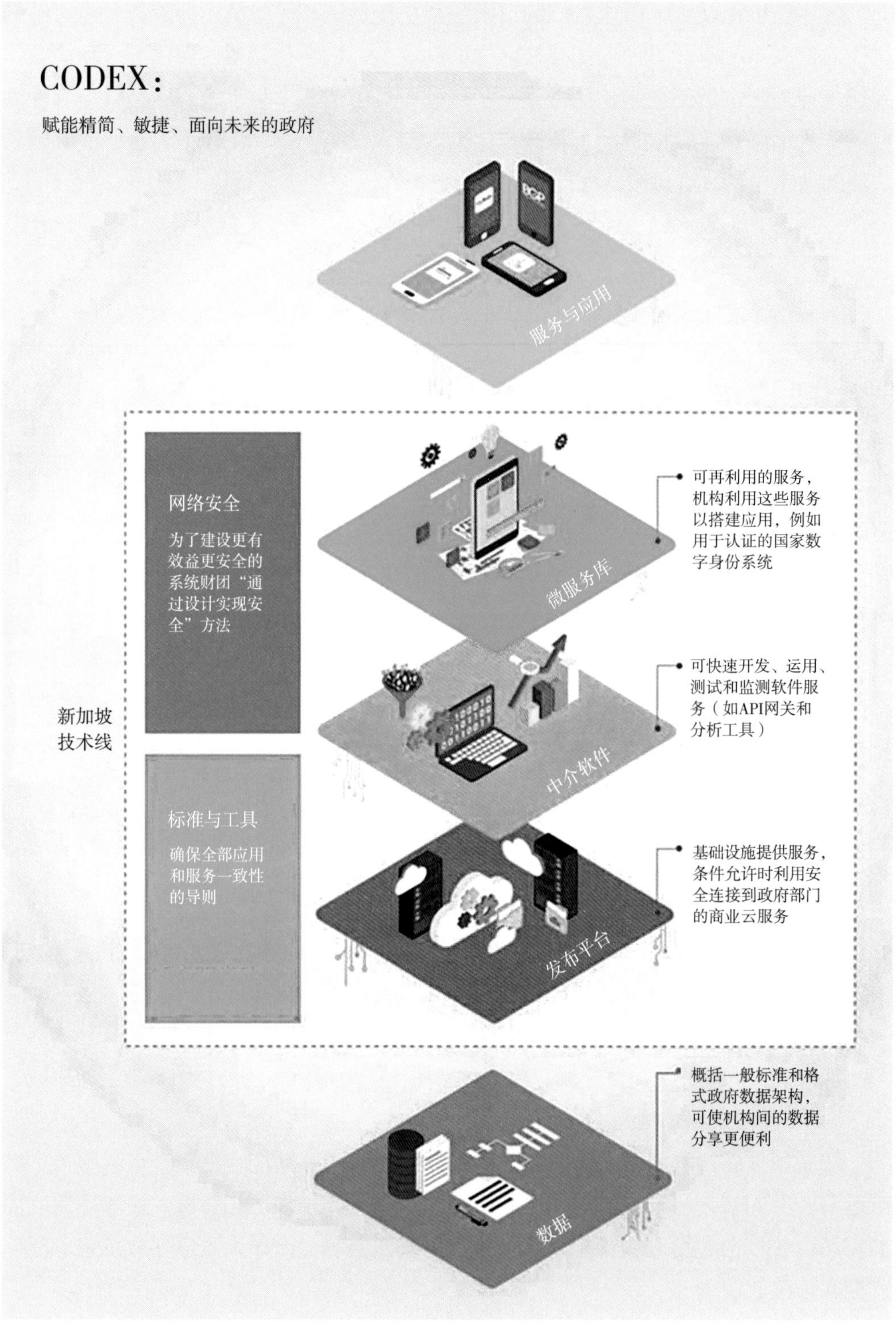

CODEX：

赋能精简、敏捷、面向未来的政府

服务与应用

网络安全

为了建设更有
效益更安全的
系统财团"通
过设计实现安
全"方法

新加坡
技术线

标准与工具

确保全部应用
和服务一致性
的导则

微服务库

可再利用的服务，
机构利用这些服务
以搭建应用，例如
用于认证的国家数
字身份系统

中介软件

可快速开发、运用、
测试和监测软件服
务（如API网关和
分析工具）

发布平台

基础设施提供服务，
条件允许时利用安
全连接到政府部门
的商业云服务

数据

概括一般标准和格
式政府数据架构，
可使机构间的数据
分享更便利

图4-18　CODEX结构示意图
资料来源：智慧国家和数字政府办公室（SNDGO）提供

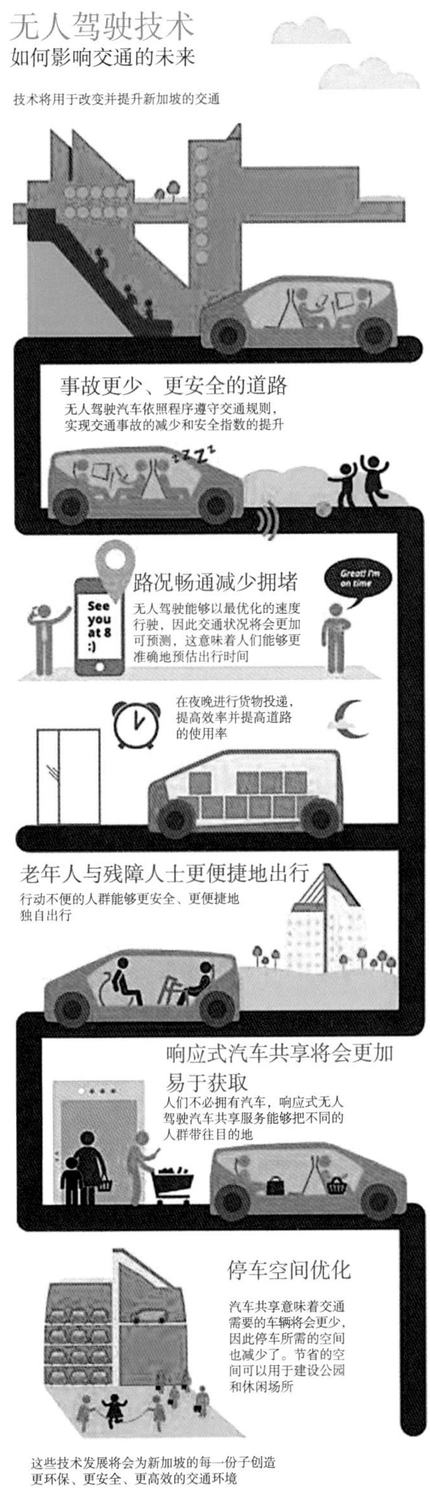
无人驾驶技术
如何影响交通的未来
技术将用于改变并提升新加坡的交通
事故更少、更安全的道路
无人驾驶汽车依照程序遵守交通规则，
实现交通事故的减少和安全指数的提升
路况畅通减少拥堵
See you at 8 :)
Great! I'm on time
无人驾驶能够以最优化的速度
行驶，因此交通状况将会更加
可预测，这意味着人们能够更
准确地预估出行时间
在夜晚进行货物投递，
提高效率并提高道路
的使用率
老年人与残障人士更便捷地出行
行动不便的人群能够更安全、更便捷地
独自出行
响应式汽车共享将会更加
易于获取
人们不必拥有汽车，响应式无人
驾驶汽车共享服务能够把不同的
人群带往目的地
停车空间优化
汽车共享意味着交通
需要的车辆将会更少，
因此停车所需的空间
也减少了。节省的空
间可以用于建设公园
和休闲场所
这些技术发展将会为新加坡的每一份子创造
更环保、更安全、更高效的交通环境

图4-19　智慧出行项目无人驾驶技术的设想

资料来源：智慧国家和数字政府办公室（SNDGO）提供

通勤方式（图4-19）。

在下一阶段，SNDGG将会探索支撑其他重点领域的国家战略项目，如医疗、商业生产力等。

（2）城市生活

新加坡国土面积有限，因此政府要持续不断地通过技术创新提高环境和住宅质量，使新加坡更安全、宜居和可持续。

（3）交通

在用地稀缺的新加坡，12%的土地被用作建设道路与交通基础设施。面对正在增长的人口和超过100万辆机动车带来的压力，政府工作的挑战是优化利用有限的空间，以提供更高效、安全、可靠的交通服务。

（4）健康

预计到2030年老年公民的数量将达到90万，同时由于低出生率导致老人抚养率也在下降，当务之急是提供更为积极的医疗服务引导公众采取预防性的措施保障健康或进行更好的健康管理。

（5）数字政府服务

正如政府需要借助科技服务于公民，政府也希望促进并增强人与人之间的相互交流与帮助。SNDGG关注能够提升每个人生活、工作、娱乐和沟通交流方式的科技，从而更好地服务于民众。

（6）创业与商业

人才与商业对于维持新加坡的活力与竞争力至关重要。新加坡的商业促进环境、良好的基础设施、亚洲经济的紧密联系、易于获得投资以及高度发展的经济会持续吸引商机和人才。

第 5 章

城市层面案例

城市是基础设施优先发展、人口与经济要素高度集聚、现代化特征和文化意识最为显著的空间范畴，同时也是具备更强的行政执行力、便于作为整体制定发展政策并开展各项资源与服务统筹的空间单元，因而城市成为智慧化实践的首要空间载体。智慧化的发展对于城市而言，首先是带来基础设施、能源系统等物质空间层面的智能化；其次，对于城市的宜居性无疑也产生着积极的影响，可以优化城市各系统的监测管理并促进公共服务水平的提升。

世界各地区的智慧城市实践，因城市发展不同的特点而具有不同的倾向性。例如，西方国家的智慧城市建设重点不仅在能源、交通等领域，而且十分关注自下而上的可持续性和市民参与[1]；亚洲地区的智慧城市实践则更多的是自上而下服务于快速城市化和经济增长推动，以智慧化提高效率和竞争力[2]。不同地区的智慧城市理念和路径的差异性，体现了各地区城市发展阶段、空间模式和文化价值导向的差异性。

本章案例主要以北美、欧洲和亚洲等率先开展智慧城市建设的相关城市为例，从智慧城市的建设背景、重大战略、策略等方面，介绍了美国纽约、英国伦敦、奥地利维也纳、中国香港的智慧城市建设，引导智慧创新技术更好地为实现城市规划战略目标服务，利用新技术尽可能提高居民生活质量，最大程度地节约利用资源，确保城市可持续发展。

5.1 北美：美国纽约

纽约作为世界级大都市为其智慧城市建设提供了先天优势，任何在纽约开展的

---

① Cocchia A. Smart and digital city: A systematic literature review [J]. In Smart city, 2014:13-43.

② Bibri S E. The IoT for smart sustainable cities of the future: An analytical framework for sensor-based big data applications for environmental sustainability [J]. Sustainable Cities and Society, 2018 (38): 230-253.

智慧城市项目都将受到国际关注并可能影响全球智慧城市的发展趋势。纽约未来战略规划以数据作为智慧城市建设与发展支撑，开展了如基础设施升级、数据开放、城市服务供给以及治理决策流程优化等一系列项目，体现了智慧城市发展的价值观：为驱动城市变得"绿色""强大""公平""弹性"而努力。

以"OneNYC2050"战略为指引的纽约未来智慧城市愿景，以LinkNYC、NYC311为代表的城市运行基础设施系统、自动决策系统（ADS），以及物联网行动、智慧灯杆等智慧基础设施，共同构成了面向未来城市数字化转型的纽约智慧城市基本框架。

5.1.1 建设背景

回顾纽约智慧城市建设与发展，前纽约市长迈克尔·R. 布隆伯格（Michael R. Bloomberg），以其战略眼光与数据意识为纽约的智慧城市建设赋予了个人的治理风格与色彩，而其后接任的比尔·德·布拉西奥也展现了对纽约智慧城市建设的政策连续性与决策专业度。

2007年，时任纽约市长布隆伯格发布了第一个规划PlanNYC：重点提升基础设施，以满足城市不断增长的人口需求，提出**"为建设一个更绿色、更伟大的纽约而努力"**的目标，以及实现城市未来可持续发展的10个关键目标，不仅包括城市最初的可持续发展战略，还包括土地、水、交通、能源、空气和气候变化等，并成为其他大型全球城市的典范。

2009年，纽约市在持续推动"PlanNYC2030"的同时，还宣布了全面建设数字城市的综合计划，该计划涉及社会经济、政治、生活等各个方面，根据互联网接入、开放政府、公民参与和数字产业增长等指标，勾勒出一幅以实现纽约市愿景为基础的全球第一个数字城市路线图。

2009年10月，纽约市政府宣布启动LinkNYC"连通纽约"的城市运动，通过完善移动通信、网络热线服务等，增加政府、民众和企业之间的联系，主要包括：实施移动通信和311网络热线服务；启动电子记录与服务；整顿全市数据中心，实施"纽约市IT基础设施服务行动"计划；改造升级政府部门的电子邮件系统，提高政府工作效率；建立纽约市快递商业网站，提高政府对企业的服务效率；把宽带服务引进每个社区和学校，向低收入人群普及宽带服务；建立智能交通系统与智能停车系统等。

2012年，纽约市通过了《开放数据法案》并由市长布隆伯格签署后正式生效，这是美国历史上首次将政府数据大规模开放纳入立法。

2015年4月，纽约市市长比尔·德·布拉西奥（Bill de Blasio）发布了一个名为"OneNYC: The Plan fora Strong and Just City"的计划，将"智慧城市"创建行动作为其实施路径的重要组成部分。纽约官网的smart city专栏中，纽约市技术与创新市长办公室对该计划的定义是"对于纽约市来说，最大程度地实现'公平'，就是城市'智慧'的标志"，其主要内容包括实现全城连接、指导和扩展智能技术、发展创新经济、确保有序部署四项战略布局等。

2019年4月，"纽约2050"（OneNYC2050）总体规划正式出台，该规划是一个帮助城市应对危机的综合解决方案，描绘了2050年纽约的城市愿景，规划提出为应对城市危机和可持续发展，需要从八个方面进行突破：有活力的民主、包容的经济、有活力的社区、健康的生活、公平卓越的教育、宜人的气候、高效的出行和现代化基础设施。

5.1.2 纽约OneNYC 2050计划

纽约政府自2015年提出了一系列长期目标和战略，并在城市各部门推出了综合性举措，这些举措已经开始显现成效，OneNYC2050是其中最亮眼的一项计划。

1. 四个原则

OneNYC 2050计划旨在帮助纽约"成为世界上最具弹性、最公平、最可持续的城市"。该计划侧重于四个相互依存的原则：增长、公平、可持续性和韧性。这四个原则始终贯穿全文，形成了"愿景—策略—行动"的框架体系，并通过相应指标进行落实。增长是指人口和房地产开发增长，创造就业机会和提升工业部门的实力；公平是指平等地获得资产、服务、资源和机会，使所有纽约人都能充分发挥他们的潜力；可持续是指通过减少温室气体排放，减少浪费，保护空气和水的质量和条件，清洁棕地，改善公共开放空间，来改善居民和后代的生活；韧性是指城市抵御破坏性事件的能力，无论是物理的、经济的还是社会性破坏事件。

2. "OneNYC"计划新的视角

此前的规划报告聚焦于增长、可持续性和弹性等紧迫问题。所有这些目标都是OneNYC的核心，但是在这个计划中有三个显著的不同之处。

1）对不平等的关注

在贫困率居高不下、收入不平等继续加剧的情况下，公平已成为首要的指导原则。该报告设想建设一个不断发展、可持续、富有弹性和公平的城市，这四个核心议题将共同激发下个世纪所需要的创新。

2）从区域的角度出发

OneNYC认识到城市的实力对地区发展至关重要，城市与周边地区的关联性使其在全国甚至全球更具竞争力。

3）领导我们所需要的变革

纽约市政府虽然庞大而复杂，但不能完成所有的计划。市政府将在OneNYC的每个方面发挥带头作用，同时也呼吁其他各级公共部门甚至私营部门采取行动。

第一版OneNYC的行动计划是：

（1）纽约身份证项目。为每个城市居民提供免费身份证，包括之前难以获得身份的最弱势人群。

（2）纽约市社区学校战略规划。重点体系建设将努力在未来3年内实现并超越。纽约市的初步目标是建立100所社区学校，由校长、家长、教师和学生的紧密合作，提高学生的成绩。

（3）CEO贫困衡量报告。今年的年度报告由纽约市长办公室的经济机会中心负责衡量，报告显示纽约的贫困状况与OneNYC的反贫困目标一致。通过考虑纽约的生活成本，CEO的衡量方法考虑到城市和家庭税后可获得的资源，改进了官方的衡量方法。

2019年，纽约政府推出OneNYC 2050，作为OneNYC的补充报告，回顾了纽约市通过长期的OneNYC战略如何应对气候危机，加强民主，实现公平，并提出了后续的行动计划。

纽约市将让每个纽约人参与城市的生活。自2015年以来，纽约市在市民创新、移民、刑事司法和性别平等领域取得了长足的进步。纽约市设立了一个首席民主官职位，以邀请各地居民参与地方和全国的民主进程，还发起了全民公民倡议，教育学生了解市民生活的基础，扩大了纽约市的身份证（IDNYC）。

为了创造一个充满活力的民主社会，纽约市将采取双重战略，减少参与市民生活的障碍，并扩大资源以改善社区环境并带来有意义的变革的能力。为了减少参与障碍，纽约将扩大投票权，使投票站的公示多语种化，增加移民的法律援助资源，并针对特定种族和为社区的平等制定计划。纽约市将确保所有纽约人都被计入人口普查，接受民主进程的基础性教育。

（1）包容性经济。OneNYC 2050认识到需要一个新的社会契约，使纽约市成为美国最公平的大城市。为了创造一个公平和包容的经济环境，纽约将投资于那些承诺公平薪资与良好工作条件的企业和部门。

（2）繁荣的社区：OneNYC 2050为纽约重大挑战提供了宏伟的解决方案，包括计划建造和保护300万套经济适用房，并提供1000万个高薪工作。这需要城市在交通可达的地区继续建设保障性住房，并继续支持纽约交通建设。纽约市将通过在社区范围内制定的计划来实现这些雄心勃勃的目标，重点是可负担性和宜居性。

（3）现代基础设施：OneNYC 2050中详述的战略将促使城市的基础设施现代化。纽约正在努力实现通用宽带，以缩小数字鸿沟，并改善资本规划流程，以加快道路、供水、下水道、公园图书馆等核心基础设施的升级。当面临新的风险时，纽约市将确保风险管理和应急管理计划实践足够强大，以保护居民、企业和政府机构免受这些威胁。

OneNYC是一个全市范围的工作，几乎所有城市机构都组成了跨领域工作组，审查潜在的趋势和数据，以制定新的倡议。工作组的任务是设想如何塑造城市空间，以应对城市和区域范围内的一系列社会、经济和环境挑战。这项工作需要深入考虑物质资本和人力资本之间的关系，并认可建筑环境不仅影响经济的增长和发展，而且对公共卫生和基本服务的供给具有明显影响。这一过程有助于打破机构壁垒，跨越城市机构及其重点活动领域的传统边界。

5.1.3　实施策略

1.　以公平价值观引领顶层设计

纽约市经济发展公司于2015年即启动了"Urbantech NYC"项目，这是一项市政级的加速器项目，项目提供了一个9295m²的低租孵化场地和原型设备，投资支持用于推动城市宜居、可持续与弹性发展的科技创新企业，帮助企业家构建智慧和可持续解决方案，以应对纽约市在能源、废物、交通、农业、水等方面最紧迫的城市问题。自2016年以来，纽约市吸引了全球800亿美元城市技术风险投资中超过10%的资金。此外，纽约市还引入企业对政府进行弹性投资，包括与洛克菲勒基金会倡导组织的"百座韧性城市"计划建立合作关系，呼吁MTA、Verizon等区域基础设施提供商和运营商进行关键的弹性投资。

2020年7月，纽约市市长比尔·德·布拉西奥宣布加快实施《纽约市互联网总体规划》，在所有五个行政区提供高速互联网的访问，这可以看作是纽约市面向未来城市发展的"新基建"计划。按照规划，纽约市将在未来18个月内投资1.57亿美元，连接60万纽约人，其中8700万美元从纽约市警察局（NYPD）预算中转出，该计划将优先考虑20万纽约市公共住房社区的高速互联网部署，因为他们遭受了COVID-19的严重影响。《纽约市互联网总体规划》对未来互联网设计了五项原则，即公平、性能、可承受性、隐私和可选择。这些原则将作为衡量成功与否的标准，并作为纽约市宽带基础设施和服务的设计参数。"公平"指每个市民平等使用互联网，没有人因为肤色、身份以及居住区域而面临障碍；"性能"指互联网应该是快速和可靠的，随着互联网的不断发展，质量应该随着时间的推移而提高；"可承受性"是指对于任何想上网的纽约人来说，成本不应该成为障碍；"隐私"指的是纽约人必须能够确定他们的数据是如何被使用的；"可选择"指供应商之间应该有充分的竞争和技术解决方案的多样性，以维持其他原则。

《纽约市互联网总体规划》将分四个阶段推进，首先是为纽约市政府引入新的职能角色，其次是为推进新的宽带基础设施和服务建立伙伴关系，然后是为更多的纽约人提供高速互联网服务，最后是确保所有纽约人从高速联通中获益。

2. 以算法助力数字基础设施

纽约市城市规划部门首席信息官阿德克亚（Adekoya）博士认为，维持城市吸引力的关键在于提供高质量的基础设施。关于纽约市的数字基础设施，LinkNYC与NYC311在智慧城市领域久负盛名。

1）"LinkNYC"

LinkNYC是纽约市2014年启动的免费高速Wi-Fi无线网络计划，通过将过去街边旧的电话亭改造成为整个城市与免费的高速互联网服务连接起来的通信枢纽，提供免费无线网络、手机充电和应急电话等功能，充分体现了纽约智慧城市建设"最大程度不变动"的原则。

2016年，纽约市的LinkNYC成为世界上最大和最快的城市Wi-Fi网络。其间，LinkNYC引发的两件事值得被关注，一是太多无家可归者利用LinkNYC Internet亭中的平板电脑浏览网址，有的甚至浏览色情、凶杀等非法网址，最终导致其于2016年下半年关闭了互联网访问权限。可见便捷的数字基础设施在推动实现数字公平的同时，也可能因为"使用行为"的不可控而走向相反的方向。二是LinkNYC在2020年6月2日开始显示因警察暴行丧生的黑人和白人的名字，其中包括乔治·弗洛伊德、布雷娜·泰勒等近30人的名字。由此可见，LinkNYC不再只是一种数字基础设施，而是逐渐在公共领域充当着一种唤醒城市精神与社会良知的数字媒介。

2）"NYC311"

NYC311创立于2003年，是纽约市的城市服务统一热线，初衷是为了在大城市打造小城镇的人情味。与中国的12345城市热线不同的是，NYC311将热线服务与在线服务结合得异常紧密，并在2015年就达到了1亿的来电数量。NYC311为纽约市民提供了反映故障街灯、涂鸦或超时施工等问题的途径，帮助他们参与到改善切身生活的过程中。在疫情期间，NYC311在线平台已经收到有关致命新型冠状病毒的10万多条查询，其中绝大多数是在3月11日世界卫生组织宣布该病为"大流行"之后提出的。一项分析发现，从2020年4月1日到4月15日的两周中，在所有NYC311的电话咨询中，有近三分之一与新型冠状病毒有关。从每天的分析来看，与新型冠状病毒相关的通话在3月16日激增至5000多个。3月底开始，有关新型冠状病毒的呼叫量一直稳定在每天约4000个，且工作日有所增加。NYC311不仅在官网首页提供市民生活、出行、工作、健康等咨询信息的入口，同时还通过在线搜索量、电话咨询量筛选出热门问题和咨询内容提供给用户。

3. 数字生态系统建设

1）数据的高开放程度

数据开放是纽约智慧城市建设的重要特点之一。纽约市于2012年2月29日正式通过《开放数据法案》，这是美国历史上首次将政府数据大规模开放纳入立法，2013年纽约提出"数据驱动"的城市服务目标。《开放数据法案》要求，到2018年，除了涉及安全和隐私的数据以外，纽约市的政府及分支机构所拥有的数据必须对公众开放。市民使用这些信息不需要经过任何注册、审批的繁琐程序，使用数据也不受限制。该法案允许市民从市政机构获取数据信息，包括1600个开放数据集，涵盖了犯罪统计数据、用电量、中小学教学评估等历史数据，也包括地铁公交的实时动态运行数据，甚至是纽约市每条街道的绿化树信息。纽约市建立了"纽约市数据开放平台"，提供数以千计可公开下载的数据类型。为鼓励市民查看和使用政府数据，纽约市政府还专门在政府官网设立了"OPEN FOIL NY"（Freedom of Information Law，简称FOIL）的入口，市民和企业可针对自身生活和发展的需求，通过"OPENFOIL NY"的申请入口向纽约50多个城市政府部门与公共服务机构提出数据开放请求。纽约市的数据开放不仅为普通公民带来了数字福利，也由此产生了大量的数据分析和具体应用开发的网站与创新团队，大量高科技人才和企业对政府公开的数据进行利用和研发，创新前沿科技和应用，创造了巨大的商业价值，充分展现了政府海量公共数据的服务能力。纽约市通过《开放数据法案》，初步建立起一个基于城市社会运行数据的"生态系统"——政府负责建设和维护数据开放平台，市民、企业和公共组织对社会运行场景进行不断创造、深度挖掘，推动智慧城市向更高层次发展。目前纽约市通过政府开放数据设计和开发的城市服务APP应用已达21款，涉及交通、犯罪、健康、应急等领域。

2）算法支持的城市治理

纽约是全球率先推进算法赋能城市社会治理的领先城市，其实施路径、经验正在成为人工智能时代全球城市发展的样板。

纽约政府部门在公共校车的路线规划、房屋质量检测、再犯罪风险预估、儿童福利制度、预测性警务等诸多领域，积极借助算法的自动化决策，在公共资源分配与社会治理中发挥了重要作用，并切实地影响了近900万纽约市民的日常生活。

随着对政府机构使用的算法进行监管和规制的呼声日渐增多，2017年12月11日，纽约市议会通过《当地政府机构如何使用自动化决策系统法》，突出了对法院、警方等政府机构使用的自动化决策系统，以改善原有算法在这些领域的使用中存在的严重歧视问题，尤其是对黑色人种的歧视。该立法明确要求成立一个自动化决策工作组，以推动一系列规制目标，其中包括明确界定需要受到规制的政府机构自动化决策系统、制定判断是否存在算法歧视的程序等。2019年11月，纽约市政府发布了《纽约市自动决策系统特别工作组报告》，进一步提出了诸如"要求政府制定公开披露部分信息的协议""呼吁开展更多以基于算法的系统为内容的公众教育"等一系列的广泛建议。

《纽约市自动决策系统特别工作组报告》提出了三个方面要求：一是建立有效、公平、负责任的城市自动决策系统；二是扩大公众对自动决策的参与和讨论；三是规范自动决策系统的管理功能。此外，该报告还指出，自动决策系统不仅需要辨别出政府信息系统或工具符合自动决策标准的特征，而且还需要识别出政府业务流程系统在何时应该采用比其他系统更高的自动决策优先级。当数据与算法成为未来城市发展动力的时候，对城市运行的公平、福利具有裁定权与分配权的法律与公共服务机构如何使用数据与算法，已不只是一个纯粹的技术问题，而是一个决定公共伦理与社会底线的问题。因此，对于纽约以及希望在科技革命中占据有利竞争位置的城市而言，与其执着于对"算法歧视"的苛求与谴责，更应该推动全社会对城市公共治理算法的关注，以及寻找法律监管与"算法履职"之间的平衡。

5.2 欧洲：英国伦敦

根据《2020年城市动态指数》报告显示，伦敦是"全球最智慧的城市"之一，在城市治理、规划以及交通、运输和技术方面取得了举世瞩目的成绩，基本达成2018年"Smart London Together（共创智慧伦敦）"提出的到2020年成为全球最智慧城市的目标。

5.2.1 建设背景

2013年，伦敦在奥运会后面临着人口增长以及经济加速发展的机遇与挑战并

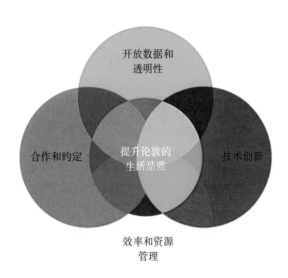

图5-1 智慧伦敦规划核心架构
图片来源：DigitalBritain数字英国

存局面，此时大伦敦政府（Greater London Anthority，以下简称"GLA"）出台了《智慧伦敦规划》以调节城市运转负荷，旨在利用先进技术的创造力来服务伦敦并提高伦敦市民的生活质量。

在这一阶段，民生问题得到更多的关注。2015年，伦敦市制定了"数字包容战略"，内容包含支持互联网服务商提供灵活的网络接入方式，促进各机构合作共同应对数字断层问题；加强老年群体与其他数字技能水平较低群体的上网培训，帮助他们接受基础培训，提高年轻人的创业技能；促使互联网真正融入每位伦敦市民的生活，充分共享智慧城市建设成果，从而深化城市发展与信息技术的融合（图5-1）。

5.2.2 智慧伦敦城市蓝图

"共创"是智慧伦敦的重要特征。在制定《智慧伦敦规划》的过程中，伦敦在公众参与、数据共享、社会创新等方面推行了诸多具有创造性的举措。在线社区Talk London以"Your city，You say"为口号，是伦敦市民参与智慧伦敦建设的重要平台。该平台采用民意调查、直播问答活动、主题小组研讨会等方式，将伦敦市民聚集在一起，主要围绕住房、环境、交通、安全、工作等相关话题展开讨论。伦敦数据存储库（London Datastore）和伦敦面板（London Dashboard）共同与Talk London配合运行，前者公开了

500套伦敦城市数据，后者将数据进行可视化处理，让市民直观地理解数据内容。

伦敦政府在2000年提出的"电子政府"概念此时已较好落实在政务信息共享上。GLA指定伦敦市的各级机构、公务员和其他数据捐助者把数据上传到一个公共数据库网络，创立伦敦开放数据网站，该网站提供多种搜索数据方式和所有数据目录下载功能。通过开放数据网站，公众能够免费获得伦敦政府等机构组织在农业、运输、犯罪、社会保障、教育、医疗、人口等多个方面的统计数据。GLA组织研发出相关手机移动设备应用软件，使公众通过手机终端就可以轻松浏览和编辑这些开放数据，浏览、查询数据更加便捷。除此之外，伦敦市民也可以针对政策思路给予政策制定者反馈，以帮助和指导伦敦城市发展的未来规划与决策。

5.2.3 共创智慧伦敦路线图

为明确数字战略具体实施计划，伦敦市政府于2018年6月提出《共创智慧伦敦路线图》（Smarter London Together-The Mayor's Roadmap to Transform London into the Smartest City in the word，以下简称《路线图》），实施对象为《智慧伦敦规划》以及其他七项法定战略，并分别有其工作重点和子类别（表5-1）。《路线图》设计出五大发展使命：

《路线图》八项战略工作重点

表5-1

法定战略	工作重点
智慧伦敦规划	2013年： 加强伦敦居民和企业的公共事务参与程度；促进开放数据获取；充分利用伦敦的科学研究、技术和创造力基础；通过网络团结一致；使基础设施能够支撑伦敦的需求和增长；使市政厅更好地为伦敦居民提供服务；为所有人提供更智能的伦敦体验 2016年修编后： 吸引公民：与居民和企业进行广泛、包容的数字互动 实现良好增长：增强（政府）领导能力；建设弹性基础设施；解决住房问题；建设数据基础设施； 促进投资创新商业合作：突破限制；扩大创新；增强数字连接
经济发展战略	保持经济增长；打造全球创新中心；开拓受益全体伦敦人的机会
文化战略	爱伦敦：使更多人在家门口体验和创造文化 良好的文化发展：支持、拯救和维持文化场所 创意伦敦人：为未来投资多元化的创意劳动力 世界城市：继续致力成为全球文化城市之一
环境战略	利用绿色基础设施改善空气质量及气候变化；优化能源系统；减轻废弃物与环境噪声的影响；向低碳经济转型
健康不平等问题战略	健康的儿童；心理健康；健康场所；健康的社区；健康的生活方式
住房战略	为居民建造更多房屋，提供真正实惠的住房；建设高品质的住宅和包容性社区；促进私人租房者与租赁人之间更公平的交易；解决无家可归问题，帮助流浪者
伦敦规划（草案）	空间发展模式；设计；住房；社会基础设施；经济；遗产与文化；绿色基础设施和自然环境；可持续基础设施；交通；预算
运输战略	优质的公共交通体验；交通与城市功能结构的变化

一是开发更多用户导向型的服务，以数字包容、公民创新、公民平台等促进用户成为智慧伦敦建设的主体。

二是针对城市数据使用达成新的协议，设立伦敦数据分析办公室来推动数据开放共享，加强数据权利保护与落实问责制，以促进对公共数据使用的公众信任。

三是打造世界一流的连通性和更智能的街道，启动伦敦互联计划来确保光纤到位、Wi-Fi覆盖及5G集成开发战略。

四是增强公众的数字技能和领导力，从年轻群体早期教育开始就培养其数据分析能力和实际操作能力，建立数字化人才管道。

五是促进全市范围内的合作，在伦敦技术和创新办公室领导下推进跨领域、跨部门、跨城市的合作。

5.2.4 实施策略

《路线图》任务架构及具体内容见表5-2：

《路线图》任务架构及具体内容 表 5-2

任务	目标	子任务
1. 服务更多用户的城市设计	以城市内部多样性为着手点开发新的数字服务，并将与其他主体的协同合作作为战略在全市推广	增强设计领导力并制定统一标准
		开发数字包容性的新方法
		全民创新挑战
		更新公民数字平台
		促进科技行业多元化
2. 为城市数据制定新协议	为数据服务提供保障性战略，未来还将制定更好的数据政策并纳入公共采购和新公共服务的设计	启动新的互联伦敦计划，协调信息通达性和5G项目
		制定市域网络安全战略
		加强数据权力、问责机制以及信任度建设
		数据支持开放生态系统
3. 世界级的连通性和更智能的街道	优化数字基础设施性能和服务质量，直接使人受益	启动互联伦敦项目
		启用规划动力以促进光纤入户和移动连接
		增强街道以及公共建筑中的Wi-Fi信号
		促进新一代智能基础设施建设
		规范智能建筑环境的通用标准

任务	目标	子任务
4. 增强数据领导力与技能	提升公民数字化技能水平和政府数字化服务能力	增强公共服务数据与数字领导力
		发展数字化能力
		编程培训计划及数字人才计划
		促进市民对文化机构的参与度
5. 促进市域范围的合作	建立城市内各部门的合作机制，统一标准，提升一致性以优化服务质量	成立伦敦技术和创新办公室（LOTI）
		促进医疗创新
		探索新的技术合作伙伴和商业模式
		改善政府的数字化交付和技术创新
		与其他城市协同合作

　　至此，伦敦智慧城市建设已经在部分重点领域达成了较为突出的成就，在城市中构建了一批示范性的应用场景。

1. 城市交通

　　伦敦的Pedestrian SCOOT系统保障着行人及交通的安全。即通过在交通信号灯上配备摄像机，用来检测在路口等候过马路的行人数量，智能化、动态化地控制红绿灯的时间，从而维护道路安全秩序（图5-2）。

2. 城市治安

　　伦敦大都会警局采用了数据和数字技术分析犯罪的时间和地点，在公共安全部门建成了公共交互式仪表板，据此调整巡逻重点区域及时段。此外，2.2万名警察配备了便携佩戴式摄像机，极大方便证据收集和保存。

图5-2　伦敦城市交通APP[①]

———————

① 资料来源：https://londonpass.com/en

图5-3 伦敦垃圾收集处理①

3. 伦敦垃圾收集处理

伦敦金融城区域已经统一设置了带有液晶显示屏的数字化垃圾回收箱，所有垃圾回收箱与Wi-Fi相连，可以通过无线信号指示居民对垃圾进行分类处理，同时可以获取天气、气温、时间以及股市行情动态等信息。此外，该类数字化垃圾回收箱还能有效防止恐怖袭击，在一定程度上确保了城市管理的有序进行和居民的人身安全。这些高科技垃圾箱有望遍布伦敦各个地区，有效助推伦敦智慧城市建设（图5-3）。

5.3 欧洲：奥地利维也纳

2019年罗兰贝格管理咨询公司发布了全球智慧城市的最新排名，奥地利首都维也纳凭借总分74分在全球153个智慧城市中获得第一名②。同时，自2018年以来维也纳已连续两年被英国《经济学人》周刊评选为"全球最宜居城市"。维也纳市政府认为这些成绩很大程度上归功于其智慧城市战略的制定与实施。

5.3.1 建设背景

在全球化背景下，维也纳主要面临以下挑战：

（1）城市人口的日益增长。随着越来越多的人口聚集在城市，城市规划建设如何在保护有限资源的同时，采取创新的发展模式来为城市提供基础设施和公共服务？

（2）全球技术革命步伐的加快。新技术正在产生新的交流方式、商业模式、工作形式等，给传统城市规划建设和城市治理带来了新的挑战和发展机遇。

① 资料来源：https://www.london.gov.uk/programmes-strategies/environment-and-climate-change/waste-and-recycling.
② 罗兰贝格管理咨询公司. 思与行：智慧城市战略指数2019［pdf］. Available at: <https://www.roland-berger.com/publications/publication_pdf/ta_19_004_tab_smartcities_ii_cn_2.pdf>［Accessed 15 March 2020］. 罗兰贝格管理咨询公司，2019.

（3）端到端的数字化正在渗透到生活的各个领域。一方面，以新数据技术驱动的智慧城市可以为城市发展提供创新性的解决方案，为公众参与公共治理提供新的手段和机会；另一方面，经济社会生活的全面数据化引发了新问题，如对大数据的共享和使用权责、人工智能等创新领域的社会伦理和道德界限，以及新技术带来利益和机会的公平性等。

（4）全球气候危机的加剧。这是我们现在和未来最紧迫的挑战之一。20世纪70年代以来，全球平均气温上升了0.85℃，奥地利的气温上升了2℃。地球正迅速接近全球变暖临界点，一旦到达临界点，可能导致北极冰盖的完全融化、西伯利亚永久冻土的融化或赤道附近雨林的消失。维也纳本身无法制止气候危机，但它可以为解决这一危机作出重大贡献：建立可持续的解决模式并树立榜样，激励尽可能多的个人和机构尽其所能（图5-4）。

上述发展趋势与挑战都具有深远的影响，并且在明显地加快。这些变化越快，可预见的直接和间接后果就越低，需要更多的弹性，即稳定性和适应性。因此，维也纳将政策制定者、专业技术机构、企业和市民组织在一起，在智慧城市发展方面形成未来发展的统一认识，围绕未来可持续发展规划目标，提出长期的行动纲领和近期行动计划。维也纳城市规划确定的可持续发展目标是智慧城市战略框架的核心价值导向。

早在2011年，时任维也纳市长迈克尔·郝培（Michael Häupl）就开始谋划建设智慧城市，2013年维也纳市政府启动第一版《维也纳智慧城市战略框架》编制工作，并于2014年6月获得市议会审查通过，正式发布《维也纳智慧城市战略框架（2014年—2050年）》[①]。2017年，维也纳对智慧城市战略框架进行了第一次评估，发布了《评估监测报告2017》，针对全球经济社会发展变化和维也纳城市发展需求，提出了

图5-4　1775—2018年维也纳年平均温度
注：1970—2000年平均温度为中间值，蓝条代表低于中间值，红条代表高于中间值
资料来源：Ed Hawkinswww.showyourstripesinfo

① Vienna Municipal Administration. Smart City Wien Framework Strategy［pdf］. Available at: <https://www.urbaninnovation.at/tools/uploads/SmartCityWienFrameworkStrategy.pdf>［Accessed 15 March 2020］. Vienna Municipal Administration, 2014.

评估建议①。2019年维也纳市政府，综合考虑联合国《2030年可持续发展议程》②、《巴黎协定》③·④，以及2017年评估监测报告建议，对2014年发布的战略框架进行了优化调整，发布了《维也纳智慧城市战略框架（2019年—2050年）》⑤，希望继续保持在智慧城市规划建设领域的全球领先地位，并以可持续发展为核心，制定了多项目标，期望通过新技术与城市规划发展结合，实现更美好的市民生活、更集约的资源利用、更创新的经济社会环境。

《维也纳智慧城市战略框架（2014年—2050年）》是一座面向未来城市可持续发展的里程碑。维也纳致力于成为一座具有持续创新能力和活力的城市，实现未来可持续发展目标，应对全球发展不确定性挑战，响应数字化时代的变革需求。

5.3.2 维也纳智慧城市战略框架

维也纳智慧城市战略框架是实现维也纳可持续发展战略的重大举措，两者核心价值导向是一致的，始终关注人们的生活质量与生活机会，始终关注城市的可持续发展。维也纳智慧城市提出，对于一个可持续的、宜居的城市，只有当其中每个人都受益、每个人都发挥自己的作用时才是成功的。因此，维也纳围绕"人"的智慧城市战略与其他城市围绕"新技术设备"的战略有了本质区别。

维也纳智慧城市提出三大策略：一是为每个人提供高质量的生活；二是最大限度地节约利用资源；三是在各个领域进行社会和技术创新。在三大策略指导下，维也纳智慧城市提出了7个主要目标，细分为12个专题领域的65项子目标，与联合国可持续发展目标紧密结合（表5-3～表5-5）。

---

① Smart City Wien Project Unit at Municipal Department MA 18. MonitoringReport 2017［pdf］. Available at: <https://www.urbaninnovation.at/tools/uploads/MonitoringReport2017.pdf>［Accessed 15 March 2020］. Municipal Department MA 18 – Urban Development and Planning，2017.

② Sachs J，Schmidt-Traub G，Kroll C，et al.. SDG Index and Dashboards: Global Report［pdf］. New York: Bertelsmann Stiftung and Sustainable Development Solutions Network（SDSN），2016.

③ 21st Conference of the Parties of the UNFCCC in Le Bourget. Paris Agreement［pdf］. Available at: <https://treaties.un.org/doc/Treaties/2016/02/20160215%2006-03%20PM/Ch_XXVII-7-d.pdf>［Accessed 15 March 2020］. 21st Conference of the Parties of the UNFCCC in Le Bourget，2015.

④ C40 Cities Climate leadership Group. Cities leading the way: Seven climate action plans to deliver on the Paris Agreement［pdf］. Available at: <https://international.stockholm.se/globalassets/ovriga-bilder-och-filer/cities-leading-the-way-seven-climate-action-plans-to-deliver-on-the-paris-agreement.pdf>［Accessed 15 March 2020］. C40 Cities Climate leadership Group，2018.

⑤ Vienna Municipal Administration. Smart City Wien Framework Strategy 2019-2050［pdf］. Available at: <https://www.urbaninnovation.at/tools/uploads/SmartCityRahmenstrategie2050_en.pdf>［Accessed 15 March 2020］. Vienna Municipal Administration，2019.

维也纳智慧城市战略框架三大策略和 7 个主要目标　　　　　　　表 5-3[①]

生活质量	资源保护	创新
维也纳是世界上生活质量和生活满意度最高的城市	到2030年，维也纳本地的人均温室气体排放量减少50%，到2050年减少85%(与2005年的基准年相比)	到2030年，维也纳将成为创新领导者
维也纳在其政策设计和行政活动中注重社会包容	到2030年，维也纳当地人均最终能源消费量减少30%，到2050年减少50%(与2005年基准年相比)	维也纳成为欧洲的数字化之都
	到2030年，维也纳人均消费的物质足迹减少30%，到2050年减少50%	

维也纳智慧城市战略框架 12 个主题领域相对应的子目标　　　　　　表 5-4[①]

能源供应	交通与运输	建筑	数字化	经济与就业	水与废弃物管理
维也纳能源安全保持高水平	到2030年，运输部分的人均二氧化碳排放量下降50%，到2050年下降100%	建筑物供暖、制冷和热水的人均最终能源消耗每年下降1%，相关的人均二氧化碳排放量每年下降2%	作为联合数字化战略的一部分，维也纳市及其市政企业在应用中使用数字数据、数字工具和人工智能，以帮助节省资源并维持城市的高质量生活	维也纳城市经济的生产力不断提高，资源效率和竞争力也不断提高，支撑着该市的繁荣	由于采取了多种废物预防措施，因此产生的废物更少
维也纳拥有以可再生能源为基础的允许分散的能源供应的智慧电网	到2030年，运输部分的人均最终能源消耗下降40%，到2050年下降70%	从2025年起，新建筑的供暖能源需求将以可再生能源或区域供暖作为标准	到2025年，市政当局及其关联企业的所有流程和服务都将数字化，并在可能的情况下实现完全自动化	维也纳市民的收入和工作满意度不断提高，社会不平等现象有所减少	维也纳的废物收集系统使越来越多的废物可以作为辅助原料进行回收或再利用
在2005年至2030年之间，市政范围内的可再生能源生产将增加一倍	到2030年，生态运输方式(包括共享出行方式)在维也纳旅行的比例将上升到85%，到2050年将超过85%	建筑物用于绿化和太阳能发电	维也纳拥有现代的，基于需求的数字基础架构，旨在实现节能高效的运营	到2030年，维也纳经济的物质效率提高30%	确保高标准的废物管理的可靠性，安全地处置废物，以最大程度地减少环境负担
到2030年，维也纳的最终能源消耗中有30%来自可再生能源，到2050年，提升至70%	到2030年，私人汽车拥有量将降至250辆汽车/每千名居民	从2030年起，在新建和翻修项目中，使用特定场地和用途的规划与建设过程，从而最大限度地节约资源将成为标准做法	维也纳市使用数字数据(使用最先进的技术和分析方法进行挖掘)来支持决策和城市系统的实时管理	在维也纳制造的产品经久耐用且可回收，其生产过程在很大程度上没有浪费和污染物	维也纳的供水和废水管理基础设施以高标准和资源高效的方式得到维护和运营
—	维也纳的所有出行中，至少有70%是5公里以内的短距离出行，其中大部分是骑自行车或步行	到2050年，拆除和重大翻新项目产生的80%的建筑部件和材料将被重复利用或回收	维也纳市使用数字工具来提高透明度，在政府公开领域，促进参与并成为先锋	到2030年，维也纳将成为资源节约型循环经济的枢纽，在全球享有盛誉，并吸引了该领域的投资和人才	在维也纳，尽可能多的雨水被返回到当地的自然或接近自然的水循环中
—	到2030年，穿越城市边界的交通量将下降10%	—	维也纳市积极提供其生成的数据作为开放的政府数据，尤其是用于科学、学术和教育用途	—	—

---

① Vienna Municipal Administration. Smart City Wien Framework Strategy 2019−2050［pdf］. Available at: <https://www.urbaninnovation.at/tools/uploads/SmartCityRahmenstrategie2050_en.pdf>［Accessed 15 March 2020］. Vienna Municipal Administration，2019.

能源供应	交通与运输	建筑	数字化	经济与就业	水与废弃物管理
—	到2030年，市政范围内的商业交通将基本不含二氧化碳	—	维也纳市积极寻求与第三方的合作，以便在基于实践的"城市数字实验室"中试行数字应用程序、技术和基础设施，并为在整个城市中推广做好准备	—	—

环境	医疗保健	社会融入	教育	科学研究	参与
到2050年，维也纳的绿色空间份额将保持在50%以上	到2030年，维也纳人口的预期健康寿命增加两年	维也纳是一个多元化的城市，促进两性平等，并为居住在这里的所有人提供参与的机会	每个人在尽可能早的年龄享受低门槛的、优质的、包容的教育设施，并在义务教育之后继续接受教育	到2030年，维也纳成为欧洲五大研究和创新中心之一	维也纳市与当地人合作，不断努力制定参与标准，总体上参与度在不断提高
维也纳根据人口增长创建了更多休闲区	保证在维也纳提供高质量的医疗服务	维也纳通过投资公共基础设施，加强社区凝聚力和提高城市竞争力，在整个城市提供高质量的生活，创造舒适性价值	到2030年，将在全市范围内建立一个Bildungsgrätzln（学习社区）网络，以创建适合当地社区、团体和生活方式的学习空间	维也纳吸引着顶尖的国际研究人员和国际公司的研究部门	所有社会团体都有机会参与共建维也纳智慧城市
维也纳为现有城市结构内的不同目标群体提供本地绿色和开放空间，并与人口增长保持同步	智能城市Wien支持健康、积极的老龄化——需要照料的维也纳市民在家或离家尽可能近的地方就能接受到高质量的护理	维也纳继续提供充足的优质补贴住房，以减少因住房成本负担过重的人口比例	维也纳拥有一个全面的、基于需求的、包容性的数字教育计划	维也纳发起了由任务主导的大规模研究与创新项目，以推动社会生态转型	维也纳开发并使用各种工具，使公众对预算和公共资金的使用有发言权
通过保存现有未密封的表面并创建新的表面来保持土壤的自然功能	健康素养在个人和组织层面都得到了提升	维也纳因其公平的工作条件，充足的工资来从事有酬工作和社会福利计划而引人注目，从而使所有人享有体面的生活	各种各样的公众参与计划扩展了维也纳多方面的艺术和文化视野	在维也纳，市政当局、高等教育和研究机构、公司和最终用户合作，解决了与维也纳智慧城市有关的具体挑战	所有人都可以看到并获得公众参与维也纳智能城市的机会
维也纳促进了生物多样性	所有社会群体，特别是弱势群体，都受到保护，免受与气候变化有关的健康风险	维也纳的所有公民都可以使用市政服务——越来越多地采用数字形式，如有需要，也可采用以前的模拟形式	在所有教育机构中，提高对可持续的、资源高效的发展的认识是一项标准的教学目标	—	建立了邻里一级的"城市实验室"，以试验智慧城市的创新方法和流程，并建立当地行动者和利益相关者的网络
为了人们的健康和福祉，应尽可能减少空气、水和土壤的污染，噪声污染、热污染以及光污染	—	—	维也纳的教育、培训和资格认证方案反映了不断变化的职业概况，使工作人员具备专门的知识和技能，能够应用新的智能技术	—	—
维也纳市促进可持续食品体系该市的食物供应主要来自该市本身和周边地区，最好来自有机生产者	—	—	—	—	—

维也纳智慧城市战略框架各主题领域所涵盖的联合国可持续发展目标 表 5-5[1]

对应关系	无贫穷	零饥饿	良好健康与福祉	优质教育	性别平等	清洁饮水和卫生设施	经济使用的清洁能源	体面工作和经济增长	产业、创新和基础设施	减少不平等	可持续城市和社区	负责任消费和生产	气候行动	水下生物	陆地生物	和平、正义与强大机构	促进目标实现的伙伴关系
能源供应																	
交通与运输																	
建筑																	
数字化																	
经济与就业																	
水与废弃物管理																	
环境																	
医疗保健																	
社会融入																	
教育																	
科学研究																	
参与																	

5.3.3 实施策略

维也纳智慧城市战略框架的实施策略包括制定围绕"六大步骤"的技术路线、"伞状"实施路径以及监测与评估等。

1. 制定围绕"六大步骤"的技术路线

维也纳智慧城市战略框架围绕"六大步骤"技术路线展开，包括现状分析、战略制定、政策机制、项目实施、监测与评估和政府与利益相关者协商[2]（图5-5）。

（1）现状分析。启动新的战略，必须全面了解、洞察和分析维也纳城市发展现状，建立一个信息资源库，作为确定战略目标、监测评估等工作的基础。

（2）战略制定。基于维也纳现状评估和未来城市规划目标，智慧城市战略需要确定长期目标和近期目标，提出优先发展事项，促进社会各方形成的共同愿景。

---

① Vienna Municipal Administration. Smart City Wien Framework Strategy 2019-2050［pdf］. Available at: <https://www.urbaninnovation.at/tools/uploads/SmartCityRahmenstrategie2050_en.pdf>［Accessed 15 March 2020］. Vienna Municipal Administration, 2019.

② Urban Innovation Vienna. Smart Management for Smart City［pdf］. Available at: <https://www.urbaninnovation.at/tools/uploads/SmartManagementforSmartCities.pdf>［Accessed 15 March 2020］. Urban Innovation Vienna, 2014.

图5-5 智慧城市战略框架制定的"六大步骤"技术路线
资料来源：翻译自维也纳城市创新公司《智慧城市的智慧管理》

（3）政策机制。保障智慧城市战略落地实施的政策机制十分重要。如果得不到维也纳广大政界人士、城市管理者和外部相关合作伙伴的认可和支持，战略执行过程将缺乏动力和保障。为此，维也纳在政府内部以及与商业、研究和媒体部门之间建立了富有弹性的伙伴关系和权责关系，使这一复杂的转型过程得以成功实施。

（4）项目实施。项目实施层面以关键项目和"灯塔"项目（示范项目）为重点，努力将它们打造成为智慧城市的典范，进而更好地推动战略目标的落地实施。

（5）监测与评估。维也纳建立了短期和长期的定期监测与评估机制。有效的监测过程和评估加强了项目实施和创新经验的总结及推广，可以动态修订和完善战略目标。

（6）政府与利益相关者协商。维也纳智慧城市规划建设提出要让参与者知道他们的责任，在哪些方面共同努力来实现目标，统筹协商政府和利益相关者的责任。为此，维也纳采取了多种沟通策略，实施短期和长期跨媒体传播战略，如采用网站运营、社交媒体、线下活动、公益广告等措施。

2. "伞状"实施路径

维也纳智慧城市战略框架涉及多层级、跨领域的技术和管理领域。为有序实现2050年战略框架目标，维也纳建立了"伞状"实施路径，指导维也纳市所有政府部门、专业技术机构和企业进行协同行动，还组织科学界、商业界以及市民作为伙伴参与实施，确保采取高效的行动，以达到预期的效果（图5-6）。

为了落实"伞状"实施路径，维也纳明确了各方职责：

（1）决策层的职责是为智慧城市战略框架制定明确的实施路线和政策机制，发布政策文件，批准项目计划，统筹所需的资源。

（2）维也纳市行政长官办公室的职责是统筹协调维也纳智慧城市战略框架实施，调度跨领域项目和措施，确保各部门工作与智慧城市目标相一致；组织开展监

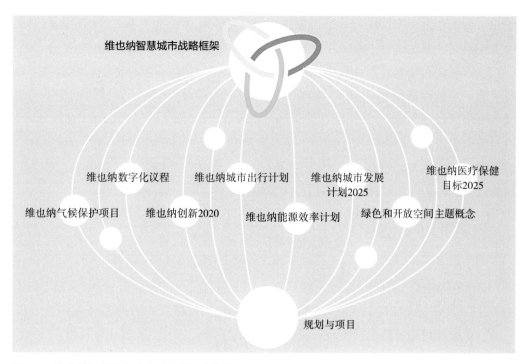

图5-6 维也纳智慧城市战略"伞状"实施路径

图片来源：翻译自《维也纳智慧城市战略框架（2019—2050年）》

测评估工作，确保战略框架行动计划成果与城市可持续发展目标相一致；组织开展各部门之间信息共享和交流，促进其优先措施和项目的有序落地。

（3）民间社会，特别是科学界和商业界的代表，通过智慧城市咨询委员会或工作组，为智慧城市内容提供建议，同时宣传其精神，并为活动实施招募合作伙伴。

（4）维也纳城市开发和规划局负责智慧城市战略框架与城市规划的协同工作，组织智慧城市战略规划专业咨询机构及各方技术团队为市政府提供战略规划咨询和支持，为智慧城市管理框架实施和监测评估提供长期技术支持，以及承担利益相关者的询问回复与沟通工作。

3. 监测与评估

2014年6月，维也纳市议会决议明确规定，必须进行定期监测和评估，以确保维也纳智慧城市战略框架的有效实施，并为此制定"一致的监测和评估报告程序"。根据维也纳市政府部门分工，委托城市发展和规划局执行相关规划。维也纳智慧城市项目组的第一项任务是为维也纳智慧城市战略制定和协调适当的监测和评估流程。

在维也纳智慧城市战略监测和评估过程的设计中，特别注意了以下两个原则：

（1）广泛合作：监测过程中的所有步骤都涉及维也纳市政部门及其相关组织和

企业。形式包括专家详细讨论研究重点小组、结构化访谈、个别访谈和专题研讨会等工作模式，因为只有协调良好的工作模式才能从市民那里获得最大的支持。

（2）在现有数据、监测和评估报告的基础上，尽量减少参与者的数据收集工作量。第一步就应与专业主管部门协商，分析数据池和报告结构，以确定维也纳智慧城市战略的适当指标。

第一次监测和评估过程于2017年在欧盟资助项目的框架内实施，包括两个领域：一是独立目标监测，根据一套广泛的指标，分别评估三个维度的子目标；二是监测总体目标，将监测结果与智慧城市战略框架整合，进行全面分析。

1）监测与评估结果

为了更详细地说明这些长期目标，在不同的主题领域确定了大量的定量和定性指标。实现程度被划分为四个层次。在实际监测评估过程中，增加了"难以衡量目标实施情况""介于部分实现与大部分实现之间""目标已经实现"三个指标（图5-7）。

（1）整体目标评价

根据《维也纳智慧城市战略监测与评估报告（2017）》，维也纳提出的51个目标中，有23个目标完全按照预定路径实施，有11个目标基本上按照预定路径实施，占全部目标的三分之二（表5-6、图5-8）。

图5-7 目标实现程度划分
图片来源：翻译自《维也纳智慧城市战略监测与评估报告（2017）》

监测评估结果总览 表5-6[1]

目标数量/个	目标完成情况
3	目标已经实现
23	完全在实现目标的路径上

① Vienna Municipal Administration. Smart City Wien Framework Strategy 2019−2050［pdf］．Available at: <https://www.urbaninnovation.at/tools/uploads/SmartCityRahmenstrategie2050_en.pdf>［Accessed 15 March 2020］．Vienna Municipal Administration，2019.

目标数量/个	目标完成情况
11	大部分在实现目标的路径上
2	介于部分实现与大部分实现之间
8	部分在实现目标的路径上
3	不在实现目标的路径上
4	难以衡量目标实施情况

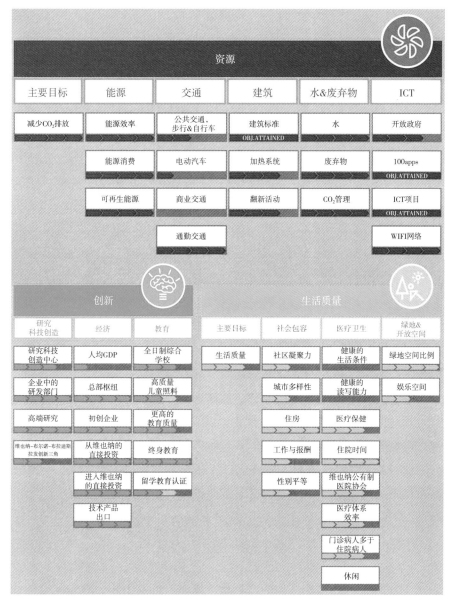

图5-8 维也纳智慧城市战略框架目标与实施情况
图片来源：翻译自《维也纳智慧城市战略监测与评估报告（2017）》

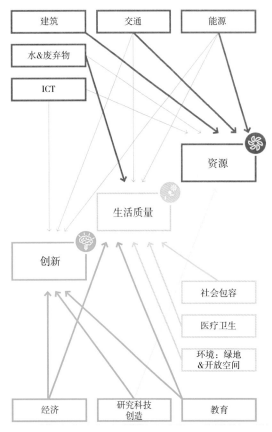

建筑　交通　能源

水&废弃物

ICT

资源

生活质量

创新

社会包容

医疗卫生

环境：绿地
&开放空间

经济　研究科技
创造　教育

图5-9　个体目标和主要目标之间的相互关系
图片来源：翻译自《维也纳智慧城市战略监测与评估报告
（2017）》

（2）整体目标与个体目标之间的相互关系

未来对《维也纳智慧城市战略框架》的任何监测和评估以及修订，都应使各个单独的目标更侧重于核心意图和总体目标，将各个目标与"确保最高的生活质量，同时最大限度地节约资源"这个核心目标保持一致，确保在各个政策和活动领域之间产生更强大的协同作用，同时消除目标之间的潜在冲突（图5-9）。

2）整体战略分析结论

（1）目标和时间范围的详细说明：战略性和长期性

维也纳智慧城市战略框架是战略性和长期性的（2030年和2050年），旨在为整个立法期以及当前实施规划期限之外的政策、策略和措施的重点明确未来方向。因此，由此产生的任何短期目标和措施都应在各自的部门战略、方案和专门的主题概念中加以明确：一是将维也纳智慧城市战略框架的目标集中在"主要目标及其实现的基本途径"上，同时确保措辞足够具体和详细，便于实施和与外部沟通；二是在战略文件、专业主题概念和方案中，明确维也纳智慧城市战略框架的详细短期目标。

（2）目标的评审和修订：适应变化、适时调整

监测和评估过程表明，需要审查和修订若干目标。一方面，如前所述，目标必须更好地与维也纳智慧城市战略框架的核心意图保持一致，任何相互冲突的目标都必须得到解决；另一方面，无论是人口发展（如人口增长、移民流动），还是国际承诺和协定，必须根据框架制定条件的变化而迅速调整目标。因此，目标的评审和修订需要做到以下几点：一是确定维也纳智慧城市战略框架目标变更的程序和责任；二是为目标的定义制定技术和政治规范；三是修改已经实现的目标。

（3）维也纳智慧城市战略实施的"伞状"策略：统筹条块分割的实施

作为一项总体战略，维也纳智慧城市战略框架是维也纳市各理事机构、市政部门和所有其他机构的指导方针，各个专业领域概念和战略必须与智慧城市战略目标保持一致。任何与总体战略不相协同的变化都必须提供合理的技术论证。

目前，在制定维也纳其他部门战略时，难以确保与智慧城市战略目标相协调。基于该问题的对策有：一是对维也纳智慧城市战略在部门政策、战略文件、计划和各个专业概念中的反映程度进行全面分析；二是制定并实施适当的流程，以确保维也纳市的所有相关战略和计划均与维也纳智慧城市战略保持一致。

（4）新的主题领域和交叉主题：动态纳入维也纳智慧城市战略

维也纳智慧城市战略中有一些是贯穿多个领域的交叉主题，没有被明确地归类在任何特定领域。将来，经过适当的分析，它们将被（更）明确地确定为框架策略及其目标系统的总体主题，并在执行过程中进行详细考虑。主要包括：在基于能源消耗和二氧化碳排放核算系统中考虑与产品相关的"灰色能源"、高度自动化和/或无人驾驶的车辆、适应气候变化、循环经济、新的商业和就业形势（按需生产，共享经济）、智慧区域、社会创新、工业4.0等。

未来需要识别并分析缺少的专业领域，并在必要时将它们与适当的已定义目标一起明确地固定在维也纳智慧城市战略中。

（5）治理、行动者和参与：参与程度仍不够充分

维也纳智慧城市愿景和战略框架的实施给奥地利带来了特殊的挑战。许多目标不能根据个体的活动或能力来实现，而需要全面的专业领域管理。缺乏多方合作会导致行动不一致、重复投入或高成本。在监测和评估过程中，发现许多重要参与者尚未充分参与维也纳智慧城市战略的实施。

（6）维也纳智慧城市战略的外部影响：交流与对话

维也纳智慧城市战略是未来几十年维也纳改革创新的重要举措，市政府和政策制定者制定了一个强有力的、基础广泛的战略框架，并通过与维也纳市民以及众多伙伴不断交流和对话来推进实施。这样的做法，逐步提升了维也纳的国际竞争力。同时，维也纳通过监测和评估这项工作，继续将自己定位为智慧城市领域的领跑者，主动引领欧洲智慧城市的共同发展。

监测和评估结果为与维也纳市民的沟通提供了良好的基础，使复杂的维也纳智慧城市战略和抽象的目标切实可见，宣传并揭示了目前所取得的效益，保持高度的透明度。智慧城市领域的生动案例场景尽可能地接近市民日常生活。（"这对我意味着什么？"）

监测和评估结果旨在发挥动员作用，要让决策者、行政部门和公共机构的努力有目共睹，表明只有通过全市上下共同努力，才能取得可持续发展的成功。这需要改变每个人行为模式。（"我能贡献什么？"）

5.4 亚洲：中国香港

5.4.1 建设背景

香港特区政府在2017年12月公布《香港智慧城市蓝图》，在"智慧出行""智慧生活""智慧环境""智慧市民""智慧政府"及"智慧经济"六个范畴下提出76项措施。当中数字基建项目和一些主要措施在过去几年已如期推行，例如快速支付系统"转数快"、增设免费公共Wi-Fi热点以及"智方便"一站式个人化数码服务平台等。

2020年12月，香港特区政府公布《香港智慧城市蓝图2.0》，提出超过130项措施，继续优化和扩大现行城市管理工作和服务。新措施的目标是要让市民更能感受智慧城市及创新科技为他们日常生活带来便利，例如应用"建筑信息模拟"、优化智慧旅游平台、设立法律科技基金、开发交通数据分析系统以及推行智慧乡村先导计划等。此外，2020年的抗疫工作为推动科技创新发展带来不少启发，尤其是以创新思维转变惯常的服务模式和更广泛使用科技应对"新常态"，《蓝图2.0》也增加了一个"善用创新科技应对疫情"的新章节，涵盖已推行及策划中的工作，如支援家居检疫的"居安抗疫"系统、推出"安心出行"感染风险通知流动应用程序、开发"健康码"以便利跨境往来等。

5.4.2 香港智慧城市蓝图

1. 推动智能城市发展的政策目标

"香港智慧城市蓝图"致力于把香港构建成为一个世界级的智慧城市，充分利用创新及科技（创科）解决都市面临的挑战，提升城市管理成效和改善市民生活质量，提高效率及安全，鼓励不断的城市创新，提升香港对环球企业和人才的吸引力，增强香港的可持续发展水平（图5-10）。

因应香港的城市挑战、本地的独特情况，以及其优势和面临的机遇，通过"智慧蓝图"勾画出未来五年及以后的智慧城市发展计划，包含"智慧出行""智慧生活""智慧环境""智慧市民""智慧政府"及"智慧经济"六个部分，并分别提出了各个范畴短期、中期、长期的发展建议。

智慧城市是以人为本的，应依据市民大众的需要来构建，让本地居民及外来游

图5-10 香港智慧城市蓝图
图片来源：https://www.smartcity.gov.hk/sc/vision-and-mission.html

客都可以看到和感受到有关变化。

具体的发展目标包括以下四个方面：

一是让**市民**的生活更愉快、健康、聪明及富庶，以及让城市更绿色、清洁、宜居，具有可持续性、抗御力和竞争力；

二是让**企业**可利用香港友善的营商环境，促进创新，将城市转型为生活体验区及发展试点；

三是更妥善关心照顾**长者及青年人**，令大众对社会更有归属感，同时令工商界、市民和政府进一步数码化和更通晓科技；

四是减少**资源**消耗，令香港更加环保，同时保持城市的活力、效率和宜居性。

为实现上述目标，在智慧出行、智慧生活、智慧环境、智慧市民、智慧政府、智慧经济六个方面提出策略规划。

2. 实施策略

1）完善组织架构

成立由行政长官主持的高层次、跨部门的"创新及科技督导委员会"，负责督导创科发展及智能城市项目；检视法律及法规以配合营商创新；推动开放政府数据促进科研和创新；为各决策局和部门分配资源，以应用科技推行智慧城市措施；检视智慧城市措施的成果和成效，以及确定未来的发展方向。

创新及科技局将设立专责的"智慧城市办公室"，负责协调各政府部门和公私营机构的智能城市项目，并监督项目的进度和成效。政府资讯科技总监办公室将协助向各决策局和部门提供技术支持。

2）推动公私营协作

智慧城市的发展需要公私营机构、学术界和市民在整个推展周期内紧密协作，包括确定城市挑战、制定政策和策略、研发、把可推行的项目概念化、进行可行性评估、通过试验计划进行概念验证以及在全港落实推行等。

3. 构建智慧场景

1）智慧出行

（1）现状

目前香港智慧出行的现状有：

一是，公共交通每天载客超过1260万人次，当中以铁路为骨干；

二是，超过99%的香港人拥有最少一张八达通卡，是各类公共交通工具及零售店最普及的数码支付方式；

三是，道路密集，每公里有354辆领有牌照车辆；

四是，已有流动旅客登机柜台、自助行李托运、室内导航、机场禁区车辆追踪、智能行李牌。

（2）策略及措施

① 打造智能化运输系统及交通管理

持续完善香港一站式移动应用程序"香港出行易"的功能，引导和鼓励市民步行或公交出行。加快推广不停车缴费系统，并在主要道路及所有干线安装约1200个交通探测器，提供实时交通信息。实施中环电子道路收费先导计划，试行在相关路口设置智能感应行人及车辆的实时交通灯调节系统，以优化分配给车辆及行人的绿灯时间。推动自动驾驶车辆的测试及使用。为提升可靠性、易用程度及效率，鼓励公共交通营运商引入新电子支付系统。利用科技手段打击不当使用装卸货区、违规泊车及其他交通违规事项。开发人流管理系统，并在专营巴士应用科技以提升巴士安全。设立10亿元智能交通基金，推动与车辆相关的科创研究及应用。开发交通数据分析系统，优化交通管理和提升效率。

② 建设智能化的公交系统

在1300个巴士站或政府公共运输交汇处的信息显示屏上提供专营巴士实时信息。安装支持不同支付系统的路边停车收费表，并提供实时停车位信息。鼓励公众停车场营运商提供实时停车位信息，并在土地契约及短期租约中加入必须提供实时空置停车位信息的相关规定。分批启用自动泊车系统先导项目，使其在短期租约公众停车场及政府场地的公众停车场得到更广泛应用，并鼓励在私营发展项目的公众停车场应用。在部分不设收费表的路边停车位试行安装传感器，提供实时停车位信息。

③ 打造环境友善的交通运输体系

建设"单车友善"的新市镇及新发展区，继续推动"香港好·易行"，并推出一系列措施鼓励市民步行出行。拓展"人人畅道通行"计划，为现有公共行人通道加建无障碍人行道设施。扩展新铁路项目，以减少路边空气污染物及温室气体排放。在本地渡轮试行绿色科技，推行电动公共小型巴士试验计划。

④ 建设智能机场

在机场登记柜台、登机证检查站等使用生物识别技术，继续提升无缝的机场行程体验。将电子登机服务扩展至机场以外的地方，如主题公园、酒店、会议中心、交通枢纽等，为旅客提供轻松惬意的旅游体验。建立香港国际机场的"数字机场"，提供虚拟现实三维机场模型。应用5G技术，在机场提供独立且可靠的无线网络。在港珠澳大桥香港口岸为来自广东和澳门的私家车提供自动泊车系统。在机场营运中应用自动化、影像分析及物联网科技。

通过实施上述措施，香港将构建形成更加智能的出行系统，让市民可享受到如下便利：

① 享用更环保的交通工具，包括船只使用洁净燃料，以改善空气质量及处理其他环境问题；

② 利用实时交通信息，更有效地规划行程；

③ 通过更广泛分析城市数据，达致更妥善的交通规划和管理；

④ 借助智能机场享受轻松便捷的旅程；

⑤ 享受行人友善的环境。

（3）展望未来

香港会继续研究和制订相关措施，以期通过更广泛采用科技，舒缓道路挤塞，以及处理其他交通管理和执法事宜；配合车联网（V2X）及自动驾驶车辆的技术和行业发展，以期最终引入整合互联网的自动车辆；提升易行度及优化行人导向系统。

2）智慧生活

（1）现状

目前，香港共有超过37000个免费Wi-Fi热点，移动电话服务用户渗透率为283.75%，10岁及以上人士智能手机渗透率达到90%。香港的快速支付系统"转数快"登记用户约500个，日均交易额30亿港元。

（2）策略及措施

①无线城市

继续推行"Wi-Fi连通城市"计划，提供免费公共Wi-Fi服务，并为福利机构提供Wi-Fi服务先导计划。

②数码支付

继续推广使用快速支付系统"转数快"，在已制定的共享二维码标准基础上，继续推动零售业更广泛使用移动支付方式，为顾客及商户带来更大便利。

③个人身份数字化方面

推出"智方便"一站式个人化服务平台，方便居民使用数字政务服务和进行商业交易。

④长者与残障人士支持

继续推行10亿元的乐龄及康复科创应用基金，资助安老及康复服务机构试用、租借或购置科技产品。

⑤支援医疗服务

香港已在医院管理局的数据实验室推出大数据分析平台，以促进医疗相关研究，并将继续在医院管理局医院分阶段推行智慧医院措施。积极推行第二阶段电子健康纪录互通系统，将互通范围扩大至中医药数据及放射图像，开发互通限制功能及"病人平台"作为香港的公共医疗平台，提升系统核心功能和加强隐私保障。大力发展基因组医学，研究在香港使用远程医疗、视像及远程诊疗。探讨利用区块链技术提升药剂制品的可追踪性，分辨药物供应的行业及季节模式，并有效促进药物回收。

⑥康乐、体育及文化

开发全新智能康体服务预订信息系统和智能图书馆系统，并推出试验计划，应用科技提升在只有微弱或没有网络覆盖的偏远地区追踪远足人士位置的能力。

（3）目标和下一步工作

通过实施上述举措，香港希望在智慧生活建设方面让市民能更方便和更广泛地通过单一的数码身份使用电子服务及进行电子交易，可以随时随地享用便利的移动支付方式，更方便地使用由公私营机构提供的免费公共Wi-Fi服务，采用更多科技应用方法以支持长者，并享用新科技的医疗服务。

（4）展望未来

一是促进公私营机构之间及在社会上更广泛实现数字化；二是促进更广泛使用移动电子支付方式，为顾客及商户带来更大便利；三是在不同环境（包括医院、安老院）推广健康生活及健康老龄化，最终实现社区安老。

3）智慧环境

（1）现状

2018年，香港66%的碳排放源自发电，碳排放强度自2005基准年下降了36%。未来，香港将采用新的绿色科技，为市民创造低碳和更可持续发展的环境，并善用城市资源，包括减少废物、循环再利用和再造。

（2）策略及措施

①实施《香港气候行动蓝图2050》

推行各项减碳措施，2030年把碳强度由2005年的水平减低65%至70%，争取于2050年前实现碳中和。以天然气及非化石能源逐步取代燃煤发电，减少煤在发电燃料组合中的比例。在公营界率先应用市场上已成熟的技术，更广泛和大规模地使用可再生能源。在居民区进一步推广新能源和节能，特别是提升建筑物的节能表现。

②发展绿色及智慧建筑，提高能源效益

推动"重新校验"和采用以建筑物为本的智能/信息科技。逐步推行发光二极管公共照明更换计划，在公共照明系统安装LED灯，并鼓励现有政府建筑物更换LED照明。在新建地区发展绿色和智慧小区，规定须采用绿色建筑设计、提供智能水表系统、电动车充电设施和实时空置泊车位信息等。推行先导资助计划，推动在现有私人住宅楼宇停车场安装电动车充电设施。

③加强废弃物管理、污染监测和环境卫生

推行智能回收系统先导计划以提升小区废弃物回收水平，使用遥测感应装置监测空气污染，采用无人船监测河流水质，通过预防性规划加入噪声缓解设计，以降低新建住宅所受的噪声影响，并开展浮游植物物种监测系统试验计划。探讨利用新设施（例如智慧灯柱）或应用科技提升环境卫生工作。推出"智慧厕所"试验计划和研究科技在公厕中的应用。推出利用物联网传感器的防治鼠患试验计划，研究应用科技改善防治虫鼠工作。

（3）目标和下一步工作

通过落实上述措施，香港将让市民工作生活在更智能和节能的绿色建筑中，在室内和室外享受更佳的空气质量，应用科技提高能源效益，节约能源，减少家居及工作间的日常废物量。

（4）展望未来

- 采用市场推出的崭新绿色科技；
- 为市民缔造低碳和更可持续发展的环境；

善用城市资源，包括减少废物、循环再用和再造。

4）智慧市民

（1）现状

香港特区政府为市民提供12年免费中小学教育，约90%参加幼儿园教育计划的半日制幼儿园无需收取学费。在2019—2020学年，有60%的高中学生修读最少一科与STEM（科学、技术、工程和数学教育）相关的选修科目。香港共有8所政府资助的大学，2019—2020学年，共有86867名学生修读教资会资助的学士学位课程，其中有30580名（35%）学生修读STEM相关课程；共有11251名学生修读教资会资助的研究院修课及研究课程，其中5412名（48%）学生修读STEM相关的研究院课程。2018年香港本地研发经费支出约244.97亿港元，比2017年增加了约10%。在2019—2020年度约62000名公务员参与各类与科创有关的培训。

（2）策略及措施

①培育青年人才

香港已为中小学课程主任等提供STEM教育培训，鼓励他们推行更多与STEM相关的课程和活动。向全港公办中学提供资助，推行中学IT创新实验室计划，加强中学生课程以外的信息科技知识培训。利用"研究人才库"，鼓励企业雇佣STEM毕业生从事研发工作。吸引和挽留更多生物科技、数据科学、人工智能、机器人和网络安全等科创专业人才。推出"粤港澳大湾区青年创科产业实习计划"。

②营造创新及创业文化

香港将为青年创业者和初创企业提供财政和非财政支持，以建立更浓厚的科创文化。扩大香港科学园的培育计划及数码港的共享工作间。吸引风险投资基金，推动科创实习计划支持本地科创初创企业的发展。继续加强公务员在应用科技方面的培训。

通过实施上述措施，香港将力争为本地提供更多科技专才及从业人员，以支持科创发展。同时，让更多香港的学生选择以STEM作为学术和专业的发展方向，并涌现出更多成功的新企业和创业者。

（3）展望未来

香港会继续研究和制定相关措施，以期培育适应力强的人口，迎接科技的转变；建立知识型社会，支持日后的科创发展。

5）智慧政府

（1）现状

目前，香港特区政府的一站式入门网站"资料一线通"已有超过4180个数据集和1390个应用程序编程接口，可为市民提供约800项免费电子信息查询服务。2018—2019年，香港特区政府的信息及通信科技开支预算为100亿港元。在新的规划期内，香港将鼓励公私营机构开放数据，并通过采用科技（包括本地创新项目及产品）不断改善公共服务水平。

（2）策略及措施

①开放数据

根据2018年公布的开放数据政策，继续推广公私营机构开放数据，计划在2022年开放270多个新数据集，截至2022年4月底已开放100个新数据集并在持续进行中；各局/部门于2021年12月底公布第四个年度开放数据计划并持续进行。

②智慧城市基础设施升级

主要包括采用"智方便"平台并应用人工智能、聊天机器人及大数据分析等提升电子服务水平。推行多功能智能灯柱试验计划，收集实时城市数据，优化城市管理及其他公共服务。利用新的大数据分析平台，让政府部门能互相传送和分享实时数据。采用公共云端服务，让政府部门能提供有效和灵活的电子服务。更新政府云端基础设施平台，通过政府部门、信息科技服务供应商及其他第三方的协作和合作，提供数字政府服务。提升政府的网络安全能力，以应对新的网络安全风险，并促进部门间协作，提高社会对网络安全的认知和应变能力。采用各种低功耗广域网（LPWAN）技术，开发政府物联通（GWIN）加强城市管理。

③强化科技应用

加快建设智能政府创新实验室，鼓励信息科技界提供技术解决方案及产品建议，以提升公共服务能力，应对城市面临的挑战。在"精明规管"计划下使所有牌照申请均可通过电子方式提交，到2022年完全实现牌照申请电子化。推动工程监督系统数字化，以加强基本工程项目的监督及管理。在楼宇设施管理方面，推广应用"建筑信息模拟-资产管理/设施管理"（BIM-AM/FM）平台。应用"智管网"等智慧供水措施，监测用水分配情况，通过自动读表系统提升顾客服务等。为监狱注入智能元素，利用创新科技使惩教设施更加现代化。通过"智慧海关蓝图"，运用创新科技提升通关效率、执法成效、便商利贸。利用新一代个案简易处理系统提升核心入境服务。运用射频识别追踪系统及物联网简化危险药物的处理、补给及采购程序，提升紧急救护服务。

通过采取上述措施，有助于香港开发更多运用开放数据的创新应用及服务，享用更广泛、便捷和切合需要的数码公共服务，并借助"建筑信息模拟"技术及"空间数据共享平台"提升效率和推动创新。

（3）展望未来

香港会继续研究和制定相关措施，以期实现以下目标：

• 鼓励公私营机构开放数据。

• 以数据主导的模式改善公共服务。

• 检视法律及法规以支持创新。

6）智慧经济

（1）现状

截至2018年底，香港共有1400万个网上银行账户，每月通过网上银行进行的交易超过9万亿港元。为促进智慧型经济发展，香港将采取更多有力措施，加强商业的数字化转型，进一步完善科创生态系统，吸引更多优秀人才及投资，以推动香港经济更加蓬勃发展。

（2）策略及措施

①利用科创强化香港的经济支柱：金融科技

继续推动金融科技发展，在贸易融资、跨境联通及保险单认证等不同领域应用分布式分类账技术。继续监控虚拟银行在推出银行服务后的营运情况、顾客反应及其对本地银行体系稳定性的影响。为强制性公积金计划的行政工作开发"积金易"平台，继续推行"银行易"措施。

②利用科创强化香港的经济支柱：智慧旅游

在香港国际机场、广深港高速铁路西九龙站及港珠澳大桥香港口岸使用智能科技，提供便利旅客的服务。鼓励旅游业界善用创新科技增强竞争力，采用信息及通信科技和虚拟图像等智能特点，丰富旅客在香港的体验。通过智能机场、Wi-Fi连通城市计划及智慧灯柱提升旅客体验。优化香港旅游发展局的智慧旅游平台。

③利用科创强化目前的经济支柱：法律科技

发展网上平台，提供便捷和更具成本效益的网上争议解决及交易促成服务。

④发展新的经济支柱：推动研发和再工业化

建立重点科技合作平台，引进国际知名的大学、研发机构和科创公司。为企业符合条件的研发开支提供额外税务扣减，以吸引公司增加科技研发方面的投资。与深圳合作在落马洲河套区发展港深创新及科技园，向本地、内地及国际的科创企业、大学及研发中心开放。促进创新及新经济的发展。通过实施"科技券"计划鼓励本地企业和机构采用科技服务或方案提高营运效率。探讨使用新科技和新兴技术标准，以促进公司的认证。

通过落实上述措施，将有助于香港成为科技投资的首选地、创新及科技先进的旅游目的地，实现创新营商构思的理想地点。

（3）展望未来

香港会继续研究和制定相关措施，以期达成以下愿景：

• 优化整体营商环境，尤其是由科技推动发展的经济领域，如金融科技及再工业化。

• 进一步完善科创生态系统，以吸引更多来自其他国家的初创企业及投资。

• 吸引更多优秀人才及投资，以推动本港经济更蓬勃发展。

第 6 章

街区、小镇层面案例

街区是城市中重要的空间单元，同时也是智慧城市规划的重要层级，空间尺度大体在3～5km²。街区的智慧化需要注重街区的空间形态和功能特质，综合考虑尺度、形态、功能、景观、人文等多个方面，同时还要考虑到微观尺度人在街区的行为、活动和交互。由于街区层面的智慧城市涉及空间建造层面的实践，很多探索还处于发展初期，一些早期的实践项目受到建造技术、数据采集、空间开发实施政策等的制约存在着诸多挑战和问题。但是，相关的实践仍然是有益的，并且随着技术的进步而逐步具备落地的条件。

该部分案例主要介绍了城市街区、小镇以及特定意图导向地区的智慧化探索，主要包括以探讨未来城市为主的日本柏叶智慧新城区、韩国釜山国家示范区，作为创新平台的中国香港九龙东智慧街区、作为智慧产业街区的新加坡榜鹅数码区、以可持续为主题的日本藤泽智慧小镇，以及旨在构建智慧生活圈的韩国世宗行政中心区5-1地区。

6.1 世界未来形象——日本柏叶智慧新城

6.1.1 建设背景

日本比世界其他国家早一步面临环境、能源、食品和健康等问题，由于东京都市圈过高的人口密度，其周边自20世纪70年代开始建立新城。柏叶新城位于千叶县的柏叶市，距离东京核心地带30km左右，处于秋叶原与筑波科学城之间。柏叶市辖区面积114.7km²，2020年人口为43万，与北部的筑波共同构成东京都市圈广域据点之一。

在千叶县进行生态型城市建设的过程中，柏叶市被定位为职、住、学、游一体的复合型城市。借助筑波快速道路开通的契机，千叶县利用柏叶校园站和柏田中站

周边4km²左右的空地，整合附近东京大学、千叶大学、产业用地等资源要素，在
13km²范围（1区）内构想新城建设，同步衔接广域43km²范围（2区）的自然资源，
联动东南方向的老城柏叶市共同发展（图6-1）。

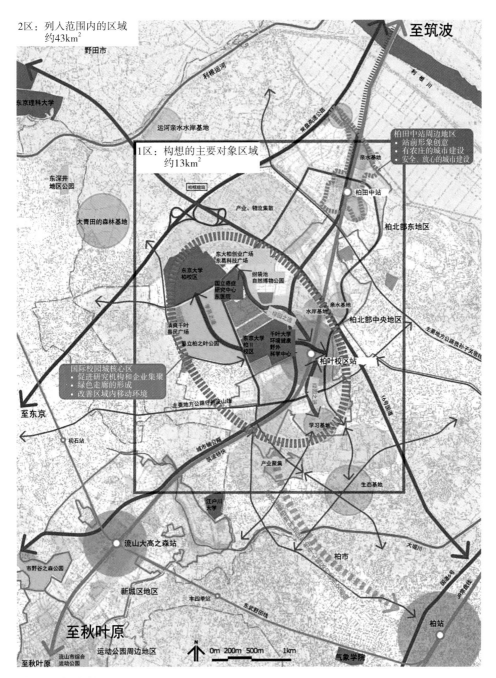

图6-1 发展区位
资料来源：《柏叶国际校区域构想》

6.1.2 建设目标与策略

1. 建设目标

　　柏叶新城的建设目标是为打造"世界未来形象"城市，并确立了"环境共生都市""健康长寿都市""新产业创造都市"三个城市建设主题。新城规划面积273万m²，目前完成了核心区的建设，包括柏叶创新园区在内的第2阶段仍在规划建设中。柏叶新城核心区中的综合服务区域"Gate Square"包括东京大学柏叶校区、UDCK城市设计中心、花园酒店等，并包含了整个区域的智慧智能中心"KOIL"（柏叶开放创新实验室），以辐射整个城区（图6-2）。

　　柏叶新城围绕城市建设的三个主题，提出8个目标和27条方针、重点措施。

　　目标1：建设与环境共生的田园都市

　　柏叶新城致力于营造永续发展的城市环境，实现人与自然的和谐共生。通过加强对生态系统的保护，活用地理特征，利用公园水系、城市绿轴，构建城市"绿地网络"框架，实现城镇绿地率达到40%。通过减免和补贴绿地保护相关的税收，提高私人土地内的绿化比例，实现街区绿地率达到25%；加强对优良耕地的保护和利用，推广带菜园的住宅供应，培育都市近郊农业。推广绿色建筑和可持续开发模式，实现2030年CO_2排放量较2010年削减35%。引入区域能源管理系统（AEMS），在紧急情况下通过对电力资源的再分配，确保社区不会停电，同时实现节能、防灾等目标；促进清洁能源的使用，完善低碳发展的监管机制和引导措施。开展环保教育项目，提高市民的环保意识；同时，以市民为主体倡导环境共生型生活方式，促进家庭能源管理系统（HEMS）的实施应用和家庭层面的节能减排。

打造"世界未来形象"城市。

——三个城市建设主题——

环境共生	健康长寿	新产业创造
关爱人类和地球 强抗灾能力城市	不同世代都能健康、 安心生活的城市	培育增长型产业， 为日本经济注入新的活力

图6-2　城市建设主题
资料来源：柏叶智慧新城官网

目标2：培养创造性产业空间

增强产业功能，建设"工作、生活在柏叶"的独立城市。利用筑波快速道路沿线最尖端的技术研究机构，打造世界一流的"创新走廊"。通过提供创业孵化和金融帮助，支持筑波快速道路沿线技术型创业公司的发展，加强柏叶与沿线技术机构的广泛合作；通过举办亚洲创业奖（AEA）等活动来为外国人和海外创业公司提供适合商业发展和信息传播的发展环境，展现柏叶的国际魅力。增强对大企业和研究机构的吸引力，推动新产业社区的创建。建设融合居住、研发、工作、交流等功能的综合型产业社区，通过调整土地相关条件促进研发企业的选址建设。基于"区域未来投资促进法"的支持，加大对企业和研究机构选址的补贴优惠力度。充分利用东京大学、千叶大学和各类科研院所集聚的优势，重点聚焦人工智能和物联网（AI和IoT）、生命科学和医疗健康两大领域，推动产业集群的形成和发展。提升现有产业价值链水平，增强产品竞争力，促进大学科研机构与当地工厂的协同合作，推动当地产品的商业化，同时利用艺术设计的方式创建柏叶品牌。

目标3：形成国际学术、教育和文化空间

建设能够终身享受学习乐趣、激发人们求知欲的城市空间。引进10家教育和研究机构，营造便利的国际化生活环境，强化柏叶世界领先的教育研究功能。对研究机构选址给予补助和贷款等优惠措施，促进世界级研究机构的集聚；增加可举办国际会议的场所空间，促进国际学术活动的交流。完善基础教育设施，培养能够肩负未来社会重任、活跃在世界前沿的人才。引进国际学校特色化教育设施，为中小学和高中创造高质量的教育环境；与大学和当地教育资源合作，开展针对儿童的教育项目（未来儿童学校等）。结合大学教育项目为研究人员提供灵活的住房，促进大学设施的开放和市民的日常使用，形成享受学习的生活方式。

目标4：建设可持续移动交通体系

以构建享誉全球的环境友好型交通系统为目标，在广域交通、区域交通、市内交通三个层次，打造可持续的移动出行体系，同时积极采用共享汽车、按需巴士等新交通方式，实现"智能＋多模式"的交通环境。通过改进公共交通系统来减少环境负荷，使城市和地区之间的交通联系更加顺畅。通过对道路资源的整备，延长原有自行车道和步行道的长度，利用地域资源形成富有魅力的步行环境，建立行人和自行车都能愉快出行的交通网络，将自行车的出行分担率提高10%。通过实施汽车共享、自行车共享等方式来减少汽车的使用，修建边缘性停车场从而抑制汽车侵入街区和车站周边，使汽车分担率降低10%。利用智能交通系统（ITS）进行出行管理，并加强对交通信息的收集、分析和反馈。

目标5：培育健康柏叶生活方式

建设每代人都能健康生活的城市。构建支持居民健康生活的城市空间和步行环境，完善行走便利、舒适安全的步行空间网络，增加街道长椅、地图标识等支持步行的设施。从市民的日常饮食和生活入手，建立城市食品农业体系和健康管理支持体系。充分利用所在区域的优势，建立有机农产品的在地产销机制，保证市民日常生活中的食品安全和饮食健康。建立增进健康的疾病预防体系，基于物联网技术对个人健康数据的收集分析，提供增进健康的最佳建议。

目标6："官·民·学"携手实施区域管理

以"官·民·学"的协同合作增进城市活力，提升社区的归属感。柏叶将政府（承担社区公共服务的"官"）、企业及居民（负责提高社区活力和吸引力的"民"），以及高校机构（以专业知识开展先进活动的"学"）组织在一起，最大程度发挥城市的潜力。2006年，柏叶成立了由东京大学、千叶大学、柏市、柏商工会议所、田中地区故乡协议会、首都圈新都市铁道等7个团体组成的柏叶都市设计中心（UDCK），对整个新城的开发进行规划设计。之后，由三井不动产公司牵头，联合日建设计、夏普等25家企业来具体实施。

目标7：设计高品质都市空间

通过先进的空间环境设计来提高城市生活的质量，建设绿色环绕、舒适安心的活力城市。塑造新城标志性街景，加强对重要骨干街道和街角空间的整修，营造具有魅力的街道景观和热闹的城市空间；加强城市景观与水绿环境的协调，通过直接埋设的方式促进电线地下化。保护绿地环境，建设绿园之城。因地制宜进行植物种植和布局，推进农业街道景观建设。以柏叶城市设计中心（UDCK）为中心推进城市景观设计。加强对重点地区的景观规划，建立设计管理机制，中小学校和公共设施是城市重要的功能空间，应通过设计竞赛和设计审查谋求空间设计的高品质化。鼓励利用保留地和公有地形成先导性的标志性景观，将"柏叶城市设计战略"中的基本空间理念纳入柏市制定的景观标准中，从而对后续项目进行具体的指导。

目标8：创新基地城市

建设始终跟进最前沿动态的创新城市。为实现超智能社会（society 5.0）建设，构筑城市实证实验的基础，柏叶智慧新城利用国家支持系统和特区制度，创造宽松管制的实证实验环境，实施智慧城市的示范项目申请国家补贴、吸引企业投资；在大学用地和私人用地外，利用公共空间进行先进技术的实证实验；与产业技术研究所合作建立地区数据库（大数据），建立数据汇集、管理和运行机制，促进行政机构和相关组织开放数据。在积累实验成果的同时，在日本全国乃至世界范围内推广和普及"柏叶创新"。

2. 建设策略

1）健康方面的举措

（1）从孩子到老人，所有人都能健康、富有朝气地生活的城市

当前，日本即将步入史无前例的超老龄化社会。城市建设的推进，旨在让人们在熟悉的街区安享健康生活，退休后也能发挥自己的见识和能力，获得参与社会的机会。

（2）健康信息汇聚的城市

柏叶LaLaport北馆3楼作为"城市健康驿站"汇集了健康相关的服务设施，是象征健康长寿都市的标志性楼层，其中有免费提供健康信息、增进健康服务的城市健康研究所，"あ（a）·し（shi）·た（ta）"（意指"明天"），即日文"あるく（步行）""しゃべる（谈话）""たべる（饮食）"三个词的首字母组合，守护区域居民的健康。

（3）让人总想漫步其中的城市

柏叶学园地区被绿色自然环抱，是跑步、健走和散步的最佳场所。柏叶收集了国内外关于提高步行舒适性的事例，制定了柏叶版步行设计指南，包括介绍的路线在内，还制作了柏叶路线图，方便人们查阅、使用步行/跑步路线导航功能，车站附近也有跑步驿站，不用担心换衣服和淋浴问题。

（4）享受工作乐趣的城市

为了让居住在柏叶的市民"有活力地生活"，收集柏叶学园站3km范围内的招聘信息。柏叶学园智能城市2030年的人口目标是居住人口约26000，就业人口约15000，为此开设这一服务网站，目的是倡导就近就业，从而获得更加充实的工作和生活。

（5）援助育儿家庭的城市

在大型出租公寓"Park City柏叶学园The Gate Tower West"，为了援助希望兼顾工作和育儿的家庭，引入保育园、学童保育设施以及儿科诊所、病儿和病后儿童保育设施等多种育儿支援设施入驻。这些设施不限公寓居民，街区所有居民均可使用。

（6）从日常"饮食"守护居民健康的城市

在享受饮食美味的同时获得健康，这就是"locabo"饮食法。控制糖分是一种旨在控制高血糖及血糖值剧烈上下波动的饮食法。践行locabo可以预防与生活方式有关的疾病，改善血糖值、血压、高脂血症等。柏叶学园站高架下的"Kakedashi横丁"可以提供locabo菜单服务。

2）环境方面的举措

人和环境共存的未来型环境共生都市——有效利用柏叶特有的丰富自然资源——地域资源，通过构建"节能·创能·蓄能"系统、新一代交通系统整治绿化等，力争建设发生灾害时能够确保生命线、人与环境共存的未来型环境共生都市。

（1）有效利用能源的城市

① AEMS（地区能源管理系统）

"柏叶智慧城市"推进城市整体能源利用最优化，核心设施便是AEMS。随着自营输电网建设和覆盖地区扩大，功能进一步增强，其目标是建成"智能电网"，为生活和创新提供支撑（图6-3）。

② 柏叶智能中心

智能中心主要管理区域内的能源使用以及发生灾害时的能源信息，掌握住宅、商业设施、办公室等电力使用状况，为生活和工作在这里的人们提供更高效节能的相关信息。此外，智能中心还负责灾情时期的电力再分配，实时掌握城市动态，引领城市变得更加环保（图6-4）。

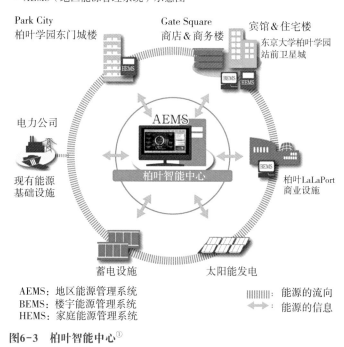

图6-3 柏叶智能中心[①]

---

① 资料来源：https://www.kashiwanoha-smartcity.com/cn/initiatives/

③ 日本首个实现将分散电源电力在区域内进行再分配的智能电网

启动智能电网运行，实现太阳能发电、蓄电池等分散电源能源在街区之间进行再分配。使用自营输电线路并用电力公司的电力和分散电源，在街区之间进行电力再分配，从而实现整个街区电力削峰。工作日办公用电需求增加，所以从"柏叶LaLaPort"向"GATE SQUARE"输送电力；而假日期间，商业设施电力需求增加，再从"GATE SQUARE"向"柏叶LaLaPort"供应电力。通过这些措施，实现区域电力削峰约26%，实现了节能和低碳减排（图6-5）。

图6-4　智能操作系统[①]

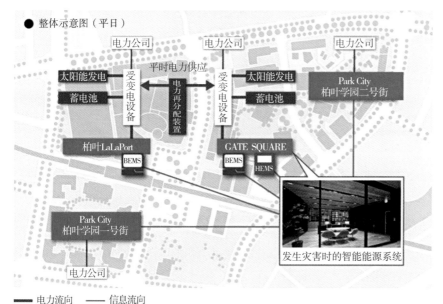

● 整体示意图（平日）

——电力流向　——信息流向

图6-5　分散电源电力
资料来源：柏叶智慧新城官网

---

① 资料来源：social-innovation.hitachi/zh-tw

④发生灾害时的智能能源系统

利用可再生能源及蓄电池，在发生灾害时可进行有效的能源管理，满足BCP（事业持续计划）、LCP（生活持续计划）。在GATE SQUARE内，即使停电也能连续三天保证平时六成左右的电力供应，还可保证住宅楼的消防电梯、照明设备以及公用区域的供电。另外，还可启动地下水水泵，从而确保生活用水，为城市带来安心感（图6-6）。

（2）实现生活节能的城市

HEMS（家庭能源管理系统）通过"能源可视化"，提高居民参与意识，倡导保护环境的生活方式。除了通过专用平板、电脑和智能手机等通报各住户的CO_2排放量之外，还根据AI功能提供的能源使用情况及时提供建议，通报达成节能的排名等。此外，该系统还具备紧急情况下呼吁居民协助节电的请求功能（需求响应）等，为打造强抗灾能力城市作出了贡献。用户外出时还可以对家中的照明、空调进行控制（图6-7）。

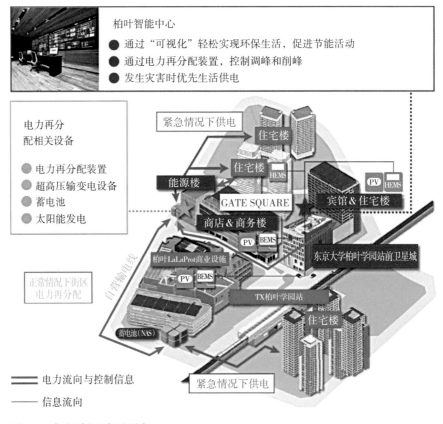

图6-6 电力再分配相关设备
资料来源：柏叶智慧新城官网

（3）低碳减排路线图

根据在提高生活舒适性的同时实现低碳减排的长期愿景，制定了路线图，着眼于技术进步，以2030年减排60%为目标，开始实施低碳减排措施（图6-8）。

（4）可持续发展设计

可持续发展设计是指不依赖电力等，利用自然的热量和空气，降低地球负荷的设计思路。在"GATE SQUARE"的每栋建筑中，可持续性设计与AEMS（地区能源管理系统）结合，两栋建筑约实现CO_2减排40%，商店和商务楼实现减排约50%，率先实现日本式绿色建筑（图6-9）。

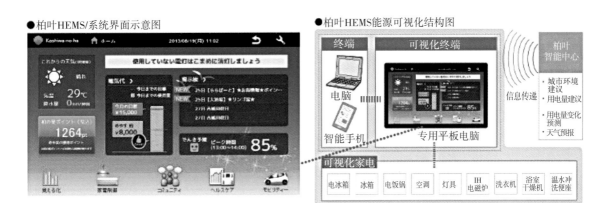

●柏叶HEMS/系统界面示意图 　 ●柏叶HEMS能源可视化结构图

图6-7　柏叶系统界面
资料来源：柏叶智慧新城官网

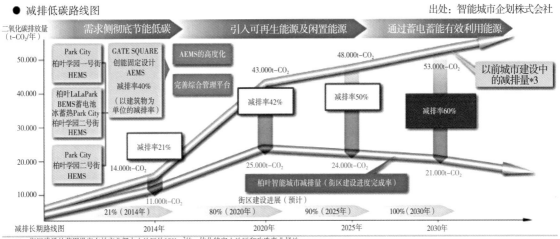

*1：街区建设的范围设定在柏市北部中央地区约273hm²的一体化特定土地和改造事业场地
*2：CO_2减排量为业务部门和家庭部门减排量计算结果（工业部门、运输部门不在计算范围内）
*3：2006年东京都地球变暖对策计划书制度中按用途区分的单位减排量·平均值比

图6-8　低碳减排路线图
资料来源：柏叶智慧新城官网

（5）利用可再生能源和闲置能源的城市

重点利用好太阳能板、风力发电装置、地下水雨水等可再生能源。此外，充分利用可堆肥垃圾生物气体、CGS排热等未利用能源，大幅度减少CO_2的排放量（图6-10）。

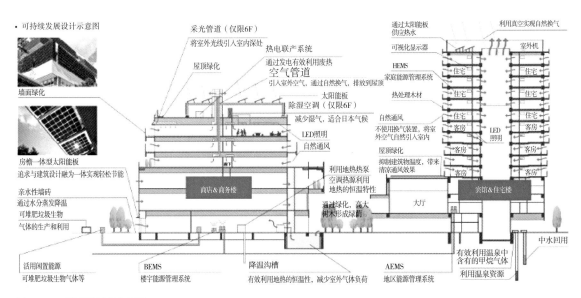

图6-9 可持续发展示意图
资料来源：柏叶智慧新城官网

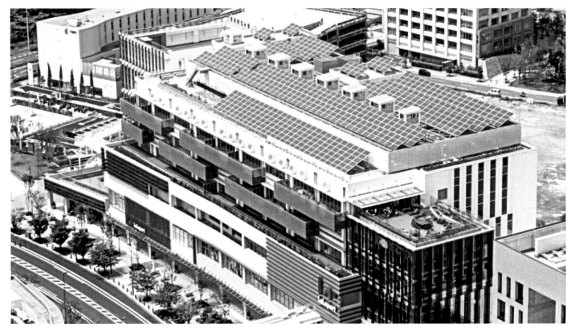

图6-10 太阳能板
资料来源：柏叶智慧新城官网

3）新产业方面的举措

培育造福人类的新产业——培育新产业对于发展、振兴日本经济至关重要。柏叶所在的筑波快速道路沿线，汇聚了各种学术研究机构和孵化器设施。利用这一潜在优势，从各个角度孵化培育萌芽产业，为其成长壮大提供支持。

（1）最尖端人才和信息汇聚的城市

KOIL（柏叶开放创新研究所）：办公空间"KOIL"是一个富有创造性的商务活动据点，各种人才、最前沿信息在此集聚、碰撞，孕育新创意，提高开发速度。在这里，通过获取创投专家支持，利用国内外创业者等的网络，开拓研究领域，推进新事业。

（2）支援创业者走向世界的城市

一般社团法人TX Entrepreneur Partners（TEP）：TEP由筑波快速道路沿线的大学、研究机构、行政机关、民营企业及个人专家联合组成，是日本屈指可数的创投支援组织，自2014年4月迁入KOIL以更加积极地开展支援活动。

（3）亚洲创新生态系统

亚洲创业奖（AEA）：日本发起的国际商务大奖赛，亚洲年轻企业家齐聚一堂，一决高下。

（4）IoT商务共创实验室

柏叶IoT商务共创实验室以柏叶学园为中心，利用筑波快速道路沿线地区共建的IoT通信环境，联合民间企业、行政机关、研究机构等各种组织开展活动，旨在向邻近区域推广IoT使用、创造IoT相关的商机以及开展合作等。

（5）柏叶创新现场（Innovation field）

承接以柏叶为舞台的实证项目并实施验证的一揽子实证平台。以约3km范围内浓缩所有功能的紧凑街区为舞台，以共同创造AI·IoT、生命科学医疗两个领域的新产品和服务为目的，不限企业规模或行业承接各种实证实验业务。

6.2 生态三角洲智慧城市——韩国釜山国家示范地区

为了将第四次工业革命相关的新技术与实践结合，以创造新兴产业的生态系统和未来智慧城市的先导模式，2018年1月，韩国政府选定釜山中心城区生态三角洲智慧城市（Eco Delta Smart City）作为智慧城市国家示范城市，拟以数据与增强现实为概念，将釜山打造成为应用了机器人、水资源、能源等10大创新领域的顶级滨水城市。

6.2.1　建设背景

　　釜山作为韩国智慧城市建设的先导城市，以2009年制定的U-City总体规划为开端，建成了韩国第一个地方内网、智慧服务项目及智慧城市建设项目。在全球智慧城市建设如火如荼的背景下，韩国政府于2018年以高质量的ICT基础设施建设为基础，选定釜山Eco Delta Smart City为国家示范地区。该地区位于洛东江河口三角洲，拥有得天独厚的水资源，项目面积约2.8km²，预计将有8500人入住此地区。试点以打造人、自然、技术共存的未来城市为蓝图，以韩国环境部下属的一家主要从事水资源综合开发与管理、水供应、水质改善等业务的企业为主体开发建设。

　　釜山Eco Delta Smart City作为引进第四次工业革命技术的未来产业基地，其核心价值在于培育第四次工业革命的创新技术，使所有市民都能得到公平的发展机会，并从环境、教育、文化、工作、安全等层面提高市民的生活水平（图6-11）。

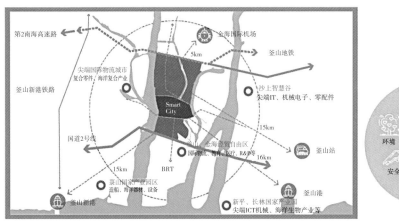

图6-11　釜山EDSC项目区位与蓝图理念
资料来源：翻译自http://www.busan.go.kr/ecodelta01及《釜山Eco Delta Smart City实施规划案》

6.2.2　建设目标与策略

1.　建设目标

　　旧工业革命时代形成的城市规划体系造成了盲目的城市扩张和城市空洞化现象，导致了大量城市问题的发生。为了避免现有城市问题进一步恶化，需要摆脱以"解决已发生的城市问题"为目的的传统规划模式，建立能够预测未来，并应对未来的经济、社会、环境变化的包容性空间规划。釜山Eco Delta Smart City在规划层面上进行了新的尝试，提出了"Smart Life for Future""Smart Link for Sharing""Smart Place for Everyone"的规划目标。

1）Smart Life for Future——高质量生活的城市空间模型

高质量生活的城市空间模型，即将过去以生产、工作为中心的城市空间模型转变为提高生活质量的未来型可持续发展城市空间模型，用综合性的土地利用来使城市充满活力，打造学习、工作、娱乐共存的城市空间，将城市中心作为公共空间，城市内部则配置业务、居住、商业、文化等多种城市功能区。通过职住接近的土地利用规划，减少城市居民的上下班时间。此外，构建智慧化特色街区，加强城市功能空间之间联系，促进市民的交往活动（图6-12）。

三类智慧化特色街区（图6-13）：

① 慧生活街区：以LID（Low Impact Development，低影响开发）概念建设，打造无人驾驶接泊车、智慧停车等场景的步行街区。

② 文化活动街区：宽40m，长500m的广场型文化活动街区，引入智慧路灯、向导机器人、巡逻机器人，营造安全便利的街区环境。

现城市

（Zoning）城市内职场人士平均上班时间100分钟

→

招致环境污染、工作与生活的不均衡

智慧城市

（复合型土地利用）以步行的方式上下班、走入城市公园

→

使工作与生活组合，提高市民的生活质量和创造力

（放宽选址）建设创意性的土地利用与建筑环境

图6-12　Smart Life for Future空间规划
资料来源：翻译自《釜山Eco Delta Smart City实施规划案》

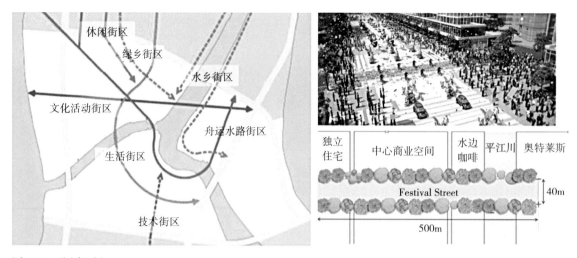

图6-13 街区规划
资料来源：翻译自《釜山Eco Delta Smart City实施规划案》

③ 舟运水路：可行驶船舶的水路街区，设置水热运营中心，应用水循环供给等与水相关的智能技术，沿水路为市民提供智能购物服务。

2）Smart Link for Sharing——共享城市的公益价值

釜山提出"城市不是以蚕食自然的人为中心，要凭借以城市、人、自然共存的空间规划，将自然的公益价值与市民共享"，将自然、技术与人之间脱节的城市转变为自然环境和城市价值由市民共享的智慧城市。规划将城市内部14km的绿地、水路相连，形成无论何时何地，仅需5分钟距离就能看到水边和绿地的"蓝绿"网络，为文化、休闲打造多种智能环境，加强自然、技术与人之间的联系（图6-14）。

3）Smart Place for Everyone——阶层共存的包容城市

智能技术使得人们可以不分阶层、等级地沟通与共存，也使城市提供的多种服务得以共享。规划以包容城市为概念，建设市民公平共享环境与福利、企业公平共享成长机会的城市空间，并计划投入700亿韩元（约4.1亿人民币）用于数据中心、宣传场馆、创业支援中心等设施的建设，总规模为20000m²。依托釜山Eco Delta Smart City所具备的天然条件，计划打造宽8m，全长3.8km，贯穿周边商业区的环状舟运水路，并将水路周边的商业区划为特别规划区。特别规划区将应用充分反映了市民意见的差异化设计方案，在麦岛江、平江川、西洛东江交汇处打造贯通的商业

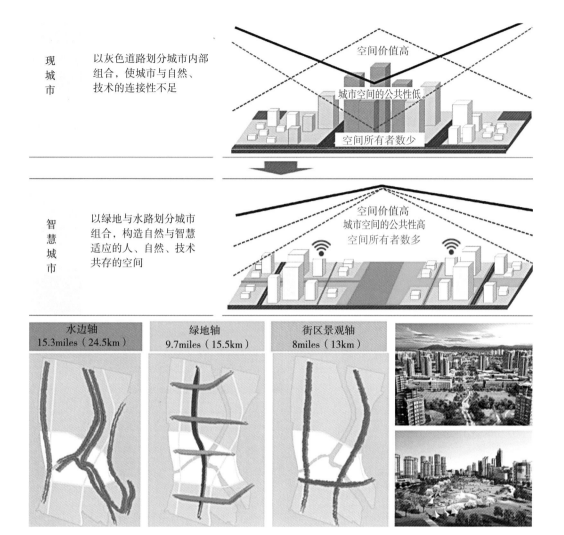

图6-14　Smart Link for Sharing空间规划
资料来源：翻译自《釜山Eco Delta Smart City实施规划案》

区，形成以滨水生态、休闲、日常活动为主题的集聚区，为购物、文化、休闲等多种城市活动提供场所（图6-15）。

2. 建设策略

1）以智慧城市平台驱动城市的持续创新

在数字时代，创建为多种服务提供数据、应用场景的平台，并以此创造附加价值，是建设智慧城市必不可少的条件。釜山Eco Delta Smart City在开发服务之前，

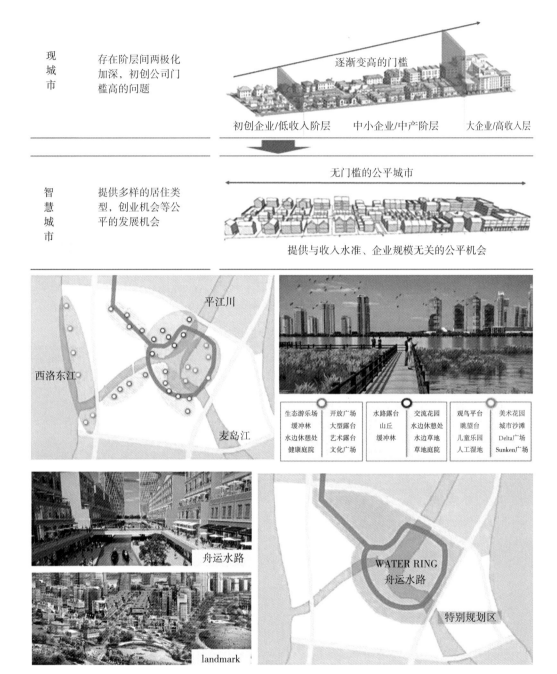

現城市 | 存在阶层间两极化加深，初创公司门槛高的问题
逐渐变高的门槛

初创企业/低收入阶层　　中小企业/中产阶层　　大企业/高收入层

智慧城市 | 提供多样的居住类型，创业机会等公平的发展机会

无门槛的公平城市

提供与收入水准、企业规模无关的公平机会

平江川

西洛东江

麦岛江

生态游乐场	开放广场		水路露台	交流花园	观鸟平台	美术花园
缓冲林	大型露台		山丘	水边休憩处	眺望台	城市沙滩
水边休憩处	艺术露台		缓冲林	水边草地	儿童乐园	Delta广场
健康庭院	文化广场			草地庭院	人工湿地	Sunken广场

舟运水路

landmark

WATER RING
舟运水路

特别规划区

图6-15　Smart Place for Everyone空间规划
资料来源：翻译自《釜山Eco Delta Smart City实施规划案》

采用优先整合智慧城市平台的新方式，来诱发持续不断的创新。在当前以服务为中心的智慧城市推进模式中，每项服务都单独构建了基础数据应用体系，易产生高费用、低效率的问题。釜山Eco Delta Smart City的平台推进方式则基于服务的共同要

素搭建并进行共享，简化了服务的开发和变更，也使各项服务之间得以融合。

釜山计划在全市范围内建立优于其他城市的最高水准的数字平台，以支持尖端服务的高效实现，打造任何人都能发挥其创意的创新环境。

（1）构建基于超级计算的城市计算平台

为了提供需要实时处理超容量数据的智慧城市服务，必须构建以超级计算机为基础的城市计算平台并同步开发各类算法，应用边缘计算和云端架构，实现计算资源的有效利用与服务的高效化（图6-16）。

（2）打造智能通信环境

以5G移动通信网为基础，设计最适合智慧城市的智能型通信架构。构建依据地域需求来调节通信规格与容量的自由型通信网，利用非许可频带（Unlicensed Spectrum），实现位置测定、物体感知、水平测定等智慧城市功能，形成最先进的通信环境（图6-17）。

（3）构建网络安全平台，实现安全的服务环境

Eco Delta Smart City计划在2022年完成"智慧C.A.I.R中心"（Centralized,

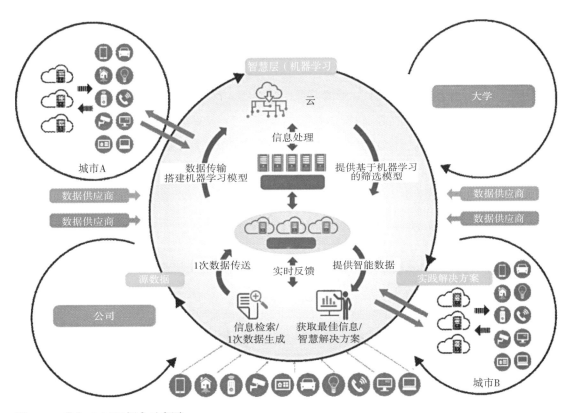

图6-16 釜山EDSC云概念示意图
资料来源：翻译自《釜山Eco Delta Smart City实施规划案》

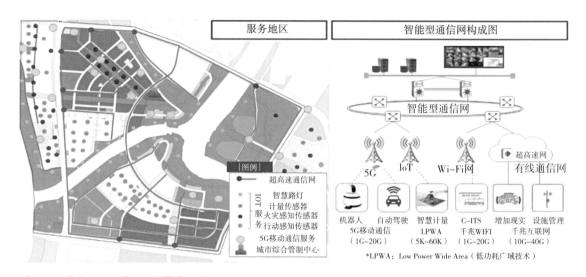

图6-17 釜山EDSC通信网络搭建示意图
资料来源：翻译自《釜山Eco Delta Smart City实施规划案》

Automated，Intelligent，Real-time）建设，实施"基础设施保密、领域保密、城市保密"三种管理体系。

（4）及时提供智慧城市所需的数据，营造数据共享的最佳环境

制定城市核心数据管理办法、物联网管理办法、物联网共享体系等城市综合性数据管理体系。另外，引进由本人直接管理个人信息（信用、资产、健康等）的数据体系，保障信息主权和数据运用同步实现。

（5）建设适用于城市管理和服务的新概念城市综合数据分析中心

将现有的CCTV控制中心转换为城市数据分析中心，将城市运营核心领域的数据（包括CCTV、安全、水管理、交通等）汇总并进行分析利用。

2）增强现实——在现实空间中实时融合数据

为了创造多领域的体验型服务生态系统，将全面打造基于数字孪生的增强城市，开发将数据分析与AI直接融合的服务平台。为此，首先将率先构建动态性数字孪生系统，提高真实空间与虚拟空间的联系，通过开发开放式管理平台，使各种空间数据的管理者能够主动更新数字孪生中的信息。其次，建立超精密定位服务保障基础。为支撑空间信息的应用与机器人等移动体的运用，将在道路及建筑物上设置标识，形成超精密室内外定位体系。为了保证在建筑物内也能持续提供服务，将公开室内定位数据，并将交通信号灯等公共设施作为位置服务的枢纽。另外，将扩充基本数据的组成，如将行政数据、设施、商户等各种数据三维化，以支持增强服务的应用。最后，将开发基于数字孪生的增强现实平台，提供尖端的测试场所，将釜山Eco Delta Smart City打造为增强现实相关行业的中心（图6-18）。

3）机器人城市——适合开发和应用机器人技术的城市

Eco Delta Smart City计划打造应用机器人的最佳城市环境，通过对机器人的积极利用，促进机器人产业的发展。

（1）设立机器人综合管制中心，开发机器人综合管制系统。

机器人综合管制中心可实时检查城市内运营的服务机器人的安全及运行状态，在发生异常时可以采取紧急措施。在实时监控机器人硬件与软件状态的同时，还将构建与城市物联网各个系统相连接的机器人控制系统（图6-19）。

图6-18　釜山EDSC增强现实平台开发示意图
资料来源：《釜山Eco Delta Smart City实施规划案》

图6-19　釜山EDSC机器人管制系统
资料来源：翻译自《釜山Eco Delta Smart City实施规划案》

（2）建设机器人友好型城市基础设施，实现多样化的机器人服务

城市内的机器人以企业联盟的方式运营，规划将建设1个机器人综合管制中心，在城市各处设立机器人服务站，提供室外机器人充电及服务的场所。为确保各类城市机器人（管理机器人、配送机器人、调度机器人等）在城市内顺利移动，通过与自行车共享车道的方式，构筑机器人的安全移动路线，实现机器人无障碍城市。另外，交通信号灯、车道、电梯、出入门等各种城市设施均可与机器人进行通信，垃圾桶等设施也将采用机器人可操作的模式进行研究开发（图6-20）。

（3）完善机器人安全保障

计划将采取与保险公司合作的方式研究风险管理制度、机器人登记制度、机器人费用征收体系等有关城市内机器人应用的相关制度。另外，通过开设机器人学院，为优先使用机器人的人群提供认识和应用机器人的教育课程。

4）赋予市民的10大创新服务

釜山Eco Delta Smart City将以城市空间规划及相应平台为基础，向市民提供10大创新服务。为实现优质、高效的智慧服务，这10大创新服务将涵盖个人、社会、公共、城市四个方面（表6-1）。

（1）利用机器人创新生活方式（City-bot）

"City-bot"服务将在生活中利用机器人提高市民的生活质量，使釜山成为引领机器人发展的关键城市。该计划利用"肌力增强型移动辅助机器人"，消除孤独感、发挥秘书作用的"照看机器人"，为儿童提供性格开发、教育、保护儿童免受生活中各种危险的"护理机器人"三类机器人，为社会上的弱势群体（独身、高龄人、残障人士等）提供生活保障；引入代替人停放车辆的"停车机器人"、大规模物流仓库管理及配送快递的"物流机器人"、为学生的学习提供帮助的"家教机器人"、与大型物流公司联合构建利用机器人的自动化无人超市、指导诸如乒乓球等生活运动的"教练机器人"、进行下肢康复治疗的"医疗机器人"六类机器人，使人们在日常生

图6-20　釜山EDSC机器人移动路线
资料来源：翻译自《釜山Eco Delta Smart City实施规划案》

釜山 EDSC 4 大领域创新服务

表 6-1

4大领域	指向点	特色课程	一般课程
个人	自由、创意的智慧市民	❶ 使用机器人进行生活创新	❻ 智慧教育&生活
社会	超越工业城市的创新社会	❷ 学习—工作—娱乐相融合的社会	❼ 智慧健康
公共	先发性的智能公共服务	❸ 城市行政与管理智能化	❽ 智慧交通 ❾ 智慧安全
城市	保障持续发展的千年城市	❹ Smart Water ❺ 零能耗城市	❿ 智慧公园

资料来源：翻译自《釜山Eco Delta Smart City实施规划案》

活中可以体验各种机器人服务，创造新的生活方式（图6-21）。

（2）学习—工作—娱乐（Learn，Work and Play）相融合的社会

"LWP融合社会"旨在实现学习、工作、娱乐空间上的融合，打造人们能兼顾家庭、工作与自我发展的智慧城市环境。为实现多功能的复合空间，将在公寓区设立LWP交流中心，中心包含图书馆、工作中心等设施，中心围绕民营企业与市民不断探索开发新的内容，以真实体验激活项目的运营，形成以交流为中心的枢纽空间。除此之外，还将建立"制作空间"，该空间配备可自由使用的3D打印、公共厨房等

照看机器人

移动辅助机器人

物流机器人

家教机器人

无人自动化超市

医疗机器人康复中心

图6-21 釜山EDSC计划引入的机器人服务
资料来源：翻译自《釜山Eco Delta Smart City实施规划案》

图6-22　釜山EDSC LWP交流中心位置与Maker Space
资料来源：翻译自《釜山Eco Delta Smart City实施规划案》

设施，使人们能独立进行多种经济活动（图6-22）。

（3）城市行政与管理智能化

城市增强平台与城市行政管理接轨，应用机器人来提高城市管理的智能化水平。计划在公园、学校、停车场等城市重要空间配置30台可提供现场管理、介绍、翻译等多种服务的机器人；道路、水路、管路清扫等危险的城市管理业务将通过机器人与人合作的方式完成，从而降低危险事故的发生；机器人的摄像传感器将测量城市的3D空间信息，完成对城市增强平台的实时升级。

（4）Smart Water

釜山Eco Delta Smart City将结合信息通信技术与LID开发模式，以打造恢复城市水循环的智慧水城。计划搭建区块系统、水质计测器、漏水感知传感器、水质显示屏、移动APP等软硬件来构建SWM（Smart Water Management）系统，使市民可以随时随地确认用水量及水质信息。

以防洪为例，通过引入最尖端的降水预测与城市水灾应急系统，实时分析城市局部降雨量，设置高精度的小型降雨雷达来预测洪水。

另外，推行用植被覆盖代替密实的混凝土地面来营造庭院，构建自然型城市；同时，在城市内的道路、公园、绿地、河流等公共设施用地及住宅等建筑物上构建"绿色基础设施"，如屋顶绿化、生态湿地、雨水花园等（图6-23）。

（5）零能耗城市

城市内消耗的能源100%由可再生能源生产，并计划建设可持续能源自立城市。釜山Eco Delta Smart City将率先应用水温差为城市供应热能，预计分阶段在5个地区建立水热供给中心以满足釜山市整体10%的热能消耗（图6-24）。

在水能科学村，约100户居民将入住通过"被动技术"与"主动技术"打造的零能耗住宅区。零能耗建筑被动技术重点强化隔热与气密性，减少能源损失。如高性

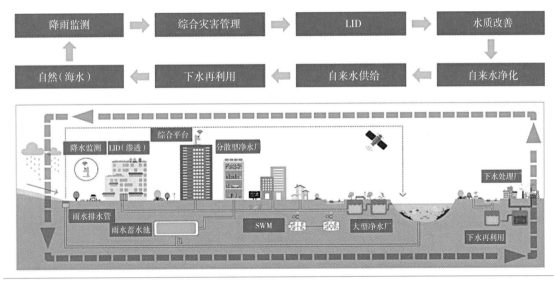

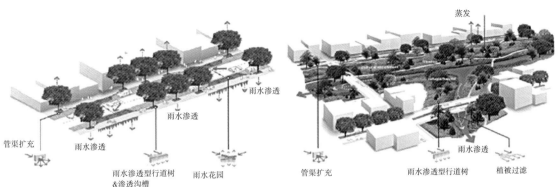

图6-23　釜山EDSC 水循环及LID示意图
资料来源：翻译自《釜山Eco Delta Smart City实施规划案》

能外墙隔热、切断热桥、3层窗户、热回收换气装置等；零能耗建筑主动技术重点强调高效率机器与可再生能源，如太阳能发电（PV）、光伏建筑一体化（BIPV）、能源储藏装置（ESS）、燃料电池、水热、地热等（图6-25）。

（6）智慧教育和生活

釜山Eco Delta Smart City计划与韩国教育部合作，建设一批应用智能平板和电子黑板等智能教学工具、实现在线教学、应用AR/VR体验教室来进行创意教育的未来型幼儿园与小学。同时，不仅在学校内部，而且在学校之外的城市各处也开展多样的教育项目。

在生活方面，将打造多种文化与购物设施，充分利用机器人、自动驾驶购物车，建造13.1万m²的智慧购物园区；通过免费Wi-Fi、无人结算、人脸识别等技术，

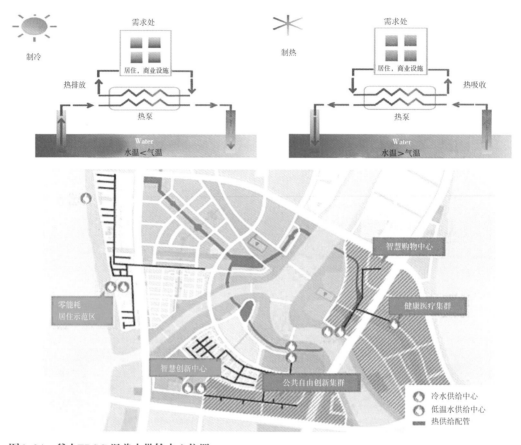

图6-24　釜山EDSC 温差水供给中心位置
资料来源：翻译自《釜山Eco Delta Smart City实施规划案》

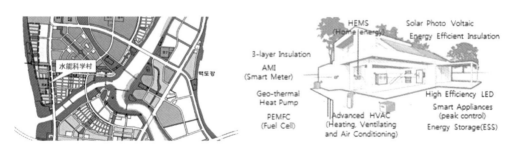

图6-25　釜山EDSC零能耗住宅位置与技术
资料来源：翻译自《釜山Eco Delta Smart City实施规划案》

打造"无现金结算"的城市。

　　釜山Eco Delta Smart City还将打造实现安全、照明、家电、制冷、取暖等多种功能联网的Smart Home智慧园区（约2000户），特别为老人等弱势群体设置了IoT安全报警系统，并且能通过远程检索数据确认独居老人的安全（图6-26）。

（a）釜山EDSC智慧购物技术

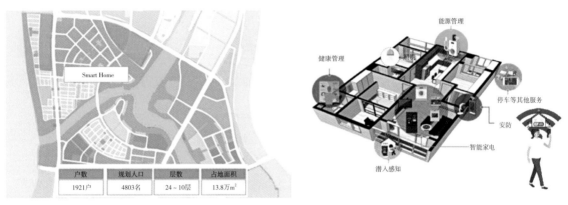

户数	规划人口	层数	占地面积
1921户	4803名	24～10层	13.8万m²

（b）釜山EDSC智慧家居规划区及技术应用

图6-26　釜山Eco Delta Smart City实施规划图
资料来源：翻译自《釜山Eco Delta Smart City实施规划案》

（7）智慧健康

智慧健康主要推动两方面的建设，一是关注市民日常健康情况，通过智能穿戴设备，实现对市民的运动、生活习惯的实时监测，使市民获得量身定制的健康管理指南。二是培育融合人工智能、大数据和医疗技术等创新技术的智慧医疗行业，并通过引入尖端的精准医疗来缩小医疗水平的地方差距。釜山计划在2021年完成对智慧健康管理平台的设计与开发，在公共的自由创新集群地建设占地5000m²的健康管理中心，利用日常数据提供健康管理服务的智慧化解决方案（图6-27）。

在医院服务方面，通过引入"云计算精密医疗信息系统"，开发基于AI的精密医疗解决方案，对每个医院各类的医疗大数据（诊断信息、医疗影像、遗传信息等）进行分析，以制定个人处方，降低医疗费用，从而最大程度地缩小首都与地方间的医疗水平差距。

（8）智慧交通

釜山将智慧交通分为**智慧道路、智慧出行、智慧停车、PM个人出行方式**4个方

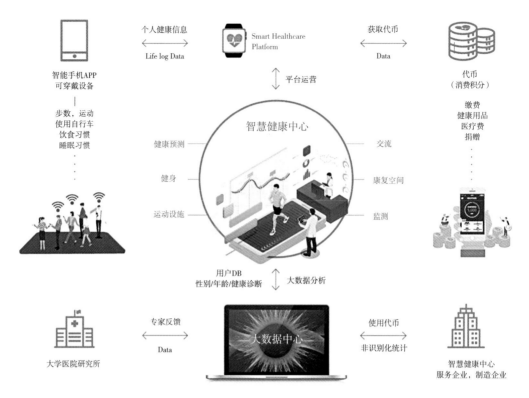

图6-27 釜山EDSC智慧健康平台
资料来源：翻译自《釜山Eco Delta Smart City实施规划案》

面，按计划分阶段进行建设。

① 智慧道路

智慧道路以优化自动驾驶基础设施及交通流为目的建设。在6km长的干线道路与1.5km长的支线道路上构建符合L4等级自动驾驶的C-ITS（新一代智能型交通系统）及通信网。通过大数据分析来预测交通，实时控制智慧交通信号系统，优化交通流向（图6-28）。

② 智慧出行

在出行方面，将以自动驾驶区间车、个人车辆共享系统、环保充电站等为主要建设方向，打造环境友好型的智慧出行模式。其中，自动驾驶区间车计划于2022年在7.5km的区间测试运营，根据技术开发的速度，将逐步向Eco Delta Smart City外的地区推广；个人车辆共享拟引入将个人的车辆租借给第三方的中介平台（如美国Turo）；需求响应式公共交通拟引进除大型公交车、出租车外，可合乘的"微型呼叫车"，以低廉的价格将乘客载至指定地点；新概念复合充电站则可在电动汽车充电期间享受购物、媒体、游戏等多种娱乐功能。

③ 智慧停车

釜山计划在公园的地下设置2个机器人引导式停车场和22个智慧停车场，机器人将代替人引导车辆的停放。机器人引导停车可以大幅缩小每辆车的停放面积，从而扩大普通车辆的停放面积，方便停车。另外，可实时确认城市内空置的停车空间。支持车位预约的智慧停车系统也将在Eco Delta Smart City全面引入，最大程度减少市民停车的不便（图6-29）。

划分		数量
-----	精密地图	L=7.5km
	实时信号控制	9处
	路边基站	5处
	突发情况感知	5处
	步行者检测	3处
	气象信息检测	5处
	路面信息检测	4处

图6-28 釜山EDSC智慧道路
资料来源：翻译自《釜山Eco Delta Smart City实施规划案》

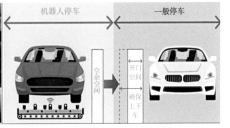

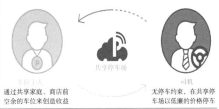

划分	设置数量
智慧停车（包含机器人引导停车）	22处
机器人引导停车	2处

图6-29 釜山EDSC智慧停车
资料来源：翻译自《釜山Eco Delta Smart City实施规划案》

④ 引入个人出行方式

市民在城市内短距离移动时，无须个人车辆，将以PM（Personal Mobility）的出行方式完成。釜山Eco Delta Smart City将设计18km的PM专用道路，配置200台PM交通工具，包括自行车、电动脚踏板、小型电动车等，在每步行3分钟的距离（250m）内配置1个租赁处，共计11个，实现无车出行环境（图6-30）。

（9）智慧安防

利用第四次工业革命相关的尖端技术（物联网、大数据、人工智能等）预测事故的发生及波及情况，保障市民安全。在智慧安全系统下，城市内设置的传感设施将随时监控城市的状况，并完成信息传递与出警系统的联动。派出的应急车辆可与智能型信号控制系统联动，给出警途中遇到的一般车辆传递实时消息，引导普通车辆避让应急车辆。对于室内意外事故，将以5层以上的建筑为对象，构建智能型应急指引系统，根据不同灾情提供最佳的疏散路径指引（图6-31）。

划分		数量
🚲	PM租赁处	11个
📍	综合管理中心	1个
▬	PM专用道路	18km

注：PM专用路与自行车道路并行

图6-30 釜山EDSC PM路线及租赁处位置
资料来源：翻译自《釜山Eco Delta Smart City实施规划案》

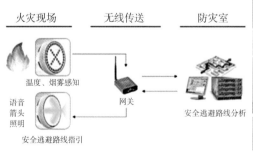

图6-31 釜山EDSC PM路线及租赁处位置
资料来源：翻译自《釜山Eco Delta Smart City实施规划案》

釜山Eco Delta Smart City还将引入通过摄像信息掌握实时心理状况的系统，在公共场所及主要建筑物中设置"心理分析CCTV"，实时掌握人的心理状态（自杀、犯罪等），做到对事件的预防（图6-32）。

（10）智慧公园

釜山Eco Delta Smart City将"智慧技术"与"公园设计"相结合，打造市民可以在日常生活中体验多种创新技术的标志性空间——智慧公园。规划将Eco Delta Smart City全城约70万m²的水边公园赋予"智慧物联服务"，打造"Smart Daily Park"，在提供更健康的自然环境的同时，确保市民健康、保证活动安全。此外，在特别规划区内，还将建设一个占地约1万m²的"Smart Landmark Park"，应用各类技术以提高生态环境的恢复能力，实现控制细颗粒物、促进雨水循环等功能，并通过全新的设计使公园"景点化"（图6-33）。

CCTV 2～3s
掌握心理状态

掌握物品购买欲
（80分以上）

73.2
掌握员工服务心理
（70分以上）

93.8
探测高度可疑人员
（90分以上）

67.6
掌握儿童忧郁症程度
（不足30分）

图6-32 釜山EDSC 心理分析CCTV示例
资料来源：翻译自《釜山Eco Delta Smart City实施规划案》

[Smart Landmark Park 鸟瞰图]

清除微尘

雨水循环

生态体验/学习

远程控制

智能能源

图6-33 釜山EDSC计划建设的Smart Landmark Park
资料来源：翻译自《釜山Eco Delta Smart City实施规划案》

		空气净化塔	
恢复力	清洁的空气		与水边舞台相结合，引入具有空气净化功能的智慧空气净化塔。净化区可进行健康的市民活动，不必担心微尘
	健康的水循环	收集雨水的"Water Spot"	在公园内，雨水100%渗透，渗透的雨水进入地下蓄水槽，收集的水将用于水帘、小河礼堂等设施
	增进ECO服务	支援生态多样性的智慧水鸟栖息地	在河流下方为水鸟建设人工栖息地，引入可学习生物资源保护和生态多样性的VR/AR系统，使之成为健康的生态教育场
创造力（户外文娱活动，学习&玩耍）		使用者可以亲自创造的活动空间	以建设学习、工作、娱乐的复合空间为目标，将户外活动作为数据与智能技术相联系，使市民自己体验、学习并创造多种活动空间

图6-33　釜山EDSC计划建设的Smart Landmark Park（续）

资料来源：翻译自《釜山Eco Delta Smart City实施规划案》

6.3　作为创新平台的香港九龙东智慧城市

6.3.1　智慧城市建设背景

1. 背景情况

九龙东CBD是香港探讨发展智慧城市可行性的试验区，面积约488万m^2，由启德发展区、观塘商贸区、九龙湾商贸区组成。其中，观塘是香港最古老和最重要的工业区，九龙湾亦由若干工业、商业和住宅区组成，而启德发展区是在填海土地上重建启德机场旧址。在香港制造业高峰期，九龙东片区曾是繁荣生产的工业区，政府借香港工业制造业北移的契机，将该地区重新定位为新的经济活力增长极，建设成为香港第二个核心商业区（图6-34、图6-35）。

　　一方面，九龙东地区同样面临着香港的共性困境，如交通拥堵、被挤压的行人环境、公共空间质量低下、混乱的土地用途及权属等。但另一方面，九龙东也拥抱着诸多机遇：

　　（1）第二个核心商务区。该区域的战略地位凸显，智慧城市措施可以改善人车流动、环境质量、基建和市民居住及工作的体验。

　　（2）新旧交融。区域内新旧建筑交错林立，这可以验证智慧城市措施在新旧社区推行的可能性，同时这些措施也可以有效改善新旧建筑的效能。

　　（3）启德发展区。智慧城市措施可在启德发展区的规划早期开始介入，有更大弹性允许区内设施试行各种智慧城市方案。

　　（4）旅游枢纽，随着休闲游憩用地占比达55%的启德体育城和启德邮轮码头的落成，启德发展区将会成为举办大型盛事的主要场地，智慧城市措施可以利用科技提升游人的旅行和观演体验。

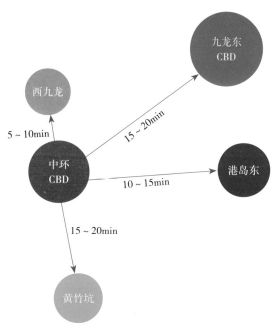

图6-34　香港主要办公集群区位示意图
图片来源：《香港九龙东CBD"智慧化"更新策略探析》

图6-35 九龙东CBD范围示意图
图片来源:《香港九龙东CBD "智慧化"更新策略探析》

2. "智慧化" 发展历程

九龙东地区的更新发展得益于九龙东办事处的长期跟踪调查与策略制定,其先后发布了五版《启动九龙东概念总纲计划》,策略重点也随着逐步深入的调查与广泛的公众参与反馈得到了进一步深化与修正。办事处于2016年2月开展《发展九龙东为智慧城市区一可行性研究》,旨在为九龙东智慧城市发展制定框架及为智慧城市方案制定策略和优先次序,以契合本区域的挑战、限制和机遇(表6-2)。

启动九龙东概念总纲计划详情   表 6-2

时间	版本	核心内容
2011年10月	第一版	发布九龙东首部概念总纲计划,并以改善连接性、品牌、设计和多元化为策略重点
2012年6月	第二版	在加强连接、改善环境及加快释放发展潜力三个范畴的基础上提出十项策略
2013年6月	第三版	提出飞跃启德、创意文化艺术、绿色建筑及工业文化传承的构想
2015年1月	第四版	提出五个主题: 易行九龙东、绿色核心商业区、智慧城市、飞跃启德和创造精神
2016年11月	第五版	以智慧、创新和可持续发展为主线,在延续 "创造精神" 的同时,继续加强连接性和改善环境,推行多项以人为本的措施,打造一个智慧型绿色核心商业区

6.3.2 建设目标与策略

1. 建设目标

九龙东的智慧城市框架包含三个层次，框架的核心是构建以人为基础的创新平台，通过鼓励创新活动，凝聚社会各界人士跨界合作，促进不同类型的智慧城市措施繁荣发展；框架的中层是智慧城市措施的重点策略，这些策略以将九龙东变得更宜居为目标；框架的底层抓手是利用资信及通信科技来加强智慧城市措施的成效，它是每个重点策略的关键促成因素（图6-36）。

2. 规划策略

1）创新平台

智慧城市框架的核心内容是建立可以促进政府、业界、学术界、研究机构及公众之间共同创造和跨界别合作的创新平台。政府的驻地部门启动九龙东办事处的跨部门协调机构，极大地推动了九龙东成为为智慧城市项目提供试点和示范场地的重要平台。通过将不同但相关的学科整合到一个团队中，改进建议可以比在不同部门之间反复协调下得到更快实施。另外，融合各界人士的创新平台也成为制定智慧城市措施的策源地，政府、高校、各行业以及公众通过参观、讨论、研讨会等形式建立了跨界别、多层次的协作和伙伴关系。通过三方合作（政府、私营机构和学术机构）发挥最大的协同效应，平台已陆续发展出一些创新课题，如香港科技大学的"个人化实时空气污染风险信息系统"，香港应用科技研究院的"智能室内外地理信息系统"等。

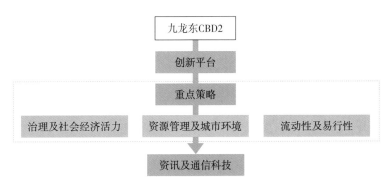

图6-36 九龙东智慧城市框架
图片来源：《香港九龙东CBD"智慧化"更新策略探析》

创新平台也提出多方合作构建智慧城市的倡议，并在规划和设计中自上而下地采用智慧城市措施，同时也高度重视九龙东智慧城市发展过程中的社区参与和共同创造的重要性，将此视为实现智慧城市愿景的起点（表6-3）。

为各界人士起草的跨界合作倡议书   表6-3

参与方	倡议行动
政府	■ 为大学和研发机构提供理想环境，研发高科技技术，发挥创意 ■ 推动九龙东成为实施智慧城市措施的试点地区 ■ 提供合作平台，带动产业互动 ■ 开放更多数据以鼓励创意
公众	■ 下载并使用为智慧城市开发的流动应用程序，提供使用数据推动持续开发，带动信息经济发展 ■ 响应智慧生活，例如利用数据选择绿色运输服务，达成减排目标 ■ 分享对智慧城市方案的意见
资讯及通信科技业	■ 与大学、科研机构及政府交流，推动智慧城市技术得以更广泛应用 ■ 为通信网络、云端系统、开放数据平台及网络信息安全提供适当及具前瞻性的构想，为物联网广泛应用做准备 ■ 配合政府提升室外无线网络覆盖率及速度
物流及运输业	■ 通过共享数据平台与同行业分享派递时间资讯，协助缓解交通堵塞，并提升配送效率 ■ 于特定地点设置智能物流储物柜，为收货人及发货人提供便捷的服务选择
物业管理及写字楼业主	■ 采用环保及具有资源效率的绿色建筑设施 ■ 安装智能电表和水表以节省资源 ■ 向写字楼用户及公众开放绿化天台和绿色空间 ■ 利用合适空间用于都市农业 ■ 分享实时空置车位资讯
公共事业机构	■ 提供智能水、电及煤气表，令客户获得实时用量咨询 ■ 分享各类楼宇的用量数据以促进研究发展 ■ 增加清洁能源使用率及使用分布式能源管理系统
大学及科研机构	■ 与业界及政府交流，推动智慧城市技术得以更广泛应用 ■ 积极探索以九龙东作为智慧城市措施的试点

2）重点策略

在治理及社会经济活力方面，通过创新科技持续改善城市效率和公共资产的管理，提升城市应变能力、推进社区共融和提升社会经济活力。如为加强对将来在九龙东举办活动盛事时的应急管理能力，可采用科技协助管理人流及车流，从而保证活动参与者的安全（图6-37）。

在资源管理及城市环境方面，提倡提升现有基建以保护水文和生态系统并改善城市景观质量；利用环保设计，在废弃物管理、空气和水污染方面降低发展对环境的影响；

图6-37 交通检测系统实施检测车流量
图片来源：起动九龙东办事处. 发展九龙东为智慧城市区可行性

图6-38 区域供冷系统
图片来源：起动九龙东办事处. 发展九龙东为智慧城市区可行性

提高节约能源意识，积极建设高资源效益的基建，以减少碳足迹和能源用量；改善城市环境，营造健康可持续的市民社区。例如，区域供冷系统是启德发展区在早期规划阶段纳入区域层面的智慧基建，其比传统空调系统的能源消耗低约20%~35%（图6-38）。

在流动性和易行性方面，除以智能系统改善道路交通和提升行人可达性外，还鼓励公众积极使用绿色运输工具，以减少碳排放和疏解交通拥堵。例如，为创造愉快的步行体验，其在"我的九龙东"App中设计了"主题导览"功能，提供了"绿色生活""后巷体验""工业文化"等多种主题步行路线。

3）资讯及通信科技

资讯及通信科技是智慧城市发展中的重要抓手，利用数据和网络基建可以协助三个重点策略的有效实施。例如通过物联网（IoT）收集城市数据，促进规划和决策过程；提供高速可靠的通信网络；建设空间数据共享平台（CSDI），以分享和分析空间数据。

6.3.3 九龙东智慧城市试点系统

虽然香港有不少成功和有积极影响的智慧城市计划正在试点和实施，但缺少一个中央管理系统或信息系统能够方便地检测、控制和发布这些收集到的大数据，以充分发挥香港成为智慧城市的潜力。九龙东智慧城市试点利用先进的信息通信及数据分析技术，构建了面向整体且综合的方法体系，将智慧城市的指标、规划和项目都应用集成并连接到更大的智能网络或城市基础设施，以支持、监控和管理整个系统，为规划决策、市民服务都提供了"一站式"便利，增进了公众福祉，改善了当地的城市形象。

1）智慧人流管理系统

智慧人流管理系统利用传感器及影像数据提高人流管理效率。以数字孪生技术在人群聚集区的应用场景为例，在具有广泛连接、传输快速、算力庞大等新型基础设施的支持下，其前端可以更准确地收集人流实时分布数据，通过高速通信网络传输到计算中心，筛选、提取各种情景、各种时刻的数据，利用强大算力通过MassMotion等工具进行场景仿真，并结合地图大数据进行人流预测分析，使决策者能够提前把握人流动向，预先准备相应的管控措施，做好引导工作（图6-39）。

2）智慧回收箱系统

智慧回收箱系统通过监测数据和人工智能技术提高废弃物回收效率。为了解决日益严重的塑料饮料瓶污染问题，香港特区政府设置了智能回收机，提升塑料瓶回收率，从而减少塑料废弃物对环境的污染。目前这种安全、清洁、高效的塑料包装物回收工作在香港不断取得新的进展（图6-40）。

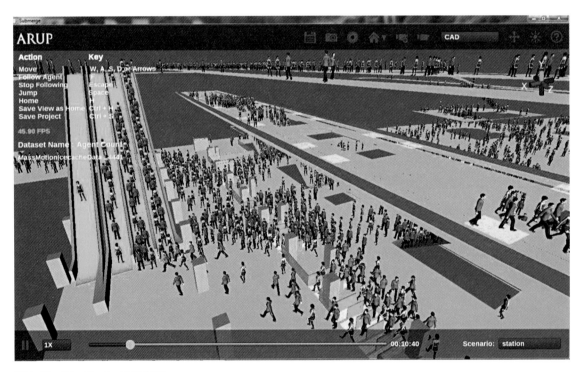

图6-39　MassMotion应用案例
图片来源：Arup官网

3）智慧出行

（1）行人导向系统：采用人工智能技术按用户需求及喜好提供不同路径建议

政府将推广"香港好·易行"，鼓励市民安步当车，减少短途汽车使用，以改善交通挤塞和空气质量，将香港建设成为"易行城市"。香港运输署推出行人导向标示试验系统，在尖沙咀设置简易步行地图，显示5至15分钟路程内的步行资讯，便利行人规划路线。在家可使用智能电话或平板电脑，连接运输署推出的"出行易"APP，方便查阅路线（图6-41、图6-42）。

图6-40　香港环境保护署领导视察回收点并投瓶体验①

2022年9月30日，香港地政总署宣布推出新版本三维人行道路网数据集并开放给市民免费使用。为配合智慧城市的发展，使人行通道更畅达互通，地政总署于2020年12月推出了涵盖全港已发展地区的道路网。新版本的道路网数据把覆盖范围扩展至郊野公园的主要爬山路线和乡村的主要人行道，其主要作用有两点：一是提供连接郊野公园的37条爬山路线（全长超过470km）和标距柱的位置信息，市民和相关应用程序开发者可利用道路网的三维特性，通过应用程序制作切面图，估算爬山难度和规划爬山路线。二是提供前往邻近社区设施或公共交通设施的乡村主要人行道路线资料，以方便用户选择。

图6-41　手机APP②

图6-42　旅游指示牌③

① 资料来源：https://mp.weixin.qq.com/s/EalGHp3TLJwTwmgnvDWE9g.

② 资料来源：https://mp.weixin.qq.com/s/QXUrkt3enZI2hAsA7o0q-A?poc_token=HLMa-GWjkHwE0ibhq
B43UDwlsYVPW4PGrKsTMjDC.

③ 资料来源：https://mp.weixin.qq.com/s/QXUrkt3enZI2hAsA7o0q-A?poc_token=HLMa-GWjkHwE0ibhq
B43UDwlsYVPW4PGrKsTMjDC.

（2）机动车出行：我的九龙东手机应用程序

九龙东地区推出了"我的九龙东"（MyKE）手机应用程序，旨在推广智慧城市措施和"易行九龙东"概念（图6-43）。应用程序包括以下主要功能：

· **易泊车**：提供区内停车场实时空置车位数目及位置、最短行车路线引领驾驶者直达停车场入口及其他停车场资讯。

· **易行**：按用户的需要和喜好提供个人化的室内外路线，如有盖行人路、无障碍路径和清新空气路径。

· **特色景点**：推荐区内各类型的特色景点，部分更以增强现实及虚拟现实（AR/VR）科技介绍。

· **我的地图**：一站式地理资讯平台以发放区内有用的地理资讯，如Wi-Fi热点、公共厕所、巴士站等。

· **反转天桥底**：介绍及分享在"反转天桥底"场地举行的各类活动。

· **主题导赏**：提供不同主题的步行路线，包括工业文化路线、后巷体验路线、新蒲岗主题路线、绿色生活路线等。

· **城市数据**：提供观塘、九龙湾、启德和新蒲岗的城市仪表板，分享区内实时城市数据，例如温度、相对湿度、悬浮微粒2.5微米等；以及智慧九龙东："发展九龙东为智慧城市区–可行性研究"的研究网页。

（3）自动停车系统

2022年10月8日，香港运输及物流局局长林世雄撰文表示，香港每天约有九成出行人次使用公共交通工具，同时也有部分市民选择以私家车代步。香港特区政府一

图6-43 旅游手机APP
图片来源：MYKE App官网

直在积极推行自动停车系统项目，以增加私家车停车位的供应。其首个项目位于荃湾海盛路与海角街交界处，可提供78个自动停车车位，自2021年11月投入服务以来使用率极高；第二个项目位于大埔白石角，预计于2022年内投入使用（图6-44）。

自动停车系统配置了快速升降机和旋转移动台等机械装备，相对于传统停车场，一般可在相同大小的空间增加三成至一倍的停车位数目。

4）智慧建筑：太古坊一座

数据驱动在城市建筑节能减排、精细化运营等方面也具有广阔的应用空间。如香港智慧建筑太古坊一座，利用智能建筑控制平台Neuron集成了楼宇管理系统以及建筑运行的各类数据，通过基于AI和机器学习开发的算法，主动判断、预测建筑的运营趋势，协助客户管理和改善建筑性能、优化能耗、预知可能发生的故障并进行预测性维护（图6-45）。

图6-44 位于荃湾海盛路和海角街交界处的自动停车系统[①]

图6-45 香港首座AI赋能的智慧建筑太古坊一座
图片来源：Marcel Lam摄

6.4 智慧产业街区——新加坡榜鹅数码区

6.4.1 项目背景

榜鹅镇距离新加坡东北部市中心15km左右，南北临河，东面滨海，西面以淡滨尼高速公路为界，总面积为9.57km²，居住面积为4.22km²，设计户数为96000户。榜鹅镇是新加坡1992年推行的"21世纪新镇计划"中第一个建设的新镇，也是新加坡

---

① 资料来源：https://sc.news.gov.hk/TuniS/www.news.gov.hk/chi/2021/11/20211124/20211124_113215_106.html.

图6-46　区位图
图片来源：Smart Nation Singapore官网

最有发展潜力的新兴规划区之一（图6-46）。

2017年起，作为新加坡经济战略的一部分，新加坡开始规划新的经济开发区榜鹅数码区（Punggol Digital District，PDD）。该新区位于榜鹅镇东北部，占地50万 m^2，项目于2018年初动工，经过多年的建设，目前已初具规模（图6-47）。从2023年起，榜鹅将逐步成为一个生活实验室，通过测试生活、工作和服务提供的新概念，以指导未来的新市镇和地区（例如Tengah和裕廊湖区）的发展，以及整个新加坡现有市镇的重建。

榜鹅数码区（PDD）是新加坡首个土地归属企业的园区，由企业主导开发，政府参与决策，这一设定也是PDD能够探索推行土地利用创新的制度基础。裕廊集团（简称JTC）是PDD的总规划者和总开发者，负责园区内包括校园、商务区和商业区的所有土地的开发、建设及后续管理，园区建成后裕廊集团也可以托管工业研发设施。新加坡政府是设立PDD的决策者，新加坡信息通信媒体发展管理局、政府技术局、榜鹅政府以及新加坡理工学院（SIT）共同参与到了园区的综合总体规划之中，并将一起推动园区的持续发展。例如，新加坡政府将把一些政府机构，如新加坡网络安全局迁至园区以引导产业集群发展，同时政府将负责建设社区俱乐部、托儿所等公共服务设施；另外，新加坡理工学院与榜鹅当地的社区组织合作，吸引对科技感兴趣的年轻居民来到创客社区，并鼓励创客们为城市运营提供技术方案。

图6-47 榜鹅镇核心开发节点区位图
资料来源：Smart Nation Singapore官网

6.4.2 目标与策略

1. 规划目标

榜鹅数码区（PDD）将成为新加坡数字科技与网络安全的发展重镇——新加坡的"硅谷"。PDD将新加坡理工学院的校区和新加坡裕廊集团在榜鹅北部的商业园区结合在一起，创造新加坡第一个真正的智能商业社区，通过共享彼此的工作空间和设施，让工业界和学术界以及整个社区结合在一起。这种整合不仅将促进思想的交叉融合，还将促进关键新兴技术的合作，成为数字和网络安全产业的增长集群（图6-48）。

2. 规划策略

1）产城融合

PDD包含新加坡理工学院新校区、2个商务区和1个商业及社区空间，其开创性地采用一体化总体规划方法，将这些区域综合规划总体考虑，将学术界、工业界和社区聚集在一起，创造一个智能的生活、工作和娱乐空间，产生更强的协同效应，使得PDD充满活力和包容性，并优化土地利用，促进社区整体发展。

榜鹅数码区正逐渐成为企业和社区蓬勃发展的创新之地，带来了巨大的发展机遇，可容纳推动数字经济的关键增长部门和业务，例如网络安全和物联网。预计这将为榜鹅数码区带来大约28000个令人兴奋的工作岗位。除商业和经济外，社区通过共享公共空间和高科技社区设施，与榜鹅海滨相连，以满足社区的娱乐需求。

2）共享智能社区

PDD和整个榜鹅新镇都非常彻底地贯彻了新型智慧城市理念，PDD从基础设施

图6-48 榜鹅数码区
资料来源：Smart Nation Singapore官网

建设伊始，便全面构建智能城市解决方案，探索集中共享的运营模式。通过集成总体规划、技术、创新的智慧生态系统，建设智慧商业办公科创中心；开放的数码平台将整个地区的传感设备数据和物联网等数据纳入一个整体的系统，并集中收集系统数据，从而帮助开发者获得以社区为中心的集中管理方案，以此创造智能高效的生活方式，创建一个更宜居、可持续的地区。

- 智慧物流：建设中央物流中心，所有的货物集中装卸，再由机器人、无人驾驶车或无人飞行器完成送货，提高了生产力，减少了交通流量。

- 智慧冷气：通过区域冷却系统集中为整个园区冷气机供应冷水，并集中循环冷水，将减少区域30%~40%的碳足迹，节省空间和成本。

- 智慧垃圾：利用区域地下真空管道系统，通过气动方式收集垃圾，这样就不需要垃圾收集车，也不会有垃圾槽发出的臭味。

- 智慧能源：建设智能能源网络，不仅能让使用者在日常生活中使用清洁能源（如为电动汽车充电），还能提高能源效率和节约能源（如智能计量方式）。

3）绿色城镇

PDD以网络安全和数字技术等数字经济作为主要增长型产业，它不仅将成为一个充满活力、联系紧密、可持续发展的地区，最大限度地减少浪费，提高资源效率；还将成为周边社区包容和绿色生活方式的目的地，充分利用海滨景观和茂盛的绿化，同时保持了起伏的地形和本土魅力。

在绿色能源方面，居住在榜鹅北岸住宅区的房屋配备内置智能插座和智能配电板，可以更好地监控家庭能源消耗，以实现家庭智能应用；除了在住宅区屋顶提供太阳能电池板外，新加坡理工学院的校区和新加坡裕廊集团等还将合作开发智能电网解决方案，将太阳能光伏和电池等能源生产和存储系统集成到PDD中，以优化能源消耗并每年减少高达1500t的碳足迹。

在绿色交通方面，PDD以公共交通为导向，强调步行和骑行友好，通过步行道和自行车道与公共交通网络无缝结合，实现园区内"弱汽车化"的出行方式。总之，PDD将成为榜鹅所有居民的社区操场和绿色心脏；一个步行友好、弱汽车出行的绿色社区；一个充满活力的经济和教育中心；一个试验性的企业、工业和学术界的共享空间。

6.5 可持续的日本藤泽智慧小镇

6.5.1 建设背景

藤泽智慧小镇（Fujisawa SST）位于日本神奈川县藤泽市南部，是一个仅3000人的小城镇，这里环境清新，空气宜人。藤泽智慧小镇项目是松下地震后在旧土地上建造的一个项目，由藤泽市政府和19家企业联手打造，以建设可持续发展小镇为目标。藤泽市政府会同松下电器从2008年开始进行建设方针构思，并于2014年启动建设（图6-49）。

藤泽智慧小镇之所以值得关注，不仅因为它在节能环保的同时又让居民的生活更加便利，更在于整座城市实现生态发展依靠的不是某种个别产品或技术，而是整体目标的设定和先进运营体制的落实。藤泽智慧小镇的经验或许并不能简单地复制到世界各处，但这种以目标为蓝本的设计理念和协作模式值得更多城市学习。

图6-49 藤泽智慧小镇^①

6.5.2 建设目标与策略

1. 建设目标

藤泽智慧小镇的建设目标是成为技术先进、生活现代化的可持续发展城镇，让居民在有安全保障的前提下，拥有生态友好、自然舒适的生活方式。

该镇建设的主要目的之一是在居民中建立一种社区意识，因此，社区空间进行了针对性设计，人行道环绕着。住宅而设计，从而增加了居民之间相互交流的机会。此外，项目组为整个城镇设定了一系列数字目标和指南：到2030年，CO_2排放减少70%，用水消耗减少30%，可再生能源至少占总能源消耗的30%。

2. 建设策略

项目通过与居民分享城市生活的目标，相互交流想法，提出了智能生活模式—设计智能空间—创造智能基础设施的建设模式，基于舒适住宅和未来生活模式的智能社区生活方式，整合新的服务和技术，从能源、安全、交通、健康、社区五大方向进行设计，为整个小镇提供优化的住宅、设施等智能空间，以持续支持小镇的可持续发展。

---

① 资料来源：https://news.panasonic.com/global/stories/1025

1）能源——利用整个藤泽镇的太阳能和微风

如图6-50所示：

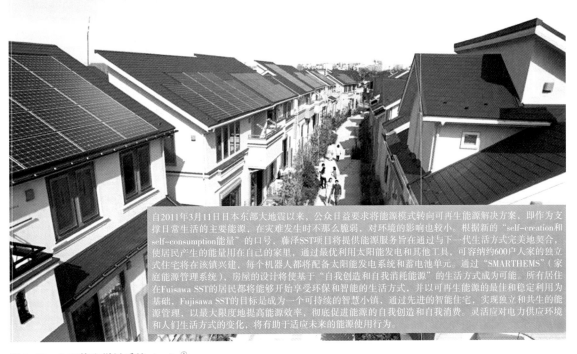

图6-50　太阳能和微风系统（一）[①]

藤泽智慧小镇的独立式住宅将配备一个完整的SMARTHEMS™（集成太阳能发电、存储电池和其他面向未来的设备），舒适、环保的住宅能够在利用阳光产生电力的同时，对家庭能源消耗进行最优控制（图6-51）。

（1）通过能源生产—储存联网系统构建智慧能源管理

独立式住宅拥有最新的家庭能源生产—储存联网系统，该系统将太阳能发电系统或蓄电池与农场家庭燃料电池热电联产系统连接起来。各个系统产生的电力可以满足家庭需求，多余的电力可以出售。未来，在能源方面独立的个体住宅将与城镇设施的建筑能源管理系统（BEMS）相连接，形成一个群体。

[①]　资料来源：https://www.igreen.org/index.php?m=content&c=index&a=show&catid=17&id=13353

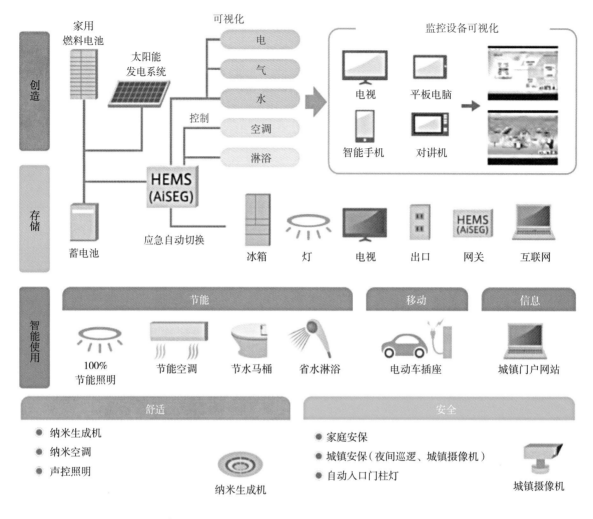

图6-51 太阳能和微风（二）①

（2）通过"被动式设计"，在城市街道或区域实现环保和舒适的生活

"被动式设计"自然地利用了富士山的风力、阳光、水、环境热等自然资源。为了体验藤泽智慧小镇附近海滩舒适的风，项目对路边的树木和花园小径进行了设计。城镇设计指导方针要求至少建造16m宽的房屋，推行不遮挡阳光的城镇设计。被动式设计的房屋，也将通过配备"主动"设备来实现最佳能源管理效率，对太阳能能源进行创造、存储和再利用，主动装置和被动技术通过协同作用使整个房子变得舒适和环保。

---

① 资料来源：https://www.igreen.org/index.php?m=content&c=index&a=show&catid=17&id=13353

（3）"可视化"住宅和设施的电力消耗，以满足生活方式的变化

在藤泽智慧小镇，住宅和城镇所有设施的电力将通过建筑能源管理系统实现可视化，包括太阳能发电系统产生的电力或家用电器消耗的电力。此外，还将根据家庭结构或用电状况提供能源咨询服务（图6-52）。

（4）利用电子农场为家庭提供电力和热水

藤泽智慧小镇的独立式住宅配备了家庭能源创造—储存连接系统，该系统不仅控制太阳能发电系统和储存电池，而且还控制着电子农场。该系统将实现更稳定的电力供应，允许使用太阳能发电和由电子农场产生的电力，即使在停电的情况下，还将继续提供热水。此外，能源管理系统将继续在紧急情况下提供能源，例如按照选定的设置向照明、冰箱、电视和其他日常生活所必需的设备供电。

（5）建立社区太阳能系统、分布式可再生能源系统

在小镇的南部建立社区太阳能系统、分布式可再生能源系统等硬件设施，在公共土地上安装社区太阳能发电系统。在正常情况下，该系统将向电网输送电力，促进该地区的低碳生活方式，一旦发生灾害，它将成为当地和邻近地区的应急电源。该系统由具有太阳能发电功能的紧凑单元组成，单元移动方便，未来该系统有望作为分布式可再生能源得到广泛应用。小镇正在中央公园的社区中心委员会中心安装太阳能发电系统和蓄电池，以建设一个抗灾的城镇。此外，将在地下铺设电力线，并使用具有高抗震能力的中压煤气管道。

（6）提供日常支援，以提高市民的警觉性

提高居民生活中高效使用硬件的意识，以便在紧急情况下最大限度地使用市镇

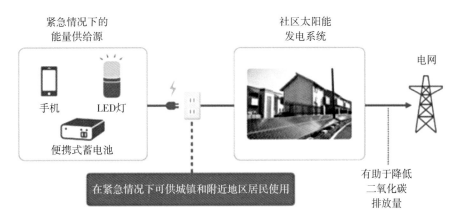

图6-52　电力系统[①]

①　资料来源：https://www.igreen.org/index.php?m=content&c=index&a=show&catid=17&id=13353

设施做好应急准备。10到20个家庭将组成一个互助小组，参加城镇管理公司组织的季节性活动或防灾活动。居民将通过交流加强团体联系，深化合作，强化他们在紧急情况下的合作。城镇管理公司将支持房屋和城镇能源相关设备的运行，以持续维护和改进应急硬件。

2）安全——用隐形门保护城镇居民的安全

如图6-53所示：

"封闭式城镇"是一种以安全为导向的住宅理念，已被引入日本和其他国家的城镇。在一个有大门把守的城镇里，通过在入口处安装栅栏和安全门，以及严格限制车辆和行人的进出来加强安全，虽然一个像堡垒一样被守卫的城镇可能在物理上是安全的，但这些保护措施也可能在居民中引起一种与世隔绝的不安感。Fujisawa SST将实现"虚拟门控城镇"的概念，这是一种新的安全模式，提供了更高的安全水平，无需在城镇中设置门和屏障。没有实体的墙可以减轻居民的心理压力，促进市民之间更有效的沟通。此外，还将安装电视防火推送通知系统，在家庭电视上传送和显示火灾和城镇信息。居民们将能够在Fufisawa SST的开放氛围中安全、无焦虑地玩耍。

图6-53　隐形门[①]

（1）防灾推送通知电视系统，当居民观看节目或处于待机模式时自动显示警报

信息终端将连接电力中断风险或其他风险，城镇管理公司会提供独立警报服务。该电视系统还将用于紧急情况下的安全确认、城镇事件变化的通信或与社区节目相关的投票。

（2）连接照明功能的环保安全系统，通过探测人类或汽车发出足够明亮的光线

安装在最佳位置的LED路灯，在夜间无人时，带有传感器的LED路灯会变

---

① 资料来源：https://www.igreen.org/index.php?m=content&c=index&a=show&catid=17&id=13353

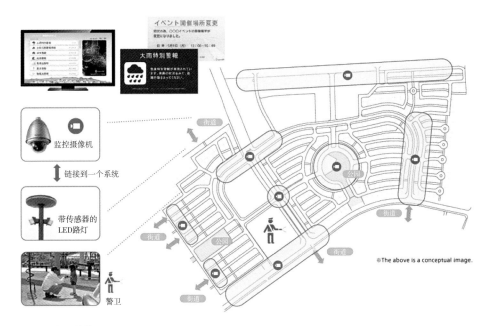

図6-54 道路设施[①]

暗。但当行人或汽车被检测到，他们将提供足够的亮度，不仅照亮了直接下方的区域，而且还照亮了前面不远的地方，从而实现安全和生态友好。此外，通过摄像头和连接到无线网络的灯光，系统将在前方街道的方向上传输安全灯光信息（图6-54）。

（3）综合"空间+城镇+住宅+人"的安全，以三级管控为居民提供安全保障

空间级的安全是通过限制出入口来保护城镇的，市镇级的安全是通过监视摄像头和灯光来保证的，住宅级的安全是通过集成家庭安全系统中的入侵检测、火灾检测和紧急警报等功能来提供的。通过增加保安巡逻服务，这个由系统和服务组成的综合网络可以提供没有任何盲点的保安服务。

3）交通——充满活力的生态小镇

如图6-55所示：

（1）"全移动服务"提供电动汽车（EV）、电动自行车和出租汽车交付服务

藤泽智慧小镇移动服务的一个独特之处是提供电动汽车（EV）和电动辅助自行车的共享服务。根据居民的出行目的或需求，包括一天的时间、到目的地的距离和环境，可以选择使用租车服务。这项服务也将使没有车的居民扩大了他们的活动范

---

① 资料来源：https://www.igreen.org/index.php?m=content&c=index&a=show&catid=17&id=13353

围，帮助居民有更积极的生活（图6-56）。

（2）流动性交通和移动性门户一站式服务优化了服务使用

流动性交通一站式服务提供各种全面的流动服务。除了接受预订外，考虑到距

FujisawaSST将为所有有车和无车的居民提供全新的移动服务，包括共享电动汽车（EV）和电动辅助自行车的服务和租车配送服务，以及出租可充电电池的电池站。如今，在Fujisawa附近经常可以看到交通堵塞，前往旅游景点的车辆排起了长队，尤其是在节假日。我们的交通共享服务，包括电动自行车，也将有助于解决交通堵塞这一社会问题，福泽县海温区的交通创新将惠及居民，环境和区域社区。Fujisawa mobility将有助于在居民和他们的汽车之间创造一种灵活和舒适的关系。

一个充满活力的生态小镇，无论是有车一族还是没有车的人群

图6-55　新能源汽车[①]

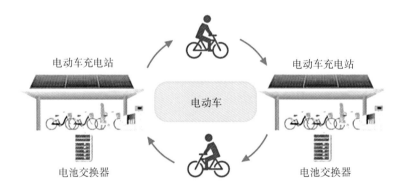

图6-56　自行车换电[②]

---

① 资料来源：https://www.igreen.org/index.php?m=content&c=index&a=show&catid=17&id=13353

② 资料来源：https://www.igreen.org/index.php?m=content&c=index&a=show&catid=17&id=13353

离、使用时间、一天中不同时段的交通状况变化，礼宾部还会从拼车或租车中选择最优的出行服务，选择电动汽车等出行方式，并提出建议。移动性门户可以让您在家里通过电视或智能手机查看并进行预订，它还提供汽车共享或租车交付服务的使用记录，从而允许通过使用这些服务来检查CO_2减排的数量。

（3）电池共享服务促进了一种新的移动生活方式

电池共享服务可以让居民免费更换和使用电动自行车的电池，它将省去回家充电所需的时间和精力，也不用担心在通勤或购物时电池电量耗尽，在消除电动自行车电池使用瓶颈的同时，也推广了对环境影响较小的移动生活方式（图6-57）。

（4）环境汽车检测服务也可提高汽油里程和减少CO_2排放

环境汽车检验是汽车法定的检验制度。这些检查有助于减少对人类有害的一氧化碳（CO）、碳氢化物（HC）、氮氧化物（NO_x）、黑烟（DS）和被认为是全球变暖的主要原因的二氧化碳（CO_2）的排放。该系统将在通过检测的汽车上贴上生态清洁标签，以此来提高人们的环保意识。

（5）委员会中心安装电动汽车（EV）和V2H，在紧急情况下提供电力

在紧急情况下，安装在社区中心委员会中心的电动汽车（EV）和V2H，将作为宝贵的应急电源和人们生活所需的能源向公众开放。

图6-57　太阳能系统[①]

① 资料来源：https://www.igreen.org/index.php?m=content&c=index&a=show&catid=17&id=13353

4）健康——全年龄段健康

如图6-58所示：

图6-58　本地综合护理系统[①]

（1）"本地综合护理系统"，提供无缝的医疗、护理、养老和药学服务

医疗保健和老年保健至今被认为是完全不同的领域，由于距离的限制和信息的缺乏，出院后回家的患者往往很难得到基本的家庭护理。为了克服这些问题，藤泽建立了一个"本地综合护理系统"，无缝地提供适当的服务，满足居民的需求，并提供治疗康复保健的全站式服务（图6-59）。

（2）策划并举办各类健康促进活动

利用ICT和体检数据，策划并举办各类健康促进活动，如全职家庭主妇健康检查。

---

① 资料来源：https://www.igreen.org/index.php?m=content&c=index&a=show&catid=17&id=13353

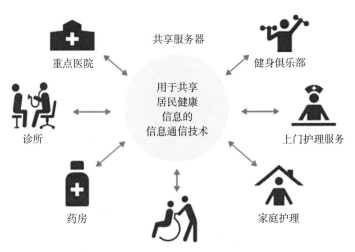

图6-59 共享居民福利设施[①]

（3）幼儿园、补习学校和课外日托中心

创建幼儿园不仅仅是为了缩短幼儿园的候补名单，也是发展孩子个性和培养思考能力的机会。为了满足孩子们"学习"和"获取知识"的需求，学校还开设了补习班和课后日托中心。健康广场将提供学习支持，并且和托儿所中心相结合，形成一个发展"生活的热情"的基础。

5）社区——前瞻性的社区

如图6-60所示：

藤泽智慧小镇将提供一站式门户网站，链接到城镇信息等独特服务。例如，家庭能源消耗是可视化的，以提供节能建议。还可以访问周边地区的活动和观光信息、预约车辆共享、获取居民体验和口碑信息；房屋及家用电器的购置及维修实时记录在《生活记录》以保障资产价值；能源报告和生态生活建议报告提供与生活方式相匹配的最佳节能生活方式；Fujisawa SST卡可以被用作身份证，用于镇上的各种服务。实时信息共享为市民、商家、企业、团体提供了一个沟通的平台，增强了市民的集体力量。[①]

---

① 资料来源：https://www.igreen.org/index.php?m=content&c=index&a=show&catid=17&id=13353

从你搬进Fujisawa SST的那一天起，你就可以和其他居民联系，享受当地的信息。每个人，从儿童到老年人，都可以通过这个网络轻松地获得先进的服务。我们计划提供一个社区平台，包括一个易于访问的一站式门户网站，使任何人都可以监测其家庭的能源消耗，从成为Fujisawa SST居民的第一天起，就可以获得一系列有用的服务，包括本地服务、积分系统、移动服务预订和社区内的信息交换。Fujisawa SST委员会将使真正的社区活动保持活跃。

联系城镇居民、周边居民和在城镇工作的人员，构建具有前瞻性价值的社区

图6-60　前瞻性的社区[①]

6.6　智慧生活圈——韩国世宗行政中心5—1地区

6.6.1　建设背景

特别自治市世宗于2012年7月1日成立，被定为韩国的行政首都。韩国政府将世宗列为国家试点智慧城市，规划在其城市发展备用地上实现第四次工业革命前沿技术的融合落地，积极发展创新性的智慧基础设施及智慧服务，以打造具有示范作用的未来智慧城市[②]。目前中央行政机关迁移第一阶段已完成，第二阶段城市基础设施扩充建设项目正在进行中。

世宗市下辖1邑、9面、10洞（相当于1个镇、9个乡、10个街道办事处），而行政

---

① 资料来源：https://www.igreen.org/index.php?m=content&c=index&a=show&catid=17&id=13353
② 项目由Korea Land &Housing Corporation负责。该公司为韩国国土交通部下属企业，主要从事土地获取、开发、储备、供应和城市开发、整治及住宅建设、供应、管理等业务。

中心复合城市指韩国国土交通部下属的行政中心复合城市建设厅负责的10个洞及周边个别面的一部分。行政中心复合城市面积约73km²，规划为6个地区，21个独立开发的基础生活圈。每个生活圈人口规模为2万～3万人，空间规模为步行和自行车可达范围。其中，面积为2.7km²的"5—1生活圈"将发挥空白地的优势，打造成世界级国家示范智慧城市（图6-61）。

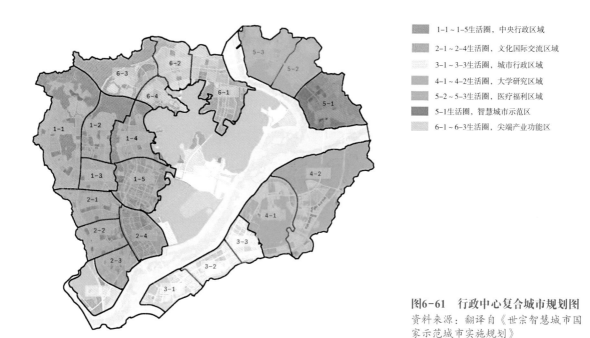

1-1～1-5生活圈，中央行政区域
2-1～2-4生活圈，文化国际交流区域
3-1～3-3生活圈，城市行政区域
4-1～4-2生活圈，大学研究区域
5-2～5-3生活圈，医疗福利区域
5-1生活圈，智慧城市示范区
6-1～6-3生活圈，尖端产业功能区

图6-61　行政中心复合城市规划图
资料来源：翻译自《世宗智慧城市国家示范城市实施规划》

6.6.2　目标与策略

1. 规划目标

　　世宗智慧城市规划初期，韩国政府在韩国境内随机抽取1214名年满17岁的城市居民，对智慧城市发展蓝图、需求、服务等方面进行意向调查，然后总结出世宗智慧城市的建设目标，即以国家均衡发展为先导，提高国家竞争力，提高城市宜居水平，打造下一代可持续发展的模范城市。

　　世宗"5—1生活圈"将建立从数据生产到收集、加工、分析及利用的全阶段以数据流量为基础的综合城市运营体系。通过开放、灵活的城市数据，构建以市民为中心的治理模式，创造新的商业模式，将城市建设成为以数据为基础的可持续创新生态系统。

5—1生活圈

行政中心
复合城市

>> 7大创新领域

出行
共享出行(共享车、骑行)
自动驾驶(区间车,PRT)

健康
远程医疗,AI医学检查
智慧急救,无人机救援

教育
教育技术,在线教育
定制教育,制作空间

能源
CEMS,零能耗建筑
小区电力交易

治理
数字孪生,M-Voting
Living Lab(生活实验室)

文娱
个人定制型文化领域建议
地域货币支付,无人投递

就业
建造创业中心
海外交叉实验项目

图6-62　世宗智慧城市规划建设七大创新领域
资料来源:翻译自《韩国智慧城市》

2. 规划策略

世宗5—1生活圈聚焦七大创新领域——出行、健康、教育、能源、治理、文娱、就业。作为与市民共同打造的城市,世宗"5—1生活圈"从规划到运营建立了多样化的市民参与机制,构成了有效的合作体系,并为市民提供了可直接感受到的智能服务(图6-62)。

1)世宗智慧城市创新领域之一:出行

世宗平均家庭汽车拥有量为1.18台,超过全国平均的1.08台。私家车数量的增加以及私家车为主的出行方式造成城市交通拥堵。

"出行"方面的目标:保持城市生活的便利,将私家车数量减少三分之一;把出行方式从"所有"转变为"共享";计划通过共享车,无人驾驶区间车等基础设施构建统一的出行服务平台。

（1）出行复合型道路空间规划

将土地利用规划、交通规划统筹考虑,规划建设无人驾驶道路和步行者优先道路,实现人们活动空间与交通设施的结合。"5—1生活圈"地区将充分发挥快速公交系统（BRT）的效用,连接其他生活圈,基于BRT主干线,计划构建2个停车站,并在车站周边进行集约的商业与居住空间开发,鼓励BRT出行方式。在自动驾驶方面,设置了自动驾驶车辆更易识别的标志标线,包括车道分界线、停车线、车道中心线、交通安全标识、路面标识等,还通过自动驾驶专用车道（单向）,改善自动驾驶车辆与一般车辆同时行驶时的交通安全问题（图6-63）。

（2）个人"所有"水准的"共享"出行服务

规划将自动驾驶区间车、BRT为主的公共交通等服务相连,以高质量出行满足

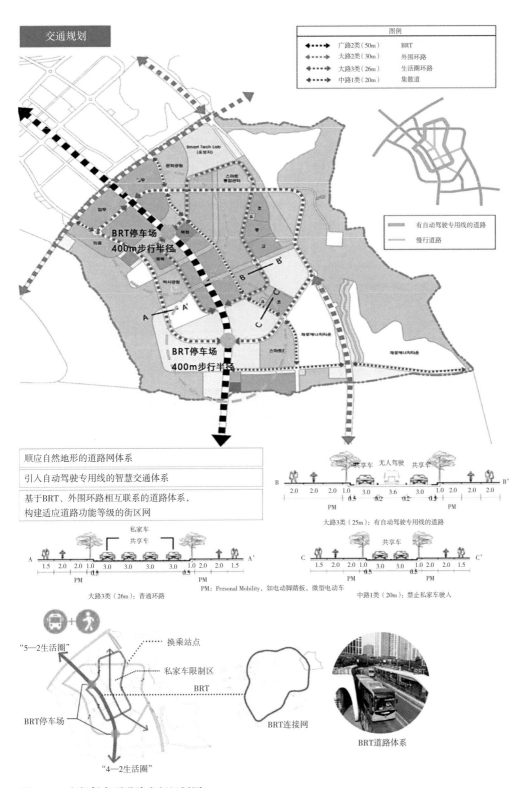

图6-63　出行复合型道路空间规划图
资料来源：翻译自《世宗智慧城市国家示范城市实施规划》

市民的需求，具体表现为建立以车站为基础的共享车服务，形成便利的出行环境。在城市内所有可停车的空间及主要街道空间许可停车，实现车辆位置、电量查询及停车区域信息共享，并提供汽车之外的超小型EV车辆、电动踏板车等出行工具（图6-64）。

（3）建立综合出行平台，提供一站式，点到点出行服务

立足于用户需求，通过综合交通方式提供最佳交通信息。提供出行预约与结算全过程的One-Stop、D2D出行服务，提高出行便利性。将公共交通、共享交通、自动驾驶等多种出行方式结合到一个平台，实现实时信息共享、预约、结算。另外，在公共交通服务水平较低的地区运营"需求响应式"出行服务，满足市民出行需求（图6-65）。

图6-64 世宗社区共享车①

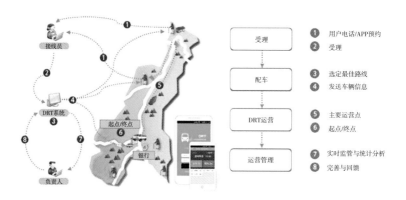

图6-65 需求响应式出行服务示意图
资料来源：翻译自《世宗智慧城市国家示范城市实施规划》

---

① 资料来源：http://www.sjpost.co.kr/news/articleView.html?idxno=34864

（4）引入无人驾驶，保障安全的出行服务

通过引入自动驾驶区间车等出行服务，保障安全的出行环境。2021年底实现BRT区间无人驾驶，并根据技术水平的提高向全区域扩大（图6-66）。

2）世宗智慧城市创新领域之二：健康

健康方面的目标是，通过良好的智慧医疗网络环境，建设连通大型医院的市域健康服务平台系统，对市民的生命健康进行监测、预警、应急等处理。

（1）智慧急救

通过市民健康管理综合应用系统呼叫救护车，在应急准备阶段提供快速反应服务，急救车可通过视频向医院反馈患者状态，并向周边车辆告知急救车位置。

（2）智慧健康

智慧健康利用AI进行疾病预测和最优医院挂号服务。该系统接入智慧家居，在家中设置各类传感器，配合个人穿戴设备，实时监控个人健康状态，并将信息传输到云健康中心。

（3）智慧医疗

计划成立综合医疗中心，并将中央行政区的世宗忠南大学医院与"5—1生活圈"内部医院连接，形成医疗区，提高医疗服务水平。同时与邻近市区的医院相结合，根据患者的状态（位置、疾病种类、疼痛程度、等待时间等）联系最优医院，并利用AI提供智能医疗服务（图6-67、图6-68）。

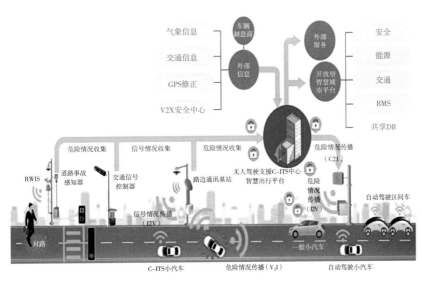

图6-66 新一代智慧交通系统C-ITS服务概念图
资料来源：翻译自《世宗智慧城市国家示范城市实施规划》

<table>
<tr><td>预防</td><td>急救</td><td>管理</td></tr>
</table>

预防	急救	管理
• 通过各类智能设备收集个人健康数据 • 通过AI预测疾病	• 急救时选择最佳路线 • 转移患者时，反馈患者实时状态 • 到达医院后即刻治疗	• 医护人员掌握城市内医院的实时信息 • 连接符合患者状态的最佳医院

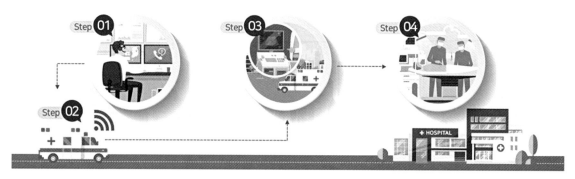

图6-67　健康体系示意图
资料来源：翻译自《韩国智慧城市》

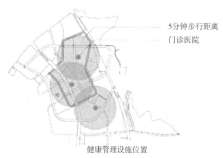

5分钟步行距离
门诊医院

健康管理设施位置

五松站
6 尖端产业功能区
5 医疗福利区域
世宗忠南大学医院
"5—1生活圈" 医疗区
1 中央行政区

图6-68　"5—1生活圈"医疗区与外部联系
资料来源：翻译自《世宗智慧城市国家示范城市实施规划》

3）世宗智慧城市创新领域之三：教育

在教育方面，世宗使各种基础设施及智能教育体系相辅相成，如对青少年进行增加批判性和创新思维的教育，对成年人提供创业和就业的终身教育。为学生和居民在城市内提供各种设施以及在自然环境中受教育的空间和机会。可以建立个人定制学习评价系统，通过AI掌握学生个人情况，为教育提供支撑。

（1）增加创意性和批判性思维的学校空间开发

提供可进行双向讨论、个性化教育、团队课题、艺术创作等活动的学校空间。中央行政区的国立图书馆、博物馆及"5—1生活圈"内的图书馆、体育馆、美术馆、演唱会大厅等设施增设教育功能，并提供教学空间。另外，规划最佳出行路线，使学生可以快速到达校外教育空间（图6-69、图6-70）。

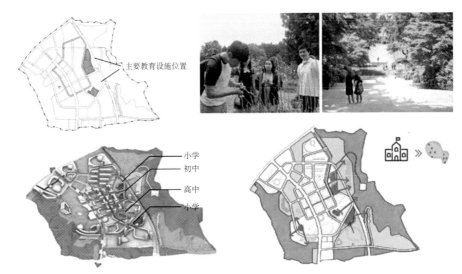

图6-69　主要教育设施位置与户外教育课程

资料来源：翻译自《世宗智慧城市国家示范城市实施规划》

图6-70　教育空间与外部联系

资料来源：翻译自《世宗智慧城市国家示范城市实施规划》

（2）教育技术

主要包括为发明和制作活动提供空间，运行3D打印等装置。利用教育技术，制订适合个人的定制型学习评价系统，以及提供包含1000个专业课程的线上线下的教育课程（图6-71）。

4）世宗智慧城市创新领域之四：能源

能源方面，以公众参与为基础，应用环保型能源创新技术，其目的是打造可持续的未来环保能源城市。世宗将打造能源管理示范产业，扩建各类充电设施，保障充电效率，并引入零能耗建筑，推广可再生能源，最终实现零能耗城市。其中，自动清洁网已经投入使用，实现了垃圾资源化。在高云洞实现了零能耗建筑地块，另外移动充电基础设施正在扩建，2023年将达到随时随地都可利用充电设备的水准。

（1）随处可见的充电设施

随着电动汽车和氢燃料汽车的普及，计划建设多种电车充电站（公共建筑、公共住宅、充电咖啡厅等），实现随时随地均可充电（图6-72）。

料理室　　VR空间　　视频会议空间

3D打印　　模型制作空间　　机械臂

图6-71　主要教育技术应用
资料来源：翻译自《世家智慧城市国家示范城市实施规划》

充电站分布

图6-72　位于世宗市政府的氢燃料充电站效果图及5—1生活圈内充电站规划图
资料来源：《世宗智慧城市国家示范城市实施规划》及https://news.naver.com/main/read.nhn?oid=092&aid=0002177494

（2）零能耗建筑地块

世宗计划对建筑物实行"零能耗建筑物认证（ZEB）"，零能耗建筑物是指不消耗常规能源建筑，完全依靠太阳能或者其他可再生能源的绿色建筑物。以此类建筑为对象，根据其能源自立率[①]的高低，获得1~5级零能耗建筑认证。目前，韩国为提高国民对零能耗建筑的认知及寻找高效的运营措施，根据低层（7层以下）、高层（7层以上）、园区（地区）分类开展试点项目。世宗市在部分独立住宅和公共住宅推行零能耗建筑地块，政府出台一定鼓励措施，如减免最高15%的购置税、贷款额度上调等，使市民自发地参与新能源居住环境的建设（图6-73）。

5）世宗智慧城市创新领域之五：治理

治理方面，主要提供市民参与型决策机制，通过区块链促进市民参与，让市民对区域热点直接提出意见，共同解决城市问题。M-voting移动投票系统是政务治理的核心，市民通过智能手机，将自己的意见与建议反馈给政府，使政府可以随时接收市民所想，为制定的政策提供反馈意见，实现"市民塑造的世宗"的目标。

（1）Living Lab（生活实验室）

"Living Lab"（生活实验室），意为基于特定空间与地区，建立以用户为主导的开放式创新型政府-企业-市民合作体系（Public-Private-People Partnerships）。

图6-73　位于世宗市高云洞的零能耗建筑地块[②]

[①] 能源自立率：建筑能耗中新能源的产出百分比，评估建筑的制冷、制热、照明、通风等能源消耗和新能源产量。

[②] 资料来源：https://map.naver.com/ 로렌하우스

（2）M-voting移动投票系统与市民沟通门户

构建市民沟通门户，为市民参与型民主市政提供网络平台，打造任何人都能接触和参与的信息智能环境。

"M-voting"将"Mobile"和"vote"结合在一起，基于移动平台进行电子投票，可以快速收集市民意见，完善政策。在市政运营过程中，反映市民的意见，确保区块链系统投票的透明度及可信度（图6-74）。

（3）Digital Twin（数字孪生城市）

以GIS空间信息为基础，将分析、模拟功能与3D视觉化模型功能相结合，构建对应实际城市的虚拟城市——Digital Twin（数字孪生城市），系统由韩国电子通信研究院（ETRI）负责研发，预计投入325亿韩元（约1.9亿人民币），在2022年投入使用。此系统将实现从规划设计阶段到建设施工阶段再到运维管理阶段的全生命周期运营，形成强大的智慧反馈能力（图6-75）。

6）世宗智慧城市创新领域之六：文娱

文娱方面，为市民提供了丰富的文化体验和便捷的购物环境，扩大各类文化演出机会，提供全市购物商场信息。针对个人需求，提供各类定制服务（图6-76）。

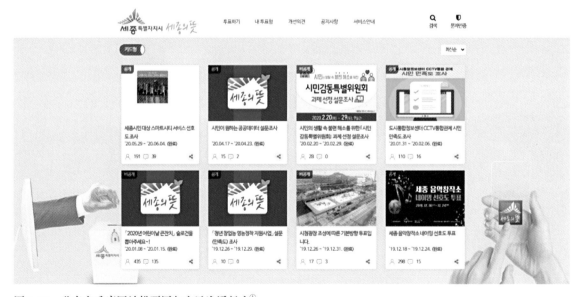

图6-74 世宗市政府网站投票区与市民沟通门户[①]

---

① 资料来源：www.sejong.go.kr

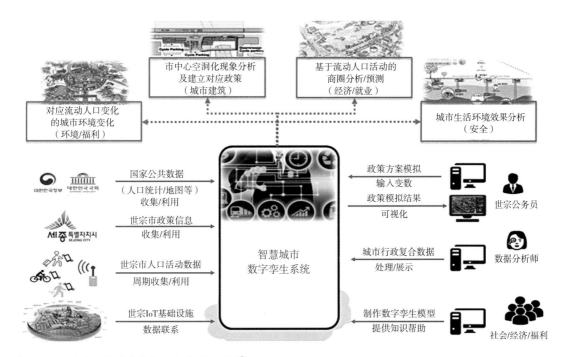

图6-75　世宗市智慧城市数字孪生系统概要图①

图6-76　文娱生活体系概念图
资料来源：翻译自《世宗智慧城市国家示范城市实施规划》

---

① 资料来源：翻译自https://blog.naver.com/iota8903/221257189241

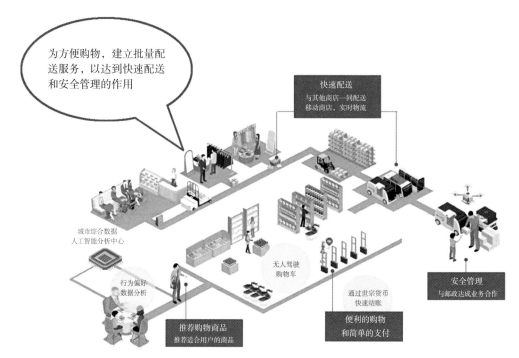

图6-76　文娱生活体系概念图（续）

资料来源：翻译自《世宗智慧城市国家示范城市实施规划》

7）世宗智慧城市创新领域之七：就业

就业是指为世宗生活圈提供创造性机会。通过营造优良的营商环境，促进创新企业发挥带头作用。政策上引进先进的管理机制，并支持企业项目运营。建立世宗创业中心，引入BIM、无人机等技术，扶持智能产业项目，帮助智慧城市技术创新型企业发展（图6-77）。

（1）创新技术应用

5—1生活圈的建设项目将全阶段加强无人机在现场拍摄、测量、安全检查等方面的应用，并通过高难度业务外包激活无人机市场。为实现技术公司的创新思维，提供制作原型后测试及反馈的环境，在室外广阔的空间，利用多样的制造设备（3D打印、机械臂等）进行快速的制造作业。

（2）创新经济生态系统

确保城市可持续发展，提高城市活力及生命力，促进大中小企业的相生—合作—融合。

公私合营

政府部门负责基础设施及公共服务，企业承担设计、建设、运营、维护基础设施等工作

创业公司、大企业共存

从创业公司到大企业，灵活利用市民数据，使企业创新惠及世宗市民

测试台&大数据

以市民数据共享为基础，吸引企业在世宗入驻

民间投资&收益分配

以持续性的投资保持企业入驻的环境

图6-77 创新经济生态战略①

---

① 资料来源：翻译自http://www.smartsejong5-1.kr/

第 7 章

项目层面案例

　　尽管智慧城市通常作为一个整体的发展政策而制定，但智慧城市的实现落地很难是"大而全"的，通常需要在特定的领域结合具体的项目开展。因此，各地的智慧城市项目往往具有不同的侧重点，例如以生态和低碳为导向、以智能交通管理为导向、以数字社区和数字媒体为导向等不同的模式，也存在多种方向并行式的实践项目。

　　该部分案例主要围绕城市生活，介绍了智慧社区、典型项目等探索案例，主要包括著名的智慧社区—加拿大多伦多的Sidewalk、荷兰的可持续智慧社区Brainport，联通一切物质和服务的日本Toyota Woven City。同时，作为面向未来的特殊城市形态，对沙特The Line以及人类面向宇宙探索的特殊环境下的火星NÜWA City也进行了介绍。

7.1　以人为本的智慧社区——加拿大多伦多Sidewalk

7.1.1　项目背景

　　多伦多智慧城市项目（Sidewalk Toronto）是一个由谷歌姊妹公司Sidewalk Labs所主导的项目。2017年6月，加拿大总理特鲁多宣布Sidewalk将与 Waterfront Toronto合作开发位于多伦多滨水区的Quayside 地块。随后，Sidewalk历时18个月制定的《总体创新与发展计划（MIDP）》问世。该项目整合了最前沿的城市设计思路与最先进的科技手段，意图打造出以人为本的社区，并展示了如何借助高科技创造一个真正包容、可持续的、以人为本的智慧城市标杆。

　　Sidewalk Labs作为未来城市的实践者，汇集了全球顶尖的城市规划、IT、政策和咨询、地产开发等综合性专家团队及2万多个多伦多市民的意见，用更加多元和创

图7-1 滨水区效果图
资料来源：《Sidewalk labs多伦多智慧社区新蓝图》

新的理念与技术解决城市问题，给世界示范了一个以城市为创新平台，以未来为产业驱动的全新产城创新模式（图7-1）。

7.1.2 规划目标与策略

1. 规划目标

Sidewalk Labs 承诺将这个废弃的海滨地区改造成一个繁忙的迷你都市，一个由互联网主导建成的城市。该公司的负责人兼纽约前副市长表示，项目旨在"创造更健康、更安全、更方便、更有趣的生活"。该地区将布置大量的传感器，收集交通、噪声和空气质量等方面的数据，并监测电网的性能和垃圾收集情况。Sidewalk Toronto的目标是：创建以人为本的社区，实现可持续发展、可负担性、流动性的创新性开发模板。

2. 规划策略

在整个项目的介绍中，Sidewalk围绕以人为本的城市设计原则，通过五大类应用场景描绘了一个完整而超前的技术乌托邦设想，展现了科技即将为城市带来的变革，但其内容并不是对高新技术的介绍，而是探讨如何将数字创新融入它的总体规划（图7-2）。

1）创意的数字技术和设施

数字创新是整个发展计划中多项核心规划举措的基础。智慧城市对数据共享的要求比以往任何时代的传统城市都要高，如何在强化硬件与网络等数字基础设施的同时保护好居民的个人隐私信息显得格外重要（图7-3）。

Sidewalk Labs的数字基础设施方案以两个核心硬件组件为中心。一种是无处不

交通　　　　　公共领域　　　　建筑和住宅　　　可持续发展　　　数字创意

图7-2　MIDP的五大类应用场景
资料来源：《Sidewalk labs多伦多智慧社区新蓝图》

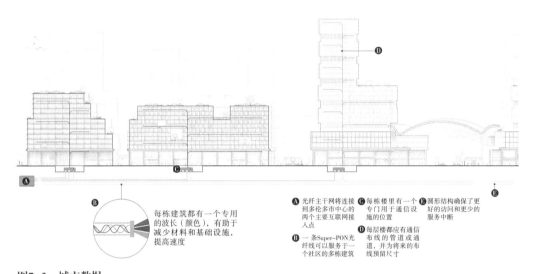

Ⓐ 光纤主干网将连接到多伦多市中心的两个主要互联网接入点
Ⓑ 一条Super-PON光纤线可以服务于一个社区的多栋建筑
Ⓒ 每栋楼里有一个专门用于通信设施的位置
Ⓓ 每层楼都有通信布线的管道或通道，并为将来的布线预留尺寸
Ⓔ 圆形结构确保了更好的访问和更少的服务中断

每栋建筑都有一个专用的波长（颜色），有助于减少材料和基础设施，提高速度

图7-3　城市数据
资料来源：《Sidewalk labs多伦多智慧社区新蓝图》

在地连接网络，让居民、工人和企业无论身在何处都能以低廉的价格接入安全的、超高速的互联网；另一种是新型的"城市USB端口"，公共领域的Wi-Fi天线、交通信号、空气质量传感器等可集成固定在街头的电线杆上，大大降低部署数字创新设备的成本。

在个人隐私保护方面，Sidewalk为了保证数据收集和使用的公平与透明，提出了制定数据安全标准，成立数据信托公司监督城市数据的收集和使用，并建立公开透明的数据使用评估机制以确保数据安全。

2）智慧的交通运输系统

Sidewalk Labs在城市交通运输的组织上主要考虑两个要点：一是尽可能让人们采用公共交通的出行方式，二是提供安全便捷可负担的出行方式。这二者与城市设计相结合之后，各种公共交通的动线和转乘之间的节点就显得非常重要。Sidewalk

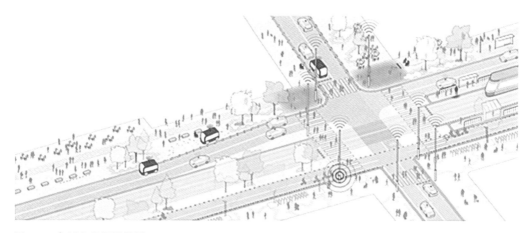

图7-4　有活力的街道设计
资料来源：《Sidewalk labs多伦多智慧社区新蓝图》

Labs提出了三项智慧化的解决方案（图7-4）：

（1）建立实时的交通管控系统。为了减少拥堵和鼓励共享出行，系统将监测所有交通工具、交通信号灯和街道基础设施，充分协调全域交通出行系统，指导驾驶员（以及未来的自动驾驶车辆）灵活使用空间，最大限度地提高通行效率，减少通勤时间。同时，建立能够及时适配路况的交通信号装置，通过实时调整，以平衡不同人群的需求，帮助老年人、残障人士等有需求的人在交叉路口安全通行。

（2）为了确保人们拥有方便和可靠的出行方式以替代私家车出行，交通运营部门推出整合出行模式套餐，人们可以一键知晓自己出行需要的交通方式和要付的费用。

（3）建立一个与社区货运"物流中心"连接的地下包裹投递系统。在这个系统中，几乎所有的包裹都将被转移到专门的智能集装箱中，这些集装箱通过地下隧道系统中的自动运输推车运输，从而避免因街道原因产生的运输中断，实现全时交付，以较低的成本提高客户收货的便利性。

3）有活力的公共空间

在公共空间方面，Sidewalk旨在为人们建立一个由街道、公园、广场等开放空间组成的完整系统，鼓励人们花费更多的时间进行室外活动。Sidewalk Labs在此建立了三项纲领（图7-5）：

（1）设计可变的室外公共空间。通过科技数据控制"遮阳伞"和设计灵活的柱廊灰空间，帮助社区建立餐馆、咖啡馆、艺术设施、社区聚会等功能复合的商业空间，以适应传统零售之外的广泛用途。

（2）设计以人为本的街道。使用模组化的铺地方式，建立动态路缘，并在道路

Ⓐ 内外空间   Ⓓ 专用自行车道

Ⓑ 城市雨衣   Ⓔ 地下智能公共设施

Ⓒ 急剧增加的绿化

图7-5 可变的公共空间

资料来源:《Sidewalk labs多伦多智慧社区新蓝图》

下方布设管线。高峰时段作为乘客装载区域,在非高峰时段可用作公共空间,大大增加道路的舒适性和灵活性。

(3)建立面向市民的信息平台、数据互联的"开放空间信息联盟"、共享信息的基础设施系统和信息反馈系统,将信息通过物联网的云端处理器实时反馈给手机等终端。这样使用者就能够通过手机APP等及时收到开放空间环境相关的信息,在提高公共空间使用效率的同时,使公共花园、广场和道路更宜人舒适。

4)可持续的城市运行

Sidewalk Labs旨在为人们提供一个真正的绿色节能社区,通过能源管理调度系统、智能雨水处理系统、智能垃圾回收处理等手段帮助市民实现城市生活的绿色节能及可持续(图7-6)。

(1)能源管理调度系统:集合了家庭、办公室和建筑运营商的能源管理调度系

图7-6 城市能源系统
资料来源：《Sidewalk labs多伦多智慧社区新蓝图》

统可自动化能源使用，优化住宅、商业和建筑的供暖、冷却和电力系统，使社区更加依赖清洁能源，减少能源浪费，增加住户的舒适度。

（2）智能雨水处理系统：通过数字传感器感知气象，在风暴来临前动态清空储存容器，以此储存雨水。

（3）智能垃圾回收处理：在建筑物中部署智能垃圾斜槽，通过地下气动管系统将不同种类的垃圾（可回收垃圾、需填埋垃圾和有机垃圾）分类运输到集中地点进行回收处理，减少污染。

7.1.3 Sidewalk的遗憾收尾

Sidewalk Labs公司这样阐述他们的想法，"如果你在互联网时代白手起家——如果你'从互联网上建立一个城市'，这样一座城市会是什么样子？"他们把自己的公司定位为促成城市基础设施新革命的催化剂："回顾历史，当人们把创新整合到物理环境中时，特别是在城市中，经济和生产力快速增长期就来到了。蒸汽机、电网和汽车都从根本上改变了城市生活。但从'二战'前夕至今，我们的城市再没有出现太大的变化。把1870年和1940年的城市照片加以对比，差异就如同昼夜之分明；而如果把1940年与今日的城市照片对比，几乎没有什么改变。这样看来，尽管计算机和互联网兴起，但经济增长放缓，生产力增长也是如此之低……我们的使命，正是加速城市创新进程。"

团队试图在多伦多Quayside项目范围内推动城市创新、流动性和连通性，但设计过程就遭遇颇多波折、阻滞和摩擦。经历了融资、治理、数据隐私等许多混乱漫长的争议之后，Doctoroff于2020年5月宣布Quayside项目终止，声称原因在于新冠疫情造成的"前所未有的经济不确定性"。虽然项目失败的部分原因，在于新冠流行以来世界发生了变化，但前几年的争议已经初见端倪，即该项目一开始过于乐观，"高科技"喜欢快速行动打破常规，城市却无法承受疏忽和一时兴起。Sidewalk Labs为"从互联网上"建立一个城市社区付出了两年半的努力，但并未考虑"为什么人们想要住在其中"。该项目采取的"技术优先方法"遭到了许多人的反对，项目对多伦多市民的隐私问题毫无考虑，这可能是导致其流产的主要原因。同时，加拿大政府对私营部门控制公共街道和交通，以及对公司收集公民日常生活数据的容忍度远低于美国。

时至今日，多伦多滨水区已重新调整定位，计划把Quayside打造为一个活力、包容和韧性社区，使之成为加拿大最具可持续性的低碳社区之一，为所有年龄、背景、能力和收入的人提供服务。同时，还将为个人和家庭提供市场价格住房和经济适用房，包括帮助老年人就地养老，并提供支持他们更长时间独立生活的便利设施。2022年2月，多伦多市宣布了沿水岸进行新开发的方案。看起来如同热情的城市主义者的愿望清单：800套经济适用公寓、两英亩的森林、屋顶农场、专注于本土文化的新艺术场所，以及零碳承诺。新方案转变明显，强调风雨、小鸟和蜜蜂，而不是数据，由之前的空中楼阁变得务实亲民起来。

7.2 可持续的智慧社区——荷兰Brainport智慧社区

7.2.1 建设背景

自2009年以来，"阿姆斯特丹智慧城市倡议"（The Amsterdam Smart City Initiative）已启动了80余个项目：从共享城市数据的网站，到完善智能科技和环境保护方面的产业链，再到各类便民网上服务，无所不包。

2017年，荷兰还颁布了"智慧城市国家战略"（National Smart City Strategy），宣布荷兰各大城市会加强合作，促成更大范围内的信息共享与可持续发展，标志了荷兰智慧城市发展中的又一个里程碑[①]。荷兰UNStudio事务所设计的超级大脑智慧社

---

① Amsterdam Smart City.［N/OL］. https://amsterdamsmartcity.com.

区（Brainport Smart District），正是在荷兰智慧城市建设的大背景下应运而生的[1]。与大脑端口装置设备的原理类似，UNStudio创造的这个新型智慧社区，就是让每个居民都有机会接收、处理并共享与生活息息相关的各类信息与数据，最大限度地让数据与信息发挥作用，给个人生活带来便利。

Brainport智慧社区（Brainport Smart District，BSD）位于荷兰北部拉班特省（Noord-Brabant）海尔蒙德市（Helmond）布兰德夫特社区（Brandevoort），是布兰德夫特社区的一部分。

Brainport智慧社区项目由政府组织（Brainport发展委员会、海尔蒙德市政府和北部拉班特省政府）和学术机构（埃因霍温理工大学、蒂尔堡大学）共同负责，该项目与若干科技公司合作，致力于建设一个不伤害、不污染、不耗竭地球的新智慧区，利用科技为使用或居住在该地区的人们的生活增添意义。从2018年海尔蒙德市议会批准开始，Brainport智慧社区一直处于建设中，计划在10年内（2018—2028年）建成，包含大约1500套新住宅和一个12万m^2的工业区，成为一个结合交通、健康、能源生产和存储以及循环建筑等新技术进行设计的智能居住和工作社区，居民在设计自己的居住环境方面将发挥重要作用。该地区也是开发和测试新产品的试验场[2]（图7-7）。[3]

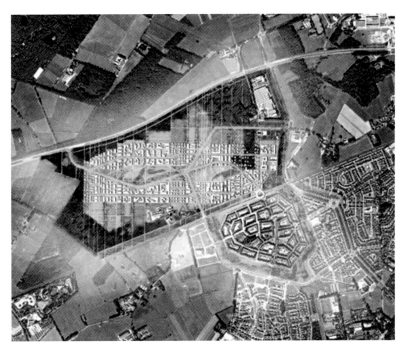

图7-7 总平面图[3]

① https://helanonline.cn/article/16471.

② https://brainportsmartdistrict.nl/en/.

③ 资料来源：https://brainportsmartdistrict.nl/en/

7.2.2　目标与策略

1．规划目标

这一全新社区建设计划基于多领域的最新见解和技术，包括循环性，（未来）居民的参与，社会的凝聚力，安全、健康、数据，新的运输技术和独立能源系，所有这些方面将共同促成一个独特的可持续生活环境：Brainport智慧社区。

Brainport智慧社区将成为一个"生活实验室"：围绕中央公园打造一个混合住宅社区，并在四周形成商业空间和自然保护区。该社区旨在发展建筑和景观的全新关系，从而相互提升质量水平。景观的作用是为食品、能源、水、废物处理和生物多样性提供积极的生产环境（图7-8）。

项目主要围绕八大目标来实施（图7-9）：

一是循环经济。通过现代和未来技术达成人类与自然资源的和谐，在建筑、能源、水资源、食品和医疗等方面实现社区循环经济，成为自给自足的绿色可持续发展社区。

二是居民共建。在社区建造前调研居民的期望，增强居民在智慧社区建设过程中的参与感，使居民与企业、学术机构一起，从实际需求出发，共同建设智慧社区。

图7-8　智慧街区效果图[①]

---

① 资料来源：https://brainportsmartdistrict.nl/en/

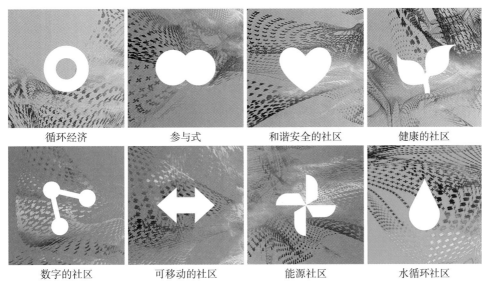

| 循环经济 | 参与式 | 和谐安全的社区 | 健康的社区 |
| 数字的社区 | 可移动的社区 | 能源社区 | 水循环社区 |

图7-9 项目目标①

三是安全和谐。在社区建造时合理部署用于会议、交流和个人成长的空间，创造安全、自由、友好、包容的社交氛围，以创造社交经济价值。

四是绿色健康。建立以预防为重点的新型卫生保健体系，营造清洁、绿色和有吸引力的生活环境，以保障居民身体健康，提升居民幸福感。

五是数字社区。在尊重居民个人意愿和保障居民隐私的前提下，利用城市基础设施，通过社区大数据发展创新技术。

六是智慧交通。探索自动驾驶，共享汽车等新技术，创建智慧交通社区。

七是能源可持续。利用生物/合成气、氢气、太阳能、风能等新能源，探索区域加热系统、全电力或混合动力能源供给、智能电网等新技术，创建稳定可靠、以用户为中心的可持续性能源系统。

八是水循环。Brainport智慧社区正在设计一个循环和适应气候的水系统，可以抵御干旱和极端降水。水循环系统可以改善环境，提升居民的健康，是一个既实用又负担得起的智能创新服务。

2. 规划策略

与大多数开发项目不同的是，Brainport智慧社区不会按照先设计后建设的寻常做法；相反，设计和建设将逐步推行，齐头并进。这个新社区旨在推行创造一个可持续和独特的生活概念，倡导实验和"从实践中学习"的理念。

---

① 资料来源：https://brainportsmartdistrict.nl/en/

1）灵活的城市设计

Brainport智慧社区的总面积为155万m²。UNStudio的城市规划能提供最大的发展空间，灵活的框架能适应增长的密度。考虑到未来的经济和社会变迁，该地块由北往南被划分成一系列的带状街道，将这一街区划定成十个部分，提供一系列丰富的城市景观密度和功能。每个区的建筑密度、功能与绿色覆盖率不尽相同。这保证了区域间的多样性，满足了不同年龄和社会阶层居民的生活需要。同时，长条形的区域划分也为未来社区的扩大做了考虑。今后的新建项目可以直接按照分割线进行延伸建设，不必再花费时间和人力另行规划（图7-10）。

2）按需求分区

UNStudio的这一城市愿景并非预先制定好的固定规划，而是采用灵活的框架，根据每位用户的需求进行开发。城市发展区和自然区均被视为生产空间，融合生活、工作和休闲娱乐。一个共享的中央公园将成为街区活跃的社交中心，所有居民都能在这里体验有益身心的活动（图7-11）。

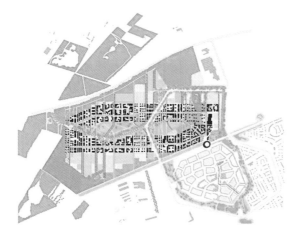

图7-10　规划蓝图[①]

图7-11　按需分配区域[②]

① 资料来源：https://brainportsmartdistrict.nl/en/
② 资料来源：https://brainportsmartdistrict.nl/en/

3）推动循环经济和绿色可持续

为了迎合新的本地用户和国际用户，Brainport智慧社区正提前寻求新的生活和工作方式。鼓励居民采取共用能源发电和土地种植等共有资源计划，而入驻的企业将主要侧重于创新研究领域。促进生产的城市环境和景观会有利于形成"生产于Brainport智慧社区"的独有地方经济。

为了实现社区循环经济和绿色可持续发展，Brainport智慧社区发起组织之一——Voorstee基金会，在社区内建设了多功能花园农场，作为社区居民聚会和参与社区可持续绿色生活的场所。花园农场内种植有机蔬菜和绿色植物，居民可以当志愿者参与种植，也可以报名参与活动，烘焙由可持续原料制成的比萨。现在，社区花园农场正在成为多功能社交中心，Voorstee基金会期望这种模式能在未来发展成为城市农场。

UNStudio的愿景是将Brainport智慧社区有关气候适应和循环性的超前想法，打造成一个确保生态、社会和经济可持续发展的模式。在项目早期就引入循环系统概念，才能提供机会让不同规模的创新解决方案实行协同作用。Brainport智慧社区整合循环标准，不仅仅是原材料、能源和气候适应方面，还包括生物多样性、人类健康和新的经济机会，以此开创区域发展的新标准。在这个消费主义大行其道的社会里，超级大脑智慧社区中的居民将身兼数职，他们不仅是消费者，更是生产者与循环者。从粮食生产到水管理，再到合作能源生产，都有望在高科技的帮助下，实现社区内部解决（图7-12）。

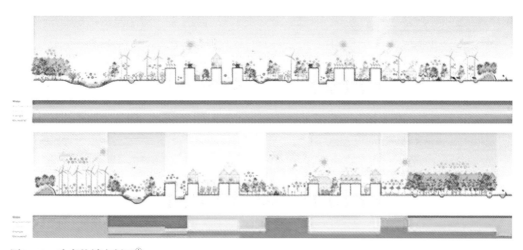

图7-12 改变的城市剖面①

---

① 资料来源：https://brainportsmartdistrict.nl/en/

4）合理运用数据

与大脑端口装置设备的原理类似，UNStudio创造的这个新型智慧社区，就是让每个居民都有机会接收、处理并共享与生活息息相关的各类信息与数据，最大限度地让数据与信息发挥作用，给个人生活带来便利。

《Brainport智慧社区行动计划书》中指出，社区建立的原则是所有采集的数据都将在居民之间共享。居民数据将会被储存在一个虚拟的"数据宇宙"中，而为了保护居民的隐私，政府与技术人员将帮助居民撰写一份"数据宣言"，来规定何种数据能被应用在什么方面。

社区采集的数据与信息主要包括居住、交通与能源使用三方面。

（1）居住方面，第一个是建筑与环境数据，如空气质量、水质、噪声等；第二个是生活信息，包括家庭中各种能源用量和自动化服务应用的程度；第三个方面是个人数据，包括用户行为、性格与价值观。

例如在环境问题上，2017年6月，布兰德夫特区的一些路灯上安装了一种新型的传感器，可检测空气质量（如PM2.5等）与噪声指数。这些指数被实时传送到"智慧城市网"（slimstestad.nl）上。居民可以与专家一起商讨，社区内是否需要增加防噪声设施，或者是否需要控制汽车尾气排放量等（图7-13）。

居民可以通过开放的建筑信息建模服务器（open BIM server），在线查看住房的3D模型，了解包括建筑材料、空间、能源供给等各类信息。他们还可以对社区里今后的住宅建设提出建议，也可以自行对居住环境作出合理的改善。

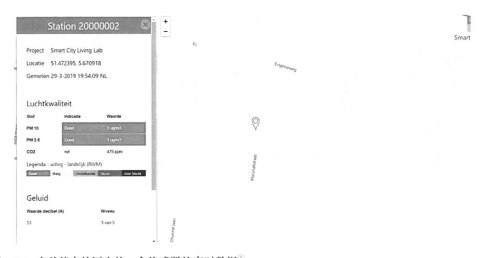

图7-13　布兰德夫特区中的一个传感器的实时数据[①]

---

① 资料来源：https://brainportsmartdistrict.nl/en/

（2）交通方面，数据可以让未来的交通变得更为高效。除了基本的交通流量监控、社区停车系统管理等外，超级大脑社区还将大力推广电动交通工具。社区的智能电网在给汽车充电的同时，会收集汽车的行车数据和用户的出行喜好。由此，一个完整的交通数据网络将被建立起来。

交通数据网络可用于推广"移动即服务"（Mobility as a Service）的概念，即将所有的交通方式做整合。不用繁琐的买票步骤，不会因为转车晕头转向，也省去了自己开车的疲惫不堪，出行将完全由网上服务系统规划，不同交通工具无缝衔接，甚至根本不需要导航。据预测，在超级大脑智慧社区里，"移动即服务"可以减少50%的汽车尾气排放。

（3）在能源使用方面，数据收集可以节省浪费。社区中"能源区块链"的应用将会是一大特色——居民可以将自己用不完的电力或通过家庭绿色发电机创造的能源，直接由区域电网销售给邻居，从而避免浪费，也创造剩余价值（图7-14）。

5）建设智慧交通枢纽

自2021年夏天以来，布兰德夫特一直在进行交通枢纽的实验，目的是更多地了解社区内共享交通的使用情况。智能交通是Brainport智慧社区的项目之一。交通枢纽是旅行者从一种交通方式切换到另一种交通方式的地方。游客和居民可以在这里租一辆共享汽车、租赁自行车或电动货运自行车。智慧交通枢纽提供了一种方便、实惠的替代方案，可以替代现在经常闲置的第二辆车。越来越多的居民不使用他们的汽车，而选择共享汽车或自行车，就会在街道上留下更多的玩耍空间。玩耍变得更安全，空气也更清洁。

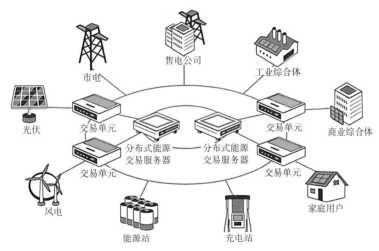

图7-14 分布式基础设施[①]

---

① 资料来源：https://brainportsmartdistrict.nl/en/

7.3 联通一切物质和服务的编织城市——日本丰田编织城市

7.3.1 项目建设情况

在城市化日益加剧的今天，汽车遍布大街小巷，车流与人流在一定程度上产生了冲突，街道的功能也开始从连接到隔离转型，城市区块之间的联系越来越薄弱，人群开始出现隔离的状态。而日本面临严重老龄化，一些独居的老人连续几周都没有与他人交流，还有一些离家人很近的老人仍然感到孤独。日本65岁以上的老人有时会犯下轻微的罪行并因此被捕，因为他们发现监狱比外面的地方更好、更适合社交，尤其是对女性来说。

"编织之城"的设想便是基于这样的城市背景产生的，丰田汽车公司在2020年国际消费电子展（CES2020）上发布了"丰田编织城市"（Toyota Woven City）项目。"编织城市"将落址于静冈县裾野市一处旧厂区，占地175英亩（约70.8万m²），设计重点将围绕交通方式和街区进行创造，设计师试图通过打造一个灵活的街道网络，进而设计更安全且对行人友好的不同用途的交通流线，构建环境体系与生活平面分层组织的二维体系（图7-15）。

图7-15 丰田编织城市构想图[①]

---

① 资料来源：http://www.toyota.com.cn/brand/mobility_company/two.php

7.3.2 建设目标与策略：联通一切物质和服务

1. 建设目标

项目主创比亚克·因格尔（Bjarke Ingels）提到，"当下的城市是糟乱的——万事万物、无处不在，却鲜有可取之处，当今社会社交媒体和网络销售正在逐渐取代和消除传统的社交场所，我们比以往任何时代都更加孤立。而'编织城市'的创想，就是希望通过科技加强公共空间的社交凝聚力，增强人与人之间的连接。"在"编织城市"中，将现有的城市肌理剥离开来，将传统道路的三个组成部分重新编织成一种新的城市网络，多孔城市街区为社会生活、文化和商业创造了多种不同的模式。

当下，支持人们生活的所有物和服务都通过信息数据紧密相连。该项目将基于人们生活的真实场景，建设能够引入及验证自动驾驶、移动出行服务（MaaS）、个人出行、机器人、智能家居技术、人工智能（AI）等先进技术的实验城市，实测可以连接支持人们生活的一切物和服务。该项目旨在通过加速进行技术和服务的开发和实证实验，持续创造新的价值和商业模式。以连通的、清洁的新型共享出行方式，在交通、出行、人与自然之间寻求新的平衡，利用太阳能、地热能和氢燃料电池技术努力构建碳中和社会。

2. 规划策略

1）编织道路

"编织之城"被视为一个灵活的街道网络，按移动速度划分的道路实现了更安全的、行人友好型的人车关系。传统道路被分为三部分，第一条是针对主要街道进行优化，设置主干道专为速度更快的无人驾驶车辆通行。主干道上所有车辆都是自动驾驶、零排放的车辆，并根据路上种植的树木进行人车分流。丰田e-Palette作为一款无人驾驶的多用途清洁汽车，将被广泛运用于共享运输、交付服务以及移动零售、食品、医疗诊所、酒店和工作场所中。E-Palette除了完成人和物的运输工作之外，还将作为移动商店等使用，活跃在城市的各个角落（图7-16）。

第二条道路为行人和慢车道，是行人与个人小型移动工具共用的长廊式道路，供自行车、小型摩托车等小型移动工具使用，以及包含丰田i-Walk概念电动滑板车在内的各种个人交通工具。这条共享街道使居民能够以较慢的速度，在布满自然景观的宽阔空间中漫步（图7-17）。

第三条是人行步道，是一条专为行人、植物和动物设计的道路，两个社区之间只需要从公园中步行穿过就能到。人们可以在这条安全舒适的小路上悠闲地散步，自由驻足、享受自然之美（图7-18）。

图7-16　理想街道①

图7-17　慢行路效果图②

图7-18　安全舒适小路效果图③

① 资料来源：http://www.toyota.com.cn/brand/mobility_company/two.php
② 资料来源：http://www.toyota.com.cn/brand/mobility_company/two.php
③ 资料来源：http://www.toyota.com.cn/brand/mobility_company/two.php

三种类型的街道相互交织，每个街区只能通过休闲长廊或线性公园进入的庭院。通过扩展和收缩，编织网格的城市肌理能够适应各种空间尺度、功能和室外区域。例如，一片庭院可以扩展成为一个大广场，甚至可以膨胀成一座中心公园，容纳可供整座城市使用的公共设施。地下网络则分布着城市的基础设施，包括氢能源、雨水过滤和被称为"物联网"的货物运输系统。

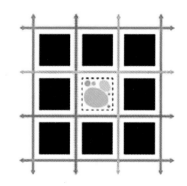

编织城区街道比传统的城市网络更具渗透性，提供了更人性化的环境。这个典型的3×3模块有八个建筑模块围着一个中央庭院，行人和缓慢的代步工具可以在这里穿梭。

图7-19　主广场为整座城市的居民提供功能性的公共空间[①]

2）编织街区

三种街道纵横交错形成150m宽、3m×3m的城市街区，每个街区都围出各自的庭院并可通过长廊或线性公园进入。这样将道路分隔，不仅可以创造一个更加安静的居住环境，还可加速丰田的自动驾驶和智能城市基础设施的验证，人类、动物、车辆、机器人等各种各样的用户来来往往，也可以产生多种多样的交叉点（图7-19）。

编织网格的城市结构通过不同程度地扩展和收缩，以适应各种规模、项目和室外区域。根据具体需要，两个中央庭院会分别膨胀，一个成为大规模的城市广场，另一个成为给整座城市提供便利设施的中央公园（图7-20、图7-21）。

通过扭曲网格，中央庭院被扩大，创造了一个城市范围的广场或花园。

图7-20　中央公园容纳不同的尺度、功能和户外区域[②]

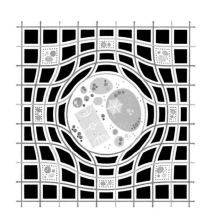

由于扭曲，编织网络系统无缝地贯穿整个城市，同时适应各种规模功能和户外区域。

图7-21　中央公园[③]

---

① 资料来源：http://www.toyota.com.cn/brand/mobility_company/two.php
② 资料来源：http://www.toyota.com.cn/brand/mobility_company/two.php
③ 资料来源：http://www.toyota.com.cn/brand/mobility_company/two.php

图7-22　典型办公室效果图①

3）可持续的城市建筑

"编织城市"以和谐环境和可持续发展为前提，通过将日本传统手工艺、榻榻米模块与机器人制造技术相结合，促进对日本建筑遗产的延续、发扬和创新。城市内的住宅、零售和商业建筑主要由碳中性木材制成，屋顶安装太阳能电池板。丰田的研发空间容纳了多个机器人建造、3D打印和移动实验室，而典型的办公室则灵活容纳了工作站、休息厅和室内花园（图7-22）。

4）互联的生活网络

"编织城市"内的住宅将试用居家机器人等一系列新技术来辅助居民的日常生活。通过充分运用AI传感技术的全面连接，这些智能住所能够实现物品传递、送洗衣物和垃圾处理等功能。城市居民除了可以实际使用室内机器人等新技术外，还可以通过利用传感器数据的AI检查健康状况并将其用于日常生活，从而提高生活质量。

7.4　新形态的线性智慧城市——沙特The Line

7.4.1　项目背景

"沙特2030愿景"由被外界视为改革者的王储穆罕默德·本·萨勒曼提出，以减少对黑色黄金——石油的依赖并推动经济多元化发展，他认为"这是一个雄心勃勃但可以实现的蓝图"。作为该愿景的一部分，The Line旨在为城市生活带来一场革命，该项目将100%由可再生能源提供动力，并且不需要道路和汽车，看起来像一排

---

① 资料来源：http://www.toyota.com.cn/brand/mobility_company/two.php

图7-23　Neom项目[①]

170km长的住宅，上面似乎是一面镜子墙，并将在34km^{2}的范围内，建设约900万人的居住区（图7-23）。

7.4.2　规划目标与策略

1. 规划目标

"沙特2030愿景"的战略目标是：创造充满活力的社会、繁荣的经济和雄心勃勃的国家。

1）充满活力的社会

沙特阿拉伯旅游业发展较晚，在2019年才敞开大门并提供签证。沙特的目标是将其迎接Umrah（前往麦加的朝圣者）的能力从每年800万增加到3000万，它还希望增加联合国教科文组织世界遗产的数量。迄今为止沙特已有六个世界遗产，包括拥有20万年历史的埃尔奥拉。

随着国家节目Daem的开播，这意味着有意义的娱乐、文化场所已经开放。如今，沙特高尔夫等体育赛事和音乐会已经司空见惯，名厨和世界著名餐厅纷纷涌入首都——已经有David Burke和ROKA，而包括Time Out Market最受欢迎的BB Social Dining和Reif Japanese Kushiyaki在内的区域重量级餐厅也即将开业。

2）繁荣的经济

为了保持现金流，为当地人创造更多的就业机会，预计会有更多当地人，包括

① 资料来源：https://www.neom.com/en-us/regions/theline.

女性参加工作，政府的目标是将女性劳动力从22%增加到30%。企业家基于有利商业的法规，更容易获得利润。

3）雄心勃勃国家

"沙特2030愿景"力求透明、有效的政府和公民参与，保护环境也是计划的一部分，水产养殖正在得到推广，沙特的重要水资源将得到保护。沙特阿拉伯除了建立未来主义城市，还会实现生态友好型城市（图7-24）。

2. 规划策略

The Line全长170km，将由两座1600英尺高的建筑物组成，它们相互平行，穿过沙漠、山脉和沿海地区。这座耗资1万亿美元的大楼建成后可容纳900万人，其居民能够在20分钟内上下班。

The Line 将由可再生能源提供动力，整个开发项目将实现净零排放和无污染。没有道路、汽车和碳排放，它将使用100%的可再生能源，保留95%的自然景观。与传统城市不同，人们的健康和福祉将优先于交通和基础设施。

1）集约密度

集约密度主义将The Line的物理足迹减少到人口相似的传统城市的2%。伦敦目前的面积约为1600km²，而同样拥有约900万人口的The Line面积为34km²。随着世界人口的增长和城市移民的流动，The Line遵循的集约密度原则为城市自然生态和景观提供了可持续发展方案。The Line的新形态创造了具有独特性质的城市空间。城市

图7-24 效果图①

① 资料来源：https://www.neom.com/en-us/regions/theline.

中的每个人都可以从The Line的各个高度直接看到大自然。每个人都可以直接进入两侧的自然环境以及近在咫尺的多个公园和步行空间。最重要的是，The Line为各行各业的居民提供了平等的机会，让他们可以共享The Line公共服务和便利设施的方方面面。

The Line的楼层和空间可以获得充足的自然光。除了直接从上方接收光线外，这种视觉玻璃还可以自然地让阳光穿过城市的两侧。立面将有充足的机会让城市呼吸，因为镜子内的空间是室外空间、公园、广场和人行道的组合，此外还有室内私人和公共空间（图7-25）。

2）公共空间

谈到提升The Line的宜居性时，景观起着重要作用。在充满活力的城市中，景观区域的组织高度围绕着这样一种理念，即所有居民都应该能够进入从地区到社区公园以及两者之间的各种公共空间的一切，以确保城市的公平性。与所有城市一样，The Line中的景观将是户外空间。他们将有充足的机会接触到阳光和新鲜空气，并且可以遮阴，在需要的时候可以调节风力。

图7-25　垂直分布的城市景观[①]

---

① 资料来源：https://www.neom.com/en-us/regions/theline.

3）交通计划

The Line的交通模式主要是步行。步行5分钟即可到达学校，满足所有日常需求。The Line的第二种方式是，在不同楼层之间步行或骑自行车，并在城市中垂直移动。城市是围绕可步行的公共空间的。当需要沿着The Line移动几公里时，可以乘坐个人或团体穿梭巴士在高处运送，而无须到地面上，这通常适用于长达10km的旅程。最后，当需要沿着170km的The Line行驶更远的距离时，可以使用该线路底部的高速系统。

7.4.3　The Line 的项目亮点

该项目保留了最原本的扩张方式：人的流动而不是车辆交通的规划。它将使用100%可再生能源。这使它成为一个独特而智能的生活空间，它将为每个人提供清洁的空气。人们的健康和福祉将是重中之重，而不是交通或基础设施。

它将成为在大自然的参与下过上城市生活的理想场所。步行2m穿过开放空间，享受阳光和通风以及其他设施，是该项目独一无二的亮点。

此外，在先进的人工智能技术的帮助下，居民和企业将拥有世界一流的设施。医疗保健、物流、旅游等行业也能够从该项目中受益。

7.5　新形态的垂直城市——火星NÜWA City

7.5.1　规划背景

人类探索火星在20世纪六七十年代可谓疯狂，面对不足三分之一的成功率，苏联和美国犹如接力赛一般轮番上阵。进入21世纪以来，人类对火星的探索进入新的高潮，美国、俄罗斯、印度、日本、中国都尝试过探索火星任务，关于火星的未来开发方案也进入各国航天发展的重要日程。全球建筑师事务所Abiboo和众多科学家、学者组成的国际团队工作了几个月，根据最新的科学研究，设计出了这份火星生活规划。它从环境搭建、生产制造到日常起居，勾画出了一片可行性高的未来火星城市图景。

7.5.2 目标与策略

1. 规划目标

Nüwa City是Abiboo公司在这颗红色星球上创建城市的第一步。Onteco Mars的目标是成为未来火星定居点的复制样本。女娲城位于火星悬崖之一的斜坡上，水源丰富。陡峭的地形提供了一个嵌入岩石的场地，在获得间接阳光的同时免受辐射和陨石的影响。项目选择五个地点是为了提高弹性、长期方便地获取资源，并为火星公民增加流动性选择（图7-26）。

每个城市可容纳200000~250000人。Muñoz解释这一战略时说："火星的环境非常恶劣，自然资源分布在不同的地方。可持续性是一个关键方面，自力更生的循环系统也同样重要，使其能够在没有地球资源的情况下维持城市的需求。"为了实现这一目标，建筑师必须做的是使用可以在火星地形上找到的材料和矿物作为方案的一部分。

2. 规划策略

1）垂直城市主义

"女娲"将被制造在名为Tempe Mensa的火星悬崖边上。一栋栋建筑将被错落有

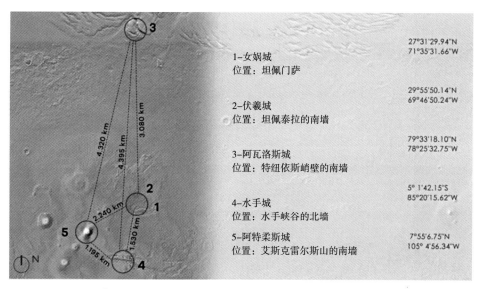

1–女娲城 位置：坦佩门萨	27°31'29.94"N 71°35'31.66"W
2–伏羲城 位置：坦佩泰拉的南墙	29°55'50.14"N 69°46'50.24"W
3–阿瓦洛斯城 位置：特纽依斯峭壁的南墙	79°33'18.10"N 78°25'32.75"W
4–水手城 位置：水手峡谷的北墙	5°1'42.15"S 85°20'15.62"W
5–阿特柔斯城 位置：艾斯克雷尔斯山的南墙	7°55'6.75"N 105°4'56.34"W

图7-26　城市分布[①]

---

① 资料来源：https://abiboo.com/projects/nuwa/

致地安插在平坦的崖壁内，从远处观望，它们就像一个个闪亮的洞穴。在悬崖内可以防止辐射和陨石。岩石从内部吸收大气压力并提供热惯性以避免温度损失，因为外部温度可能低于零下100℃。

密度在火星上至关重要，因为每平方米的成本都很高。与The Line项目的规划策略相同，女娲也计划将城市向空中蔓延，以减少基础设施、物流和城际交通所需的空间。女娲在悬崖内的位置确保了这种空间被最小化。最后，悬崖顶部通常有一片相对平坦的广阔空地，非常适合生产能量和食物。

在垂直崖壁上，各个建筑将以隧道相连，通过巨大的高速电梯竖向通行。而悬崖外的水平通行，则会提供轻型火车和公共汽车系统，辅助人们日常通勤（图7-27）。

所有建筑都将是模块化的，分为住宅区和工作区。每个建筑入口都会装有"空气淋浴"，进来的人们需要清洁和消毒，以保护自己的健康。每个模块都会配有大型的透明圆顶屋檐，这里将是人们的社区公园，可以进行各种娱乐休闲活动，同时培养各种新型植物（图7-28、图7-29）。

悬崖上的"宏观建筑"由高速电梯系统连接，类似于地球上的摩天大楼。该基础设施还将悬崖底部与顶部连接起来，并在"空中大厅"设有中间停靠点，将"宏观建筑"与单独的升降系统连接起来。

在悬崖的脚下有许多大型的亭子，供居民社交使用，这些亭子是半透明的，在里面可以欣赏到火星的风景。这些穹顶有大型的顶棚，悬崖开凿出来的材料被覆盖

图7-27　模块化剖面[①]

---

① 资料来源：https://abiboo.com/progects/nüwa/.

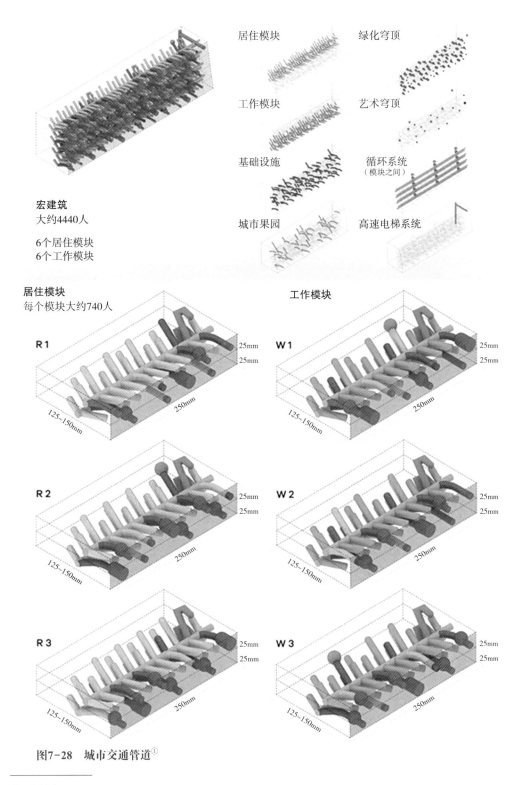

居住模块
工作模块
绿化穹顶
艺术穹顶
基础设施
循环系统
（模块之间）
城市果园
高速电梯系统

宏建筑
大约4440人

6个居住模块
6个工作模块

居住模块
每个模块大约740人

工作模块

R1   25mm 25mm 250mm 125~150mm
R2   25mm 25mm 250mm 125~150mm
R3   25mm 25mm 250mm 125~150mm

W1   25mm 25mm 250mm 125~150mm
W2   25mm 25mm 250mm 125~150mm
W3   25mm 25mm 250mm 125~150mm

图7-28　城市交通管道①

① 资料来源：https://abiboo.com/progects/nüwa/.

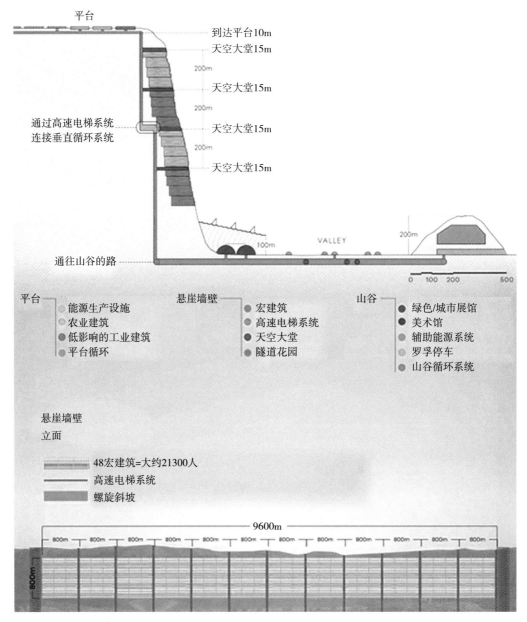

图7-29 悬崖剖面①

在这种顶棚上，保护其免受辐射危害。同时，这种策略也保证了大规模的回收利用。在山谷中，还有一些特定的建筑，用于安置医院、学校、体育场馆、文化活动设施、购物区以及与航天飞机沟通的火车站。①

————

① 资料来源：https://abiboo.com/projects/nuwa/

2）交通与运输

城市内的机动性是通过高速电梯沿悬崖垂直方向进行的，公共汽车和轻轨系统提供市内水平交通。一个火车站网络连接到位于附近火山口的太空机场。城市内的所有交通都通过电动汽车在加压空间内进行。不同火星城市之间的流动性是通过在铺设道路上行驶的公共汽车或火车来解决的。

女娲城和相邻城市能够成倍地容纳人口。经过最初短时间的资本投入和来自地球的供应，火星上的这种城市发展以其手段和可持续的方式保持和发展。建造城市所需的所有材料都是在火星上通过加工碳和其他矿物获得的。SONet的科学家和Abiboo工作室的建筑师分析了女娲城所需的材料，以及如何以可持续的方式利用当地资源制造所需系统部件（图7-30）。

3）基础设施

除了生活、工作、教育和促进社会交往的建筑外，火星上的人类定居点还需要建筑来满足空气、水和食物生产的基本功能。在女娲城及其附近的城市，所有的建筑结构都包含安全方面的设施，以调节内部大气压力，并为紧急情况提供避难区。一些公共空间为市民提供了防火通道和避难所，直到救援单位在紧急情况下到达（图7-31）。

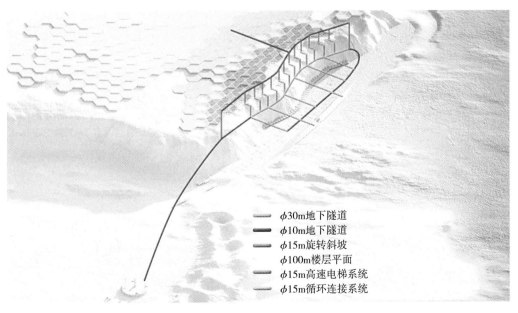

φ30m地下隧道
φ10m地下隧道
φ15m旋转斜坡
φ100m楼层平面
φ15m高速电梯系统
φ15m循环连接系统

图7-30 交通运输线路

图7-31　景观生态[①]

　　每个建筑的入口处都放置了空气淋浴器，作为健康保护措施进行清洁和消毒。人工智能（AI）也将在女娲城的建筑标准中发挥重要作用，以帮助保持最佳条件并将风险降至最低。作物将在富含二氧化碳的农业模块建筑中生长，而且这些设施中的操作任务将实现自动化。为了提高农作物的效率，SONET的天体生物学专家团队设计了一种水耕系统，与其他基于地面作物的方法相比，它需要更少的水和空间。藻类、细胞之内和用于废物处理的细菌的生产也在这一区域完成。动物和昆虫的养殖区位于山谷，靠近公共城市区域，因为它们需要类似人类的生活氛围。"绿色圆顶"和悬崖内的城市花园也是一些动物的栖息地。无论如何，用于动物的空间相对较小。火星饮食中预测的低肉类消费是由于畜牧业需要高能量，这在红色星球的条件下是不可行或不可持续的。

---

① 资料来源：https://abiboo.com/projects/nuwa/

参考文献

［1］ Abdelmajied，FEY. Industry 4.0 and Its Implications: Concept，Opportunities，and Future Directions. 2022.

［2］ Amsterdam Smart City.［N/OL］. https://amsterdamsmartcity.com.

［3］ Baker, S. Sustainable development and urban form［J］. Journal of planning education and research, 2022, 21（3）: 269-280.

［4］ Bibri S E. The IoT for smart sustainable cities of the future: An analytical framework for sensor-based big data applications for environmental sustainability［J］. Sustainable Cities and Society, 201（38）: 230-253.

［5］ Brainport Smart District.［N/OL］. https://brainportsmartdistrict.nl/en/.

［6］ Caragliu A, Del Bo C, Nijkamp P. Smart cities in Europe［J］. Journal of urban technology, 2011, 18（2）: 65-82.

［7］ CASTELLSM. The Rise of Network Society［M］. Blackwell Pub1ishers，1996.

［8］ CAURBCRISS F.The Death of Distance 2.0: How the Communications Revolution Will Change Our life［M］. Cheshire: Texere，2001.

［9］ CHANDAN DEUSKAR. What does "urban" mean?［N/OL］.（2015-07-02）. https://blogs.worldbank.org/sustainablecities/what-does-urban-mean

［10］ Cocchia A. Smart and digital city: A systematic literature review［J］. In Smart city, 2014:13-43.

［11］ Gavin.Planit Valley: The Smartest City Never Been Built.［EB/OL］.（2021-04-24）. https://smartcityhub.com/governance-economy/planit-valley-the-smartest-city-never-been-built/.

［12］ GILSWE G. Forbes［J］. ASAP, 1995（1）: 27-56.

［13］ K. J. 巴顿. 城市经济学: 理论和政策［M］. 上海社会科学院部门研究所，城市经济研究室，译. 北京: 商务印书馆，1984.

［14］ KEOHANE R.O.，Nye J.S.Power and Inter dependence［M］. NewYork: Longman，2001.

［15］ KOLKO J. The death Of cities? The death Of distance? Evidence from the geography of commercial Internet usage［A］. The Internet Upheaval［C］. IngoVogelsang and Benjamin Compaine，MIT Press，2000. 67-95.

［16］ McKinsey Global Institute. Smart cities: Digital solutions for a more livable future.［EB/OL］ （2018-06-05）. https://www.mckinsey.com/capabilities/operations/our-insights/smart-cities-digital-solutions-for-a-more-livable-future.

［17］ PARVNAK H. VD. The Inevitable: Understanding the 12 Technological Forces That Will Shape

Our Future［J］. Computing reviews，2016（11）：670.

［18］RICHARDL. Origins of Capitalism in Western Europe: Economic and Political Aspects［J］. Annual Review of Sociology，1989（15）：47−72.

［19］The Industrial Revolution in Great Britain. The Industrial Revolution and Its Impact on European Society，2014

［20］Urban Innovation Vienna. Smart Management for Smart City［pdf］. Available at: <https://www. urbaninnovation.at/tools/uploads/SmartManagementforSmartCities.pdf>［Accessed 15 March 2020］. Urban Innovation Vienna，2014.

［21］WeCity未来城市. 巴塞罗那：智慧城市如何兼顾经济增长和民生福祉［EB/OL］.［2020−07−10］. https://zhuanlan.zhihu.com/p/158603395.

［22］Weinstein Z . How to Humanize Technology in Smart Cities［J］. International Journal of E−Planning Research（IJEPR），2020（9）.

［23］Wright，Frank Lloyd，The Disappearing City. New York :W.F. Payson，1932.

［24］爱德华·格莱泽. 城市的胜利［M］. 上海：上海社会科学院出版社，2012.

［25］北京市规划和自然资源委员会：最重磅! 多规合一，我市确立"三级三类 四体系"国土空间规划总体框架——北京市委、市政府正式印发《关于建立国土空间规划体系并监督实施的实施意见》https://ghzrzyw.beijing.gov.cn/zhengwuxinxi/zcfg/zcjd/202004/t20200420_1855673.html

［26］北京市数字经济促进条例［A/OL］.［2022−12−01］. https://www.ncsti.gov.cn/kjdt/lqjs/lqdt/202211/t20221126_103542.html

［27］陈猛，寇宗森. 国际观察114 | 京·城互鉴：关于建立国土空间规划体系并监督实施的意见——北京与上海之比较https://mp.weixin.qq.com/s/NUaWVRxYE4l66JLjorbYQQ

［28］陈奕平. 农业人口外迁与美国的城市化［EB/OL］. http://www.mgyj.com/american_studies/1990/third/ third07.htm.

［29］单志广. 智慧城市建设持续深化［J/OL］. 经济日报，2022.［2022−06−16］. http://www.sic.gov.cn/sic/82/567/0616/11547_pc.html

［30］度化程序［J］. 台湾大学建筑与城乡研究学报，2010.

［31］范建. 对科技风险认识的三个误区［EB/OL］.（2015−03−13）https://news.sciencenet.cn/htmlnews/2015/ 3/314955.shtm.

［32］高鑫磊，杨立功，罗向平. 数字孪生城市的建设发展［J］. 智能建筑与智慧城市，2022（07）：76−78.

［33］郭杰，王珺，姜璐，等. 从技术中心主义到人本主义：智慧城市研究进展与展望［J］. 地理科学进展，2022，41（3）：11.

［34］郭仁忠，林浩嘉，贺彪，等. 面向智慧城市的GIS框架［J］. 武汉大学学报（信息科学版），2020，45（12）：1829−1835.

［35］国家信息中心：国家信息中心牵头组织制定的国家标准《新型智慧城市评价指标》正式发布 http://www.sic.gov.cn/sic/82/567/1102/11695_pc.html

［36］荷兰在线. 荷兰人打造现代化"世外桃源"，有望成为世上最智能的社区［N/OL］.（2019−

04-08）. https://helanonline.cn/article/16471.

［37］康艳红，张京祥. 人本主义城市规划反思［J］. 城市规划学刊，2006（1）：4.

［38］老子：《道德经》第八十章。

［39］李静. 智能化浪潮奔涌多条主线迎变革机遇［J/OL］. 经济参考报，2021. ［2021-12-27］. https://m.gmw.cn/baijia/2021-12/27/1302737867.html.

［40］联合国. 不断变化的人口统计［EB/OL］，https://www.un.org/zh/un75/shifting-demographics.

［41］刘铭伟，赖光邦，2010，中国古代城郭都市型态简论：坊市革命以前华夏都城型态的聚合、分化与其制度化程序［J］. 台湾大学建筑与城乡研究学报，2010.

［42］清华大学建筑学院，北京城市实验室，腾讯研究院.《Wespace：未来城市空间2.0》，2022.

［43］吕鹏. 数字孪生城市：智能社会治理的基础架构［J］. 国家治理，2023（11）：66-70.

［44］曲凌雁. 城市人文主义的兴起、发展、衰落与复兴再生［J］. 上海城市规划，2001（3）：20-22.

［45］瞿晓雯，李林. 数字城市地理空间框架建设新模式探索［J］. 地理空间信息，2016，14（4）：4.

［46］芮明杰. 第三次工业革命与中国选择［M］. 上海：上海辞书出版社，2013.

［47］沈丽珍. 资源短缺下我国城市可持续发展的几点思考［J］. 武汉城市建设学院学报，2000（3）：49-52.

［48］世界经济论坛. 第四次工业革命：制造业技术创新之光［R］. 2019年世界经济论坛，2019.

［49］数字能源筑基谱写低碳畅想［J/OL］. ［2022-08-10］. https://www.sohu.com/a/575632267_104421

［50］唐斯斯，张延强，单志广，等. 我国新型智慧城市发展现状、形势与政策建议［J/OL］. 电子政务，2020（4）. ［2020-05-15］. https://www.ndrc.gov.cn/xxgk/jd/wsdwhfz/202005/t20200515_ 1228150. html?code=&state=123.

［51］王国平. 城市学总论［M］. 北京：人民出版社，2013.

［52］王铭. 科学技术与城市化进程［J］. 社会科学辑刊，2007（6）：202-208.

［53］文旅中国. 传统文化场馆的智慧建设之旅［J/OL］. ［2021-06-25］. https://www.sohu.com/a/473978847_ 120006290.

［54］吴本祥. 试比较中古时期西欧与中国城市的不同特点［J］. 信阳师范学院学报：哲学社会科学版，1997（3）：36-40.

［55］吴迪. 边缘计算赋能智慧城市：机遇与挑战［J］. 人民论坛·学术前沿，2020（9）：18-25.

［56］吴老二，曹骥赟. 欧盟城市化对我国的启示［J］. 延边大学学报：社会科学版，2005（3）：71-76.

［57］吴志强. 以人为本，智慧城市难题才能迎刃而解. ［EB/OL］. （2020-08-25）. https://t.cj.sina.com.cn/ articles/view/1877503207/6fe86ce701900tkly?from=tech.

［58］物联传媒. 智慧城市项目频频烂尾，我们还能再给它机会吗？［EB/OL］. （2021-03-22）. http://www.iotworld.com.cn/html/News/202103/3a13ed24a00d2151.shtml.

［59］夏厚力. 人本主义城市治理思想研究［D］. 上海：华东政法大学.

［60］信丽平，姚亦锋. 西方人本主义规划思想发展简述［J］. 城市问题，2006（7）：4.

［61］徐远. 城市的本质—有机生命体［EB/OL］.［2020-03-09］. http://finance.sina.com.cn/zl/china/2020- 03-09/zl-iimxxstf7501748.shtml

［62］杨志恒. 人本主义视角下城镇高质量发展的概念、目标与路径［J］. 现代城市研究，2023（3）：52-59，67.

［63］俞孔坚. 从选择满意景观到设计整体人类生态系统［M］. 北京：中国林业出版社，1991.

［64］湛泳，李珊. 智慧城市建设，创业活力与经济高质量发展：基于绿色全要素生产率视角的分析［J］. 财经研究，2022，48（1）：15.

［65］张洪兴. 从传统走向现代：中国文化中的人本主义［J/OL］. 光明网.（2020-10-31）. https://news.gmw.cn/2020-10/31/content_34326240.htm

［66］张节，李千惠. 智慧城市建设对城市科技创新能力的影响［J］. 科技进步与对策，2020，37（22）：38-44.

［67］张京祥. 西方城市规划思想史纲［M］. 南京：东南大学出版社，2005.

［68］张素娟. 智慧能源关键技术及应用［J］. 工程技术研究，2021，6（15）：51-52. DOI：10.19537/j.cnki. 2096-2789.2021.15.019.

［69］中华人民共和国住房和城乡建设部办公厅. 关于开展国家智慧城市试点工作的通知［A/OL］.［2012-11-22］. https://www.mohurd.gov.cn/gongkai/fdzdgknr/tzgg/201212/20121204_212182. html

［70］中慧云控智能科技. 智慧能源城市，打造无碳化城市［J/OL］.［2018-05-09］. https://www. sohu.com/ a/230946818_776417.

［71］朱洪波. 物联网，开启万物互联时代［J/OL］. 人民日报，2020（20）.［2020-03-17］. http://it.people.com.cn/n1/2020/0317/c1009-31635058.html

［72］卓源股份. 智慧城市建设存在桎梏，哪些失败案例值得反思.（2019-08-09）. https:// zhuanlan.zhihu. com/p/77366128.

［73］左邻. 深圳湾智慧园区项目入"2021数字化转型优秀企业案例"［J/OL］.［2019-10-09］. https://www. sohu.com/a/563740262_120084378.

［74］HAN X, WANG L, XU D, et al. Research Progress and Framework Construction of Urban Resilience Computational Simulation[J/OL]. Sustainability, 2022, 14(19): 11929. http://dx.doi. org/10.3390/su141911929. DOI:10.3390/su141911929.

［75］张晓东，许丹丹，王良，等. 基于复杂系统理论的平行城市模型架构与计算方法［J］. 指挥与控制学报，2021，7（1）：28-37.

［76］顾重泰，吴运超，倪梦瑶，等. 面向协同规划的北京市规划智能平台总体框架设计［J］. 北京规划建设，2020，（S1）：143-148.

［77］赵赫，荣毅龙，张晓东，等. 北京市智慧城市规划体系研究［J］. 北京规划建设，2020，（S1）：53-57.

后 记

　　回顾历次技术革命，颠覆性技术对城市生活和生产方式的影响，最终都会投影在城市空间之中，对既有物质空间的组织和经济社会的运行形成新的挑战，推动城市空间重构。在此背景下，城市作为日益复杂的巨系统，其内在的发展逻辑不断演变、迭代，而既有城市空间治理的理念、方式、方法等方面需要得到我们的重新审视。

　　为了推动数字科技等先进技术在国土空间规划中的应用，本书立足于北京市智慧城市建设实施过程中的问题、技术瓶颈、面临的未来需求等，面向智慧城市构建与治理能力现代化提升，聚焦智慧城市规划体系和方法构建，以及数字孪生、协同决策平台等关键技术，突出治理理念、治理模式和治理手段的创新，提出了面向国土空间的智慧城市规划体系框架，研发了智慧城市"物理空间、数字空间、社会空间"三元空间联动的数字孪生城市底座关键技术，搭建了面向市、区、街道及重点地区的"空间+场景"协同决策平台，并通过设计生产空间、生活空间、生态空间的智慧场景，拓展了空间资源的利用模式，特别是"物理空间、数字空间、社会空间"三元空间联动的城市数字孪生底座关键技术，CIM、实景三维、城市计算与智能推演等数字技术，"空间+场景"协同决策平台等，可进一步推动国土空间规划领域数字技术应用的深度和广度。

　　本书所依托项目的部分关键技术成果在2019—2023年期间，曾获得中国地理信息科技进步奖、中国地理信息优秀工程奖、华夏建设科学技术奖等奖项，并获得IDC（International Data Corporation）2022年亚太区智慧城市大奖，北京市人民政府、国家发展和改革委员会、工业和信息化部等单位共同主办的2022全球数字经济大会数字经济产业创新成果奖和北京市经济和信息化局2020北京数据开放创新应用大赛奖等荣誉。研发的关键技术获得发明专利5项、软件著作权21项，并发表学术论文20余篇。项目成果已广泛应用于北京市、区多项工作，发挥了重要作用，也呈现出积极的社会经济效益。

本书在国土空间规划编制与实施方面，致力于推动智慧城市基础设施、数据共享、应用场景等规范化建设实施和融会贯通，积极推动国土空间规划"一张蓝图干到底"的高质量实施；在学科技术进步方面，积极丰富国土空间规划信息化领域知识和技术体系，加强国土空间规划实施的科学性；在行业示范带动方面，试图促进产生地理信息等技术与国土空间规划实施融合下的新产品和新模式。面向城市全域数字化转型的新时代，我们希望能够通过主动的研究，促进产学研用相结合，为推动城市可持续发展和现代化治理发挥积极的支撑作用。